国家出版基金项目
NATIONAL PUBLICATION FOUNDATION

CHINESE ACADEMY OF ENGINEERING
中国工程院

国家自然科学基金委员会
NATIONAL NATURAL SCIENCE FOUNDATION OF CHINA
1986

中国工程科技2040发展战略丛书

中国工程科技2040发展战略

医药卫生领域报告

“中国工程科技2040发展战略研究”项目组

科学出版社
龍門書局
北京

内 容 简 介

《中国工程科技2040发展战略•医药卫生领域报告》立足国家战略，围绕国家重大战略需求，深入分析世界医药卫生领域工程科技发展态势，聚焦我国医药卫生领域工程科技和社会发展愿景与需求，提出面向2040年中国医药卫生领域工程科技的发展思路、战略目标与总体架构，各子领域的重点任务、基础研究方向、重大工程与重大工程科技项目，以及工程科技需求牵引的基础研究重点方向建议。

本书涵盖生物与分子医学、再生医学、生物医学工程、预防医学、疾病防治、药物工程、整合式医学、医学信息技术、中医药学、法医学、医疗仪器技术等多个子领域，系统性、综合性、前瞻性强，可为相关政府部门系统谋划和前瞻部署提供参考，为科研工作者把握学科前沿动态、明确研究方向提供指引，为科技企业洞察行业发展趋势、优化企业技术创新布局提供助力，同时智库研究人员、社会公众也可通过本书了解医药卫生领域工程科技发展状况和未来图景。

图书在版编目（CIP）数据

中国工程科技2040发展战略. 医药卫生领域报告 / “中国工程科技2040发展战略研究”项目组编. -- 北京 : 龙门书局, 2025. 6. -- ISBN 978-7-5088-6747-2

Ⅰ. G322；R199.2

中国国家版本馆CIP数据核字第2025L7C112号

责任编辑：牛　玲　刘巧巧 / 责任校对：贾伟娟

责任印制：师艳茹 / 封面设计：有道文化

科学出版社
龍門書局 出版

北京东黄城根北街16号

邮政编码：100717

http://www.sciencep.com

北京中科印刷有限公司印刷

科学出版社发行　各地新华书店经销

*

2025年6月第　一　版　开本：720×1000　1/16

2025年6月第一次印刷　印张：17 1/4

字数：276 000

定价：138.00元

（如有印装质量问题，我社负责调换）

“中国工程科技未来20年发展战略研究”

联合领导小组

组　长： 李晓红　窦贤康

副组长： 邓秀新　王希勤

成　员（以姓氏笔画为序）：

王　岩　王振海　王璞玥　卢春房　付雪峰
刘　克　刘作仪　杨俊林　张守攻　张　军
张伯礼　周守为　洪　微　费爱国　姚玉鹏
贺克斌　聂建国　倪培根　赖一楠　谭天伟

联合工作组

组　长： 樊新岩　姚玉鹏

成　员（以姓氏笔画为序）：

丁养兵　于　璇　马守磊　孙　粒　陈冰玉
焦　栋

“中国工程科技2040发展战略丛书”

编　委　会

秘 书 组

组　长： 黎青山　王崑声

副组长： 马守磊　孙　粒　周晓纪

成　员（以姓氏笔画为序）：

王宏伟　付　强　刘宇飞　刘晓刚　刘盛志
许彦卿　孙　磊　孙胜凯　李欣欣　杨　毅
杨晓迎　杨富裕　沈　顺　张永伟　张国生
张铁煊　张增志　陈　涛　陈　磊　陈欣意
周　源　郑文江　胡承志　贾　怡　徐熙阳
高　丹　黄廷锋　隋秀峰　黎成权　薛晓娟
魏　畅

《中国工程科技2040发展战略·医药卫生领域报告》

编　委　会

临床医学内科专题

组　　长： 陈香美

成　　员： 樊代明　王　辰　韩雅玲　宁　光　徐兵河　丛　斌　蔡广研　程　涛　王拥军　胡　豫　聂勇站　孙雪峰　曹　彬　毕宇芳　马春玲　李淑瑾　文　迪

临床医学外科专题

组　　长： 付小兵

成　　员： 张英泽　董家鸿　夏照帆　郝希山　韩德民　胡盛寿　马　丁　张志愿　王　俊　谢立信　蒋建新　姚咏明　林云峰　刘良明　李朝辉　杨仕明　郭　斌　程　飚　杨思明　姜玉峰　叶　子　马　奎　田光磊　杨　劼　赵立升　杨舒絮

药 学 专 题

组　　长： 李　松

成　　员： 周辛波　周颖玉　陆佳彤　蒯丽萍　徐冬艳　杜　建　贾晓峰

公共卫生与预防医学专题

组　　长： 徐建国

成　　员： 李振军　宋宏彬　江佳富　杨　晶　吴　静　郭德银　施小明　黄森忠　陆家海　吴永宁　白　莉　丁刚强　郑玉新　徐建青　张晓燕　王　彤

生物医学工程专题

组　　长：顾晓松

成　　员：刘志红　王军志　欧阳昭连　徐　来　龚蕾蕾
明　东　何　峰　沈定刚　杨　烨　万遂人
侯　岩　梁　菊　付志浩

中药学专题

组　　长：黄璐琦

成　　员：杨洪军　郭兰萍　李　耿　石嘉恒　霍蕊莉
李海燕　赵宇平　张　聪　张　村　王　毅
唐仕欢　詹志来　许海玉　林龙飞　康传志
郭　娟　张小波　董政起　姚　霞　张泽坤

中医学专题

组　　长：张伯礼

成　　员：田金洲　朱立国　郭　义　张俊华　郑文科
杨丰文　庞稳泰　金鑫瑶　庞　博　曹璐佳
王　辉　刘春香　张　冬

工　作　组

组　　长：薛晓娟　梁丽军

成　　员：解　天　蔡广研　王聪慧　周辛波　蒯丽萍
李振军　杨　晶　付　静　陈淑桢　杨思明
杨舒絮　徐　来　李　耿　石嘉恒　郑文科
庞稳泰　杨　静　孟凡英　杨丰文　黄　明
王佳宝　熊璐洁　刘雨欣

总　　序

习近平总书记指出，“工程科技的每一次重大突破，都会催发社会生产力的深刻变革，都会推动人类文明迈向新的更高的台阶”。“中国工程科技未来 20 年发展战略研究”（以下简称“未来 20 年战略研究”）是中国工程院与国家自然科学基金委员会联合组织开展的工程科技中长期发展战略研究，是践行国家高端智库和思想库使命，围绕科技创新发展的全局和长远问题，强化科技战略咨询，引导全社会推进工程科技系统创新、引导我国科学家面向需求开展基础研究的重要抓手，自 2009 年迄今已开展三轮。当前，在中国迈入全面建成社会主义现代化强国的伟大征程这一历史节点，面向 2040 年开展未来 20 年战略研究，以人本视点、长远视角、全球视野谋划工程科技体系创新，对于发挥工程科技创新在中国式现代化伟大实践中的强大驱动和支撑作用，显得尤为重要。

一、明确战略导向，系统谋划工程科技体系创新，抢抓新一轮科技与产业革命的战略主动权

当前我们所处的时代，是一个正在孕育和推进巨大变革的时代。一是，新一轮科技革命和产业变革深入发展，新的“技术—经济”周期正在酝酿，科学研究不断突破人类认知边

界，技术创新进入前所未有的密集活跃期，自然科学与工程技术正在经历一场空前的大整合，前沿科技领域即将发生一系列重大群体性突破，数字化、网络化、智能化加快与各领域融合，科技和产业形态正在发生体系性变革，一系列颠覆性技术和前沿技术将催生新产业、新模式、新动能，加速形成新质生产力。二是，科技革命与大国博弈相互交织，世界各国竞相布局新领域新赛道，高技术领域成为国际竞争最前沿和主战场，全球科技创新版图将持续进行深度重构，正在并将更加深刻地重塑全球秩序和发展格局，我国建设科技强国的环境更加复杂、任务更加艰巨、挑战更加严峻。三是，中国经济社会进入现代化发展新阶段，质量变革、效率变革、动力变革成为现代化发展的核心主题，本质要求以科技创新引领产业创新，以科技现代化支撑高质量发展，以科技强促进产业强、经济强、国家强，全面推进中华民族伟大复兴。

由此可见，面对百年未有之大变局，科技创新的战略导向十分紧要，工程科技的战略选择至关重要。站在新的历史方位，我们必须把握历史主动和战略主动，作为工程科技思想库，我们更加有责任对工程科技在中国式现代化发展中的作用做出回答，并且要做出系统、科学的回答。通过集聚群智，超前谋划、系统研究，深刻认识、准确把握、主动适应当代科技创新大势，统筹研究与解决工程科技领域战略性、方向性、全局性重大问题，策源重大战略、推动重大攻关，力争在新一轮科技革命的浪潮之巅掌握主动权，为中国乃至全球创新发展贡献方案和智慧，以工程科技赋能传统产业转型升级、培育壮大新兴产业、前瞻布局未来产业，引领现代化产业体系建设，充分发挥工程科技战略对我国工程科技进步和经济社会发展的引领作用。

二、擘画发展愿景，面向全球性挑战和人类共同未来，科学描绘工程科技发展路线图

科技进步在以空前的力量和速度改变人类生产和生活方式，但科技发展的不确定风险也为本就充满变数的世界带来诸多挑战。世界进入大科学时代，工程与科学技术的综合集成加速了科技转化和工程运行节奏，数字智能、绿色低碳和以人为本，成为未来20年全球工程科技创新的最突出主题，人工智能技术成为新一轮科技革命的核心驱动力，可望推动人类迈向普惠型智能社会，绿色、低碳发展成为人类应对气候变化生存危机的最根本路径，工程科技对经济社会及环境等方面的影响不断加深，工程实践日益成为一个社会建构的过程，不仅将引发产业变革，且将在更大程度上引起社会整体性变革，推进人类社会进入崭新的未来世界。与此同时，科技发展本身的风险不容忽视，物理世界、虚拟世界以及人类社会的脆弱性日益凸显，人类发展面临前所未有的挑战，战略失策的风险增加。面向未来，技术方向、技术路线选择是否正确，将决定能否抓住颠覆性创新的窗口期、把控产业体系重构的正确方向、把握技术路径与产业发展主导权，能否有效提高国家科技资源配置效率、满足安全发展和应对全球性挑战的需求，以及是否符合科技伦理的要求和全球科技治理格局重塑的需要。

因此，在不确定不稳定大变局下，我们将怎样看待2040年的中国？怎样看待2040年的世界？怎样看待2040年的人类社会？面对这些前景、挑战和不确定性，我们更加强调以科学的方法开展前瞻战略研究，更加强调立足人与社会的长远发展愿景，以更好地增进人类福祉为目标开展科技发展路径选择，更加强调考量社会经济发展需求与工程科技发展的双向作用。为此，在中国工程科技2040发展战略研究（以下简称“2040战略研究”）中，我们创新提出了“愿景驱动的工程科技2040发展战略研究”方法体系，进一步突出需求和愿景驱动，充分发挥工程科技的实践性、创造性、带动性和选择性作用，以更好、更有效地创造和满足人类发展需求为出发点，将技术预见、工程科技发展可能性与经济社会发展需求紧密结合，强调对未来经济社会与科技融合发展的愿景的预见和预判，深度描绘未来发展蓝图，以期选择正确的发展方向，谋划科学高效的发展路径，提出合理可行的发展策略，追求新兴技术与社会发展的和谐统一，通过工程科技的系统性创新与工程实践，主动塑造更加理想的未来，推动人类社会可持续、安全和健康发展。

三、突出联合优势，推动基础研究与工程科技的互融共促，全链条筑牢高水平自立自强根基

基础研究是科技创新的源头和先导，是实现高水平科技自立自强的根基和前提。当前，科学研究范式发生深刻变革，基础研究、应用研究、试验发展呈现非线性链接、互融共促的新特征，基础研究转化周期明显缩短，基础研究与工

程科技的关系将更加密切。从科技革命发展的态势看，国际科技竞争不断向基础前沿前移，要抢抓科技革命发展机遇，必须从底层做起，推动原创性、颠覆性科技创新，实现基础研究与产业研发的底层耦合与深度联动、理论与技术的闭环反馈与快速迭代，为发展新质生产力开辟新领域新赛道，塑造新动能新优势。与此同时，我国当前产业体系和重大工程关键环节仍存在一些短板弱项，其中很大一部分是对基础理论和基础问题认识不清造成的，聚焦现代化经济体系建设要求、产业链和产业生态体系安全发展要求，迫切需要加强需求牵引、问题导向的基础研究部署。

因此，在2040战略研究中，我们把从工程科技发展需求中特别是从重大工程建设需求中提出基础研究问题作为研究重点之一，以充分发挥中国工程院汇聚一大批工程科技界大师的优势，加强工程科技界和基础研究界院士专家的交流互动，围绕工程科技需求共同凝练基础研究问题，提高工程创新中的系统工程思维在基础研究领域整体谋划布局中的作用，强化基于国家战略需求的重大科学问题前瞻布局，促进基础研究与应用研究、成果转化融通发展，进而牵引和拓宽基础科学发展空间。同时，充分发挥国家自然科学基金委员会覆盖自然科学全领域的专家资源优势，加强重大任务和重大科技项目的凝练。这样，既能选择、引导、带动基础研究，又能推动工程科技创新与产业变革，为实现高水平科技自立自强、推动经济社会发展、建设现代化强国做出更大贡献。

总之，2040战略研究具有工程科技与经济社会发展结合紧、从基础研究到重大工程链条全、工程科技覆盖体系强、路线图研究积累深等特点，研究过程中，坚持以院士为核心、以专家为骨干，强调发挥战略科学家的作用，注重吸纳优秀中青年专家参加，动员了各领域近 300 位院士以及近 900 位专家，并通过技术预见调查等方式，吸收 5000 多位专家的意见，强化研究的开放性，充分凝聚各界智慧。在本套丛书即将付梓之际，我们谨对参与和指导项目研究的领导、院士、专家表示诚挚的感谢。

“中国工程科技 2040 发展战略丛书”包含 1 部综合报告，1 部技术预见报告，11 部领域战略研究报告，以及 1 部《中国工程科技 2040 发展战略 · 需求导向的基础研究导论》，力图通过较为系统、全面的战略研究和成果传播，在支撑国家战略规划和决策的同时，为社会各界了解工程科技发展态势、开展技术方向选择等提供指引，为各有关方面规划研究编制提供参考，推动社会各界共同推进工程科技创新，共同迎接和创造新的未来。

展望未来，中国工程院和国家自然科学基金委员会将继续鼎力合作，将未来 20 年战略研究作为长期任务加以推进，以期通过持续研究，不断提高研究的战略性、科学性与实践性，更好地引领工程科技创新，聚力推动社会主义现代化强国建设。

“中国工程科技未来 20 年发展战略研究”
联合领导小组

2025 年 2 月

前　言

随着全球科学技术的迅猛发展，生命科学和信息技术不断融合并转化到医学实践中。其中，组学与大数据技术、再生医学、脑科学和类脑科学、生殖医学、药物基因工程、数字医学、3D 生物打印技术、微创精准医学工程技术等，已成为世界各国研究的重点和热点问题。全球医药卫生领域正经历前所未有的变革浪潮。

近年来，我国医疗、医保、医药事业深入发展，医疗卫生体制改革不断深化，分级诊疗制度逐步建立，全民医保体系日益健全，为人民健康提供了牢固的保障，医疗卫生事业的整体发展成效显著。与此同时，医药卫生领域的科技创新能力进一步增强，卫生健康信息化建设加快。

2022 年，国务院办公厅印发《“十四五”国民健康规划》，提出要“加快卫生健康科技创新”，“推进医学科技创新体系的核心基地建设”，“启动卫生健康领域科技创新 2030—重大项目、‘十四五’重点研发计划等国家科技计划”……党中央、国务院对医药卫生领域工程科技发展的战略部署，将更加有力地促进我国医药卫生领域工程科技的发展，使我国的医疗卫生科技服务能力持续提升，服务体系进一步完善，为人民健康提供更加全方位的科技支撑和保障。

2021年初，中国工程院和国家自然科学基金委员会联合组织开展“中国工程科技2040发展战略研究”。“医药卫生领域中国工程科技未来20年发展战略研究”是这一重大项目的关键领域研究课题之一。

课题研究立足国家战略，围绕国家重大战略需求，结合科技发展态势，对医药卫生领域工程科技开展战略性研究，提出面向2040年医药卫生领域发展愿景与需求；聚焦世界医药卫生领域工程科技的发展趋势和我国医药卫生领域工程科技的发展短板，从技术预见与能力分析、发展思路和战略目标、重点任务和发展路径、工程科技需求牵引的基础研究方向的角度，深入分析我国医药卫生领域工程科技的发展态势以及面临的挑战，提出相应的重大工程和重大工程科技专项建议，以及推动我国医药卫生领域工程科技发展的政策建议及管理措施。

项目组组织开展了面向2035年的医药卫生领域工程科技发展战略研究效果评估及深化论证，同时进行了面向党的二十大的2035年医药卫生领域工程科技战略研究；完成了医药卫生领域工程科技发展的愿景报告；开展了两轮面向2040年的技术预见专家调查；完成了医药卫生领域的技术预见分析报告、面向医药工程科技发展需要的基础研究方向报告，以及重点任务和发展路径报告；进一步深化了中国面向2040年医药卫生领域工程科技发展战略研究。

项目组以项目研究成果为基础进行了本书的编写。医药卫生领域项目组由综合组、子领域专题组、工作组组成，综合组组长是张伯礼院士、付小兵院士。按照医药卫生领域的专业特点以及专项研究需要，项目组设立了8个子领域专题组，分别是：王红阳院士牵头的基础医学专题组、陈香美院士牵头的临床医学内科专题组、付小兵院士牵头的临床医学外科专题组、李松院士牵头的药学专题组、徐建国院士牵头的公共卫生与预防医学专题组、顾晓松院士牵头的生物医学工程专题组、黄璐琦院士牵头的中药学专题组、张伯礼院士牵头的中医学专题组。

本项研究工作共有30余位院士、130余位专家参加，共涉及天津中医药大学、中国人民解放军总医院、中国药学会科技开发中心、中国疾病预防控制中心传染病预防控制所、海军军医大学第三附属医院、南通大学、中国中医科学院、河北医科大学等8家依托单位。专家的权威性以及依托单位的雄厚科研实力都为该项目顺利开展研究提供了重要保障和有力支撑。

以建设健康中国为目标，以全民健康需求为导向，大力发展医药卫生事业，需要以工程技术作为引领和支撑，需要广泛凝聚专家的集体智慧。分析世界医药卫生领域工程科技发展趋势，瞄准该领域重点和难点问题，弄清"卡脖子"技术背后的潜在科学问题，不断开展工程科技发展战略滚动研究，坚持中西医并重方针，推动学科交叉融合发展，对医药卫生领域工程科技的发展具有重要意义。

本书研究领域宽泛、涉及面广、研究内容专业性强，编写过程中难免挂一漏万，如有疏漏之处，敬请广大读者批评指正。

《中国工程科技2040发展战略·医药卫生领域报告》编委会

2025年2月

目　　录

第一章　面向2040年医药卫生领域世界工程科技发展态势

随着全球科技的迅猛发展，医药卫生领域正经历前所未有的变革。展望2040年，医药卫生领域的工程科技将成为推动医药卫生进步和提升公共健康水平的关键动力。本章旨在系统分析当前医药卫生领域的工程科技发展状况与国际先进水平，介绍各国和地区在该领域取得的主要成就与技术突破，并进一步探讨面向2040年的发展趋势及其潜在影响。通过对全球工程科技发展态势的全面梳理与前瞻性研究，力求为中国医药卫生领域制定切实可行的发展战略，提供科学依据，以推动医药卫生领域的技术创新与进步，助力中国医药卫生领域在2040年跻身全球先进行列。

第一节　医药卫生领域世界工程科技发展状况与国际先进水平

一、世界各国和地区正在开展的重大科技计划及其预期成果

1. 智能医疗及疾病的早期诊断和治疗受到世界各国和地区的高度重视

美国国家科学基金会（National Science Foundation，NSF）正在推进的“智能医疗与诊断”项目，是NSF在人工智能与数据科学领域资助的重点方向之一，旨在开发新的内科疾病诊疗技术，以提高疾病诊疗的效率和质量。欧盟（European Union，EU）正在推进“智能医疗”计划，旨在提高其成员国的疾病诊疗水平，实现智能医疗和智能诊断。澳大利

亚国家健康与医疗研究委员会（National Health and Medical Research Council，NHMRC）正在推进“智能医疗系统”计划，旨在改善患者的疾病诊疗体验，提高疾病诊疗的安全性和效率。

1972 年，芬兰开始实施北卡累利阿项目（North Karelia Project），这是全球首个以社区为基础的大型心血管疾病综合干预项目，现已形成以社区为基础的慢性非传染性疾病（简称慢性病或慢病）的干预策略，取得了显著的干预效果。2006 年，日本制定《特定健康检查和特定保健指导制度》，通过立法明确了政府的责任，以及医疗保险机构的权利和义务。2022 年 9 月，新加坡发布《更健康的新加坡》（Healthier SG）白皮书，提出了一系列旨在提升基层医疗服务的举措，包括家庭医生签约、社区护理服务，并由政府建立相关医疗系统和激励措施，促使居民合理规划自己的健康生活。

美国的“癌症登月计划”（Cancer Moonshot）集合了四个方面的重点任务。一是分子诊断。其中，基因研究致力于寻找癌细胞的突变位点和治疗靶点；蛋白质研究旨在筛选癌细胞上的蛋白质标志物，以用于诊断、靶标定位、免疫治疗等研究；免疫疗法研究则专门研究免疫细胞活动和免疫应答机制，以开发癌症治疗方法。二是防控教育，致力于普及疾病预防知识、早期筛查等教育工作。三是整合数据，助力研究，其中国家癌症数据生态系统利用大数据技术整合临床与基因组数据，为医生决策提供参考和帮助。四是新药研发，整合药物研发团队、医师科学家力量，推进针对患者的精准诊疗和靶向治疗，开展肿瘤的生物治疗和免疫治疗等新型治疗模式，推进基础和应用的科研成果转化应用于临床实践。

目前，全球医药卫生领域的重大科技计划，主要聚焦于揭示疾病演进过程中的关键调控分子与功能鉴定、分子信息网络与病理表型，以及基于分子功能可视化诊断、疗效评估和预后判定等方向。这些研究旨在阐述疾病发生的分子基础、疾病异质性的演化规律，以及特征构成，明确疾病各演进阶段的生物学表征和融合诊断意义，以促进慢性病的早期发现和早期治疗。同时，通过智能医疗和智能诊断技术提高疾病诊疗能力和水平，通过开发新的诊疗技术提高诊疗效率和质量，通过改善患者诊疗体验提高诊疗的安全性和可靠性。

2. 创伤组织修复与再生医学是国际发展的重要方向

美国和欧洲一直把再生医学的重要领域——干细胞、生物材料、组织工程和器官再造等作为生物学和医学发展的重点。美国国防部（Department of Defense，DoD）早在2008年就投资参与了一项总预算达2.5亿美元的人体组织再生医学研究项目，目的是修复受伤士兵的皮肤、肌肉及神经损伤，甚至实现断肢再生，并制定了相应的规划和路线图。近年来，日本、韩国等深入研究了利用诱导性多能干细胞（induced pluripotent stem cell，iPS细胞）进行组织修复与再生的方法，并在视网膜、心脏等领域的修复与再生方面取得了突破性进展。

国际上再生医学组织工程的研究方向主要集中在以下三个方面：①实现干细胞的体外快速、高效扩增；②提升细胞外基质的人工模拟物的性能；③优化组织器官的构建及其生长环境。

3. 脑科学和类脑智能技术研究已成为世界各国和地区必争的战略前沿

2013年，美国总统奥巴马宣布启动“推进创新神经技术脑研究计划”（Brain Research through Advancing Innovative Neurotechnologies，BRAIN Initiative，简称“脑科学计划”）。欧盟、日本随即予以响应。欧盟启动了“人脑计划”（The Human Brain Project，HBP）；日本启动了“脑计划”（Brain/MINDS Project），计划使用整合性神经技术来制作有助于脑疾病研究的大脑图谱，以促进对人脑及相关疾病的研究。

2016年，多个国家的60余名神经科学家齐聚美国，讨论开展脑科学的全球合作，并倡议推动“类似国际空间站（International Space Station，ISS）的跨国脑科学平台”的建设。会议提出了9项优先发展的领域和目标（Underwood，2016），分别为：①鉴定神经细胞的类型并达成共识；②绘制大脑结构图谱；③研制新的大规模神经网络电活动记录技术；④研发调控神经环路电活动的工具集；⑤建立神经元电活动与行为的联系；⑥整合理论、模型和统计方法；⑦明确神经成像信号的生物学基础，聚焦人脑成像技术标准化；⑧建立人脑数据采集机制；⑨进行脑科学知识传播与人员培训。

多年来，欧盟对脑科学及相关疾病研究进行了大量投入。2012年7月，“欧盟第七框架计划”（7th Framework Programme，FP7）将“脑部疾病防治”和“涉及健康、材料、神经科学与神经机器人的信息通信技术”作为新的资助主题。2013年1月，欧盟正式将“人脑计划”列为“未来新兴技术旗舰计划”（Future and Emerging Technologies Flagship，FET-Flagship）首批入选的两个项目之一，旨在研究人脑工作机制、开发脑疾病治疗方法，并推动类脑人工智能（artificial intelligence，AI）技术的发展。

4. 未知病原体的主动探索已成为实现传染病主动防御的共识

世界各国和地区持续加大传染病防控与生物安全领域的经费投入。2012年，美国发布《生物监测国家战略》（National Strategy for Biosurveillance），目的是要建立实时的覆盖人类、动物、植物健康的生物威胁监测网络。2018年，美国发布《国家生物防御战略》（National Biodefense Strategy），以应对生物威胁，包括天然疫情、生物恐怖主义、实验室泄漏等突发事件。2021年，欧盟启动“欧盟生物防御准备计划”（EU Biodefense Preparedness Initiative），以加强疫苗、药物和诊断技术的快速研发能力。在各国和地区的努力下，全球建立起多种传染病主动监测数据实时获取与自动化监测预警系统，包括全球早期预警和响应系统（Global Early Warning System，GLEWS）、美国武装部队卫生监督中心（Armed Forces Health Surveillance Center，AFHSC）、加拿大动物健康监测网络（Canadian Animal Health Surveillance Network，CAHSN）、澳大利亚生物安全情报网（Australian Biosecurity Intelligence Network，ABIN）等，建立了20多个基于本国或全球的野生动物和高危人群的重要病原体监测网络和研究体系，以探明自然界中这些病原体的种类、演化规律和感染人类的特征。

欧美等发达国家和地区还竞相投入巨资，开展基于大数据和人工智能的传染病监测预警技术研究，创新传染病预测预警的新方法与新技术。世界卫生组织（World Health Organization，WHO）建立了全球流感监测和应对系统（Global Influenza Surveillance Response System，GISRS）、全球疫情暴发预警和响应网络（Global Outbreak Alert and Response Network，GOARN），这些网络覆盖了全球 100 余个国家。美国国防部建立了全球新发传染病监测和反应系统（Global Emerging Infections Surveillance and Response System，DoD-GEIS），该系统覆盖了全球 72 个国家，其数据收集整合与智能分析能力更是达到了“无所不包”的程度，实现了大数据监测预警。

5. 药学科技计划与生命科学、医学及生物经济相融合

为了培育医药健康产业发展的新动力，世界各国和地区相继发布了旨在促进医药生物技术创新突破的政策和举措，其中涉及多项与药学领域相关的内容。

2021 年 8 月，美国国立卫生研究院（National Institutes of Health，NIH）发布了“NIH 2021—2025 财年战略计划：将发现转化为健康成果”（NIH-Wide Strategic Plan for Fiscal Years 2021–2025：Turning Discovery Into Health）。该计划提出了推动生物医学与行为科学的发展，发展、维持并更新科学研究能力，在科学研究中践行并倡导最高水平的学术诚信、公众问责与社会责任三大发展目标，以及 2021—2025 年的优先发展方向，包括新药研究及相关内容①。

2021 年 3 月，日本内阁府公布《第 6 期科技创新基本计划》（2021—2025 年），计划投入研发投资额 30 万亿日元，官民研发投资总额计划达 120 万亿日元（本刊综合，2021）。《科技创新基本计划》是

① National Institutes of Health (NIH). NIH-Wide Strategic Plan for Fiscal Years 2021–2025. https://www.nih.gov/sites/default/ files/about-nih/strategic-plan-fy2021-2025-508.pdf[2024-04-07].

日本在 1995 年通过的《科学技术基本法》的基础上制定的五年期科技振兴计划。其中，在医药卫生领域设置了专门项目，以加速实现再生医疗、细胞医疗和基因治疗的发展。该专门项目致力于推进这些领域内的融合研究，促进跨领域的合作，并以核心据点为中枢开展合作；同时还包括利用疾病特异性 iPS 细胞阐明疾病状态，并致力于新药的研发工作等。

“欧盟研发框架计划”（Framework Programme，FP）是欧盟成员国共同参与的重大科技计划。2021 年 6 月 16 日，欧盟委员会发布第九期 FP“地平线欧洲”（Horizon Europe）2021—2022 年主要工作计划，其中“食品、生物经济、自然资源、农业及环境”领域分为七大方向，总预算约为 19 亿欧元；经过两轮筛选，欧盟委员会从 92 个备选任务中初步确立了“信息化”“生命健康”“洁净欧洲”“碳中和与数字化”“安全食品和可持续农业”5 个专项任务及其具体目标，并对新药研究提出了相应的需求①。新药研究作为新兴高技术产业受到欧盟各成员国的高度关注。

2019 年，美国白宫管理和预算办公室（Office of Management and Budget，OMB）与科技政策办公室（Office of Science and Technology Policy，OSTP）发布了《2021 财年政府研发预算优先事项》备忘录。在卫生和生物经济创新领域，该文件要求在生物医学、退伍军人健康和生物经济领域进行重点投资②。通过对美国正在进行的生物医学工程基金项目进行大数据分析发现，其中，中枢神经系统疾病、乳腺癌、前列腺癌是其中最受关注的三类疾病；干细胞研究、T 细胞疗法和纳米颗粒技术则是该领域获得资助最多的研究方向。在疾病研究领域，中枢神经系统受到最多的关注和基金支持，其中重点资助的研究方向

① European Commission. Horizon Europe work programmes. https://research-and-innovation.ec.europa.eu/funding/funding-opportunities/funding-programmes-and-open-calls/horizon-europe/horizon-europe-work-programmes_en[2024-04-07].

② Office of Management and Budget, Office of Science and Technology Policy. Fiscal Year 2021 Administration Research and Development Budget Priorities. https://www.whitehouse.gov/wpcontent/uploads/2019/08/FY-21-RD-Budget-Priorities.pdf[2019-08-30].

包括：磁共振成像（magnetic resonance imaging，MRI）、长期随访研究、下一代磁共振技术、光学成像技术、阿尔茨海默病、脑血流调节、脊髓疾病和帕金森病等。乳腺癌研究位居第二，主要资助领域包括生长因子研究、临床试验、纳米颗粒技术、细胞外基质研究、超声诊断、*CerbB-2*基因研究等。干细胞研究在生物医学工程机制研究中得到最多的支持，重点关注生长因子、细胞外基质、细胞系、转录因子等研究；同时，糖尿病、阿尔茨海默病和急性髓系白血病（acute myeloid leukemia，AML）等疾病也受到较多关注。

2020年11月20日，英国生物技术和生物科学研究理事会（Biotechnology and Biological Sciences Research Council，BBSRC）发布了《数据密集型生物科学综述》报告。该报告称，2010—2019年，生物科学在研究和创新领域所具有的数据规模和复杂性经历了翻天覆地的变化。BBSRC通过“英国生物科学前瞻”（Forward Look for UK Bioscience）项目的研究认识到，创新的数据驱动方法是开启生物学新认知和最大限度地利用来自先进技术数据价值的关键途径。这些数据正在为研究人员探索新研究问题，在前沿知识发现方面取得进展，以及应对人类健康、繁荣和可持续发展关键挑战等多个方面创造巨大的机遇（郑颖和吴晓燕，2021）。

6. 中医药现代化研究得到越来越多的国家的认可

自进入21世纪以来，世界主要国家医疗费用连年攀升，普遍面临着日益沉重的医疗卫生负担，医学模式变革成为全球医药卫生界的共同现实诉求。国际社会逐步意识到，传统医药特别是中医药的健康观念、医疗实践与现代医学的结合将可能为人类提供医疗卫生保健新模式。世界各国纷纷从法律、标准以及市场准入等方面加大了对传统医药的支持力度。在这一背景下，世界卫生组织于2003年制定了新的全球《传统医学战略》［又名《2002—2005年世界卫生组织传统医学战略》（WHO Tranditional Medicine Strategy 2002-2005）］。2019年，世界卫生组织将以中医药为主体的传统医学纳入《国际疾病分类第十一次修订本》（International Classification of Diseases 11th Revision，ICD-11），150条疾病和196条证候条目纳入传统医学章节。

二、医药卫生领域工程科技发展状况与国际先进水平

（一）基础医学研究领域

基因组学技术、合成生物技术等不断取得突破，新机制、新靶点的发现使现有治疗方法不断扩展。抗体疗法、嵌合抗原受体T细胞免疫治疗（chimeric antigen receptor T cell immuno-therapy，CAR-T）、干细胞疗法和CRISPR-Cas9基因编辑技术等前沿技术的发展，为临床治疗带来了众多具有良好应用前景的新方法。

精准医学检测实现了从基因低通量测序到高通量测序、从组织活检到液体活检、从多细胞混杂检测到单细胞精准检测的变革，这一系列变革推动了肿瘤精准医学领域新技术、新靶点、新药物的产生与发展。

单细胞组学及超高分辨率成像技术的出现，为促进研究者对神经细胞命运、神经细胞发育过程、神经元间连通性等的深入研究提供了新的探索途径。

创伤组织修复与再生医学聚焦于修复受伤皮肤、肌肉及神经损伤，甚至断肢再生研究。利用iPS细胞作为组织修复与再生的手段，在视网膜、心脏等器官的修复与再生方面取得了新的进展。

（二）临床医学研究领域

基于信息技术的计算机辅助诊断技术在临床诊断中得到广泛应用，机器视觉技术在医学中应用也越来越普及，可以帮助医生快速识别病变，提高诊断的准确性和效率。医疗机器人已经获得临床应用，可以实现精确手术。3D打印（three-dimensional printing）技术的运用则可以帮助医生进行手术模拟和完善手术方案，从而提高手术的准确

性和安全性。

抗体类生物药物在临床治疗中得到了普遍应用，罕见病、癌症和自身免疫疾病是抗体类药物重点治疗的领域，靶向治疗和免疫治疗方法也因此变得更加丰富。抗体人源化、双特异性抗体、抗体药物偶联物（antibody-drug conjugate，ADC）、纳米抗体、单链抗体等技术得到了快速发展，以免疫检查点抑制剂（如PD-1/PD-L1[①]）为代表的免疫治疗产品已在临床治疗中得到了普遍应用。

新一代治疗方法逐渐成熟，细胞治疗、基因治疗、寡核苷酸药物相继上市，实现了从研发到临床应用的跨越。在细胞治疗方面，获批的治疗方法为血液肿瘤领域带来了颠覆性的治疗方案。在基因治疗方面，病毒载体的优化、基因递送和输注技术的发展，有力地推动了一系列临床研究的进展，使得基因疗法已经被批准用于治疗某些罕见疾病。

精准医学在癌症的临床诊疗中已证明其高效性。为癌症患者设计的个体化预防与治疗措施，遵循“在合适的患者、合适的时间，给予恰当的治疗”的原则，充分体现了精准医学的精髓和内涵。通过对肿瘤潜藏分子结构[②]的精准揭示，以及相应的干预治疗策略，精准医学为攻克癌症开辟了一条崭新的道路。

法医实验室分析技术的灵敏度、特异性，以及现场快检技术的效率和准确性都有质的飞跃。法医物证的信息量也在不断扩大。此外，机器学习等人工智能方法和可视化技术已被广泛应用到法医病理学、法医物证学、法医毒物学及法医影像学等各个领域，极大地推动了法

① PD-1即programmed death-1（程序性死亡受体1），PD-L1即programmed death-ligand 1（程序性死亡受体配体1）。

② 特指通过常规病理检测难以发现的肿瘤分子特征网络，主要包括：驱动基因变异（如*EGFR*、*ALK*、*KRAS*等基因致癌突变）；异常活化的信号通路（如PI3K/AKT/mTOR通路）；表观遗传调控机制（如DNA甲基化、组蛋白修饰异常等）；肿瘤微环境互作系统（如免疫检查点、基质细胞通讯等）。这些分子具有三个显著特性：隐匿性，需借助下一代测序（next-generation sequencing，NGS）技术、单细胞测序等高通量技术才能系统解析；动态性，随治疗进程发生适应性进化；异质性，存在瘤内异质和时空异质特征。

医学的发展。

（三）药学研究领域

近年来，基因组学技术、合成生物技术等领域不断取得突破，新机制、新靶点的发现使现有治疗方法不断扩展，抗体、CAR-T 细胞、小干扰 RNA（small interfering RNA，siRNA）、干细胞和 CRISPR/Cas9 系统等前沿技术的应用，为临床带来了更多具有前景的治疗方法。生物技术与信息技术等新兴领域的跨界融合也将为医药工程科技的发展带来新的变革。

1. 抗体类生物药物得到普遍应用

罕见病、癌症和自身免疫疾病是抗体类药物治疗的重点疾病领域，靶向治疗、免疫治疗方法不断丰富。人源化抗体、双特异性抗体、抗体药物偶联物、纳米抗体、基于单链可变区片段（single-chain variable fragment，ScFv）的单链抗体等技术发展较快，以免疫检查点抑制剂（PD-1/PD-L1）为代表的免疫治疗产品逐渐在临床得到普遍应用。

2. 新一代治疗方法逐渐成熟

细胞治疗、基因治疗、寡核苷酸药物相继上市，实现了从研发到临床应用的跨越，同时大量项目正处于临床研究阶段。在细胞治疗方面，获批疗法为血液肿瘤治疗带来了具有颠覆性的方案。在基因治疗方面，病毒载体的优化、基因递送和输注技术的发展，有力地推动了一系列临床进展，且已经有个别基因疗法获批用于治疗罕见病。RNA 干扰、靶向 RNA 等 RNA 疗法也是发展较快的新型治疗手段，其治疗重点集中在肿瘤和传染病领域。全球范围内，干细胞研发活跃，已有十余款干细胞产品批准上市，涵盖了广泛的治疗领域。

3. 跨界技术融合带来新的变革

生命科学行业正在与人工智能、云计算、大数据等新技术进行交叉融合。生物制药企业越来越重视数字信息技术在新药研发、临床试验以及其他业务领域的应用。人工智能正在被开发并应用于候选药物的识别、生物标志物的发现、适应证的拓展、临床试验设计等多个方面，以寻求药物研发的突破。

（四）公共卫生与预防医学研究领域

传染病的防控已经从单一的生物医学领域，向与信息数据科学、环境生态科学、社会经济科学有机融合的方向发展。新型智能化传染病防控技术体系已经建立并正在逐步完善。

成熟的病原相关资源数据库相继建立，如综合数据库［美国国家生物技术信息中心（National Center for Biotechnology Information，NCBI）建立的DNA序列数据库——GenBank］和病原数据库［全球共享流感数据倡议组织（Global Initiative on Sharing All Influenza Data，GISAID）数据库］。这些数据库不仅收录了世界范围内的已知病原相关的序列信息、原始数据及其相关信息，还兼具完备的数据分析功能，用户可以随时上传自己的数据进行比对、分析，甚至进行流行传播特征分析。利用这些数据库，不仅可以实时追踪病毒的变异情况，而且能够对不同地区病毒的传播和流行情况进行实时追踪，这为防控措施的制订提供了科学依据。

（五）生物医学工程领域

生物医学工程作为一个多学科交叉领域，不断创新发展。从传感器技术、智能控制技术等到药物递送技术，生物医学科学家和工程师的开创性工作一直在颠覆传统的医学和医疗保健方式，变革着人类的健康管理理念。

医疗设备的微型化成为一个重大的突破方向，促进了更先进可穿戴设备、用于药物输送系统的微针和用于脑控假肢的微型传感器等设备的开发与研制。

在成簇规律间隔短回文重复（clustered regulatory interspaced short palindromic repeat，CRISPR）基因编辑研究、靶向核酸方法，以及用于诊断癌症、传染病和眼科疾病的可穿戴或便携式设备方面，研究人员都取得了新的研究成果。

（六）中医药研究领域

在心脑血管疾病、代谢性疾病、消化系统疾病、神经精神系统疾病、感染性疾病等领域，中医药基础及临床研究方面均取得了显著成效。尤其是在抗击新冠疫情的过程中，中医发挥了巨大作用，中西医结合、中西药并用成为我国抗疫方案的一大亮点（沈建忠和张伯礼，2023）。

在中医基础理论研究方面，借助于多学科、多组学的交叉融合，中医理论的科学内涵研究逐渐深入，为中医药的临床实践提供了科学的理论依据，同时也为新药研发提供了基本遵循（张青龙等，2016）。随着“治未病”理念的理论体系逐渐完善，以“养生保健、延年益寿”保障健康为核心的理论体系逐步构建，形成了简便易行、疗效显著、方法灵活多样的诊疗技术及干预手段。

在中医药疗效评价方面，借助循证医学及临床流行病学方法，并根据中医特色进行适应性改造，初步形成了一套符合中医特色的疗效评价体系。这一评价体系一定程度上阐述了中医药的疗效优势（贾福运等，2023）。

在中医诊疗技术装备方面，形成了能够初步满足临床需求的先进技术装备，开发出中医人体信息采集硬件关键技术和中医图像智能分析方法，进行了中医诊断智能采集和分析装备的研制，在智能化诊断仪器、针灸穴位治疗仪器等方面形成了一定的突破（孙志波等，2022）。

在中药资源方面，第四次全国中药资源普查完成，基本摸清了我国中药资源的家底；珍稀濒危中药材的人工繁育和替代品研究取得了阶段性成果，林麝、黑熊、蛇类、海马等珍稀濒危药用动物，以及天麻、肉苁蓉、铁皮石斛、沉香等珍稀濒危药用植物实现了人工养殖、栽培；麝香、牛黄等贵重药材的替代品研制取得了成功。人参、三七、黄芪等药用植物资源的规模化种植、产业化生产等共性关键技术取得了突破，超过120种大宗或道地药材实现了规范化种植，超过100种中药材进行了生态种植，全国中药材生产技术体系已基本形成。

新技术助力中药研发创新。化学生物学、基因组学、代谢组学、蛋白质组学等前沿技术被广泛用于中药活性成分的靶标发现和作用机制研究；中药新药研发取得新进展，淫羊藿素软胶囊、桑枝总生物碱片、芍麻止痉颗粒等创新中药、“抗疫三方”获批上市，凸显了我国在该领域的研究特色和显著优势。

中药制药工程化及装备智能化方面，一批先进制药装备、自动化控制技术和信息化技术已应用于中药制药领域，有效解决了中药制药过程中提取率低、除杂效率差、设备工程化和适应性差等问题，降低了运营成本和能耗，显著提高了中药产品的质量和稳定性。

第二节 面向2040年医药卫生领域工程科技发展趋势及影响

一、面向2040年医药卫生领域工程科技的发展方向和趋势

（1）智能诊断和治疗技术可以实现快速准确的疾病诊断与治疗；基因编辑技术可以改变基因结构实现药物治疗的精准化；无创检测技术可以实现对疾病的早期诊断；生物医学信息技术可以分析大量的生物医学信息以发现疾病的规律；虚拟现实技术可以模拟患者的病情，从而更好地帮助医生进行诊断和治疗。

（2）随着各类高通量组学测序及芯片技术的发展，知识容量激增。这些技术与“精准医学”理念相结合，可以实现更精细、更准确的疾病分类，为诊断、治疗和临床决策带来革命性的变化。临床信息

与生物医学、计算机技术、医药监管等方面的知识汇聚，经多源信息整合，可为构建精确医学的知识网络提供支持。收集并持续更新生物分子数据、个人病史、社会和物理环境信息及健康状况信息，分析不同数据集之间的联系，有助于临床医生更好地为每位患者实施基于疾病特征的、量身定制的新疗法，从而推动精准医学的深入发展。

（3）迅速发展的三维基因组学、单细胞组学是微观结构学科发展趋势的典型代表。微观结构学科基于研究和解释微观结构间关联关系而产生，具有结合人工智能或构建神经网络来建模模拟的特点，其中影像医学与遗传学相结合的影像遗传学即为典型的新兴发展学科。随着深度学习技术和算法的深入变革，可以预见该领域将有相当多的成果持续涌现。目前，活细胞成像技术、器官芯片技术等均为该领域技术前沿代表。

（4）诊断治疗干预需求驱动新的学科产生，如光遗传学（optogenetics）、脑科学和纳米医学工程学等。纳米技术融合量子力学、分子生物学、纳米生物学、纳米化学等学科，其最终目标是直接以原子或分子来构造具有特定功能的产品。纳米医学工程技术已经在各类临床转化领域发挥了重要作用，是非常有前景的基础医学发展方向，涉及纳米泵人造细胞、纳米药物、纳米生物传感器、纳米生物活性材料等领域。这类基础前沿技术的发展成熟，受到临床转化需求的驱动，迅速成为学科发展的前沿，这也体现了目前基础医学学科发展的主流趋势。

（5）医学、生命科学、信息科学等领域的交叉融合，极大地促进了法医学科的基础研究及其关键技术的突破。有限元分析、多刚体建模、生物力学、图像分析、3D 扫描、计算机模拟、分子病理学、分子印记、分子可视化等理论和技术的应用，可有效提高法医学在损伤成伤机制、死亡原因判定等方面的研究水平。高通量测序技术、多组学分析技术、人工智能算法、云计算、大数据驱动等的交叉融合应用，将推动疑难降解生物检材、混合生物检材的个体鉴识，生物样本的类别判断、离体时间及年龄推断等方面的技术研发实现质的飞跃，促进法医学鉴识技术的精准性和灵敏度全面提升。

（6）全球药物研发数量快速增长，其中小分子化学药、抗体药物、重组蛋白、多肽、细胞治疗和基因治疗等是热门方向。罕见病、癌症和自身免疫疾病成为药物研发的重点领域。靶向治疗、免疫治疗方法更加丰富，靶向治疗、放化疗等联用的组合疗法广泛应用于临床。热门分子靶向技术逐步成熟，产品研发代际更迭加速，竞争加剧。多学科综合集成的趋势不断增强，药学与人工智能、云计算、大数据等在内的新技术交叉融合，取得了显著的成效。数字信息技术将在辅助认识疾病和筛选新型药物靶点方面起到至关重要的作用，极大地提升新药的研发速度与准确度。

（7）经典形态学技术、新型非培养检测策略、高通量测序技术、新一代微生物组学技术、培养组学技术以及云计算技术等的深度融合，推动了病媒生物监测、跟踪及诱捕等技术的发展。这将显著提高病原体检测的便捷性、灵敏性和特异性，增强对潜在危害的前瞻性评估。这些技术的发展还可实现肿瘤的早期甚至极早期检测和识别，从而真正实现肿瘤的早筛和早干预，极大地改变患者发展至中晚期才去就医的现状。

（8）在单个神经元细胞层面上，深入了解内外环境因素变化如何影响神经元、神经传导通路的变化，及其与疾病发生的相关性，是深入理解神经科学的关键一环，有助于深入理解神经细胞命运、细胞发育、神经元间连通性等过程。组学技术的出现和进步，为脑科学的诸多重要问题研究提供了新的探索途径，有助于深入理解神经细胞的命运、发育过程及神经元间连接的形成机制，为精准调控神经细胞生命周期的医学应用提供了重要的理论基础。

（9）器官模型培育技术不断成熟，解决了血管生长及培育环境中结构支持的问题，为更大规模的、高度可复制且发育过程更接近人类的脑类器官模型的研制提供了可能性。这种模型与活细胞结合成像交叉运用，可促进神经科学的研究与发展，有助于对脑细胞命运、神经元迁移和神经突延伸等复杂神经信号机制的深入理解。在新的数据处理技术的支持下，神经细胞发育监测所产生的海量数据，将被用于整合和发现驱动神经细胞活动的不同类型信号，进一步推进脑科学技术的发展，开创一个脑组织体外研究的全新时代。

（10）通过整合的方式去观察分子表达变化、神经通路与行为表型的关联，是神经科学研究的发展趋势。随着前述各类技术的不断进步，已有更高的时间回馈率和空间分辨率技术来监控和操纵神经系统活动，基于这些技术，采用高密度多位点电极的全脑记录技术将得到全面应用。另外，结合虚拟现实、人工智能及多模态模型构建分析技术，研究人员将能够研究多重感官输入的整合及其转化行为输出的过程。

（11）MRI 等脑成像技术，大大推动了人们在无创条件下对大脑宏观结构和电活动的理解。但是，由于这些宏观成像技术时空分辨率低（秒级、厘米级），不能满足在解析大脑神经网络结构和工作原理时的需求，亟须研发介观层面的细胞级分辨率（微米级）的神经网络图谱和高时间分辨率（毫秒级）的在体神经元集群的电活动图谱。在制作完整的全脑图谱的过程中，对每个脑区神经元种类的鉴定是关键的一步。目前，利用单细胞 RNA 测序技术对小鼠大脑进行鉴定，发现了许多新的神经元亚型。利用这些神经元亚型特异表达的分子作为标记，可以绘制出各脑区不同类型神经元的输入和输出连接图谱。在结构图谱建立之后，还需要绘制神经连接在脑功能运行时的电活动图谱，这需要研发出在体观测神经元集群的技术。有了神经元层面的网络电活动图谱，就可以通过操纵电活动的方式来确定电活动与脑功能的因果关系，进而逐步解析脑功能的神经基础。绘制三类脑图谱（神经元种类图谱、介观神经连接图谱、介观神经元电活动图谱），将是脑科学领域长期的研究内容，也将是未来 20 年脑科学不可或缺的攻关方向。

（12）类脑计算领域主要围绕计算理论、框架体系、算法模型等多个方面发展，特别是算法模型领域近年来发展迅速。然而，目前在类脑计算中，对脑科学认知功能的理解存在缺口，导致在算法模型上无法突破将人工智能转变为通用智能的局限。因此，应在类脑计算的基础上加速类脑芯片的发展，特别是在神经形态器件、神经形态芯片集成和基于硬件的类脑神经网络模型构建等方面。在类脑神经网络模型构建的发展中，忆阻器作为基于硅基芯片电信号模拟神经脉冲信号活动的最佳技术器件，成为最关键的技术环节。随着脑机接口技术的不断成熟，基于该技术研发的医疗器械，将广泛运用于临床康复以及互联网等多个领域。

（13）加强创伤等损伤组织的修复与再生研究，重点在于探究创伤早期的发生机制与并发症的防治，建立创伤救治网络，以提高对严重创伤和其他原因造成组织损伤的救治水平。鉴于人体器官移植远不能满足临床需求的现状，迫切需要发展器官移植技术，并将再生医学的基础科学研究向临床应用转化作为重点任务，以解决器官与组织移植的供需矛盾。再生医学在理论和技术上的突破，将为人类寻找组织器官再生修复的新技术提供可能。

（14）基于干细胞的生物技术在口腔及五官组织再生领域成为研究的热点，具体包括：①嵌合体牙的研制；②口腔颌面部干细胞状态的维持和定向诱导分化；③牙髓成体干细胞与细胞微环境的相互关系研究；④应用生物反应器体外构建组织工程颌骨、牙齿，用于口腔功能重建；⑤干细胞移植治疗不可逆眼病；⑥应用组织工程化软骨及皮肤修复耳鼻喉组织缺损；⑦应用干细胞修复声带损伤；⑧嗅鞘细胞与嗅感觉神经元再生；⑨通过干细胞技术诱导实现内耳毛细胞的再生和分化；⑩引入干细胞技术治疗眼部疾病，如角膜病、视网膜病、视神经疾病及眼外伤，干细胞在口腔及五官组织疾病，乃至整个生物学进化中的研究价值日益凸显。

（15）在生物医学工程各层次（从生物大分子、分子器件、细胞、亚细胞结构到个体整体，乃至群体）生命运动与变化规律得到充分认识的基础上，定量阐明生命活动和生物学过程，利用先进的概念、方法、技术乃至装备来维持和促进人类健康，开发人类潜能。生物医学工程与工程学、生物技术、信息技术以及材料技术等的发展，催生了医学传感、医学影像、生物医学材料、组织工程、人工器官、物理治疗、康复工程、医用机器人、手术器械、纳米医学等若干重要的学科方向，引领着医学技术的发展。

（16）在新一代智能化、信息化浪潮的推动下，人工智能技术有效地提升了药物的研发速度，缩短了研发周期，提高了新药研发的成功率，提升了药品智能制造水平，实现了药物智能设计与智造的全面发展。人工智能技术在辅助药物发现方面，使候选新药的发现时间从几年缩短到几十天，不仅显著提升了成药性，还通过了早期安全性预测评估。数字孪生、知识图谱、工业大脑、边缘计算等技术的应用，为全面累积并迭代升级传统中药制药经验提供了技术支撑，推动了中药智能工厂的设计与实现。人工智能技术与药物创制集成创新已成为生物医药行业升级的关键推动力，相关核心技术的竞争已成为医药产业技术前沿的重点方向。

（17）围绕中医药理论传承与创新核心问题或标准范式，形成理论发展创新模式。分析中医药服务的优势，明确应用场景，通过创新诊疗范式、推进名老中医经验数字化传承等，挖掘中医药服务提升空间。立足中医药走向世界，探索具有时代特色的国际合作新范式，推动相关政策、路径和措施的完善。深度融合绿色制造和精益制造理念，探索中药工业装备科技前沿，从核心软件、核心部件、核心工艺装备、过程感知设备、制药质量分析系统、工业标准与规范方面，推动中药制造业高质量发展。围绕中药材的品质保障及质量评价，建立中药材优良种植、规范化栽培的新范式，以及高品质中药材的核心功效评价体系（国务院办公厅，2023）。

二、2040 年世界相关领域经济社会发展状况

（1）疾病诊治领域将进入人工智能医疗时代，医疗机构将采用大数据、人工智能等技术，实现精准医疗，提高诊断准确率和治疗效果，缩短治疗周期。经济社会发展将更加可持续，在疾病诊治领域，节能环保的技术将得到普及，用于改善医疗环境、提高医疗服务质量、降低医疗成本。此外，疾病诊治领域将更加注重国际合作，通过共享资源和信息，推动跨境医疗服务，为全球患者提供更好的医疗保障。

（2）数据科学与生物医学的结合将为人类健康维护模式带来新的切入点和可能。RNA 层面、蛋白质层面、代谢层面、染色体层面等不同水平的组学技术层出不穷，并朝多水平整合（如系统生物学）、多维度探测（如时空组学、动态高精度医学成像）和多区域划分（如宏基因组学）的方向发展。随着人工智能深度学习技术的产生，其强大的信息处理能力使得在过去数十年采集、观测到的微观数据得以按照系统论的方法进行处理整合，系统生物学等学科获得长足的进步及突破。以海量信息数据为载体，从数据规律中获得假说推理，并从现代生物医学技术进行演绎，不仅验证假说以获得应用成果，同时也优化了假说推理的计算模型。这种技术实现了人类思维性能的几何级数“复制或扩张”，将生命体的演进过程模块化，为精准认知和干预慢性难治性疾病提供了可能，实现了对机体的规模性早期监测和预警。从个体差异出发，实现个体化治疗将是未来人类健康维护模式的重要转变方向。

（3）新材料和新技术的发展促进国际新型生物材料与纳米生物技术、细胞与组织修复及器官再生等新技术的快速发展。人工智能在口腔及眼耳鼻喉领域的广泛应用，已改变了传统的医疗模式。人工智能技术被应用于临床数据的深度挖掘、影像组学特征分析、疾病预测模型的建立等相关领域。通过大量的临床验证和优化设计，人工智能技术正朝着更精准、更友好和更客观的方向发展，在临床诊疗中的应用

将更加广泛。基于组织工程技术，借助生物材料及3D/4D打印技术的发展，通过对细胞交流网络和细胞附着表面的修饰，实现牙髓及牙周膜的再生，这将更新传统的临床治疗技术及理念。基因学、蛋白质组学、组织工程学等多组学的进展，为颅颌面部肿瘤的早期阻断及发展调控提供了可能。生物材料及临床技术的发展带来了软/硬组织的完美修复，甚至是再生修复。

（4）多组学技术的应用范围日益扩大，为生物标志物的发现、致病机制和损伤溯源的溯源、损伤修复机制的研究提供了更多新的思路、方法和手段。针对生物物证检材的复杂性和特殊性，以及应用需求的多样性，基因组、表观组、转录组和代谢组等多组学技术手段亦发挥着重大作用。在理解涉及表型分子机制的基础上，寻找具有功能效应且稳定表达的分子标志物，系统揭示复杂表型的发生与发展的分子调控网络特征，从中筛选和验证一系列多源性转录组分子标记，建立高通量测序分析技术解析体系。这些创新性突破将实现精准个体识别、年龄推断、组织离体时间推断、损伤溯源和损伤时间推断，为建立相应的风险评估模型以及探索有效的医学鉴识技术方法奠定了基础。

（5）人工智能辅助的医学基础研究涉及病理学、物证学、临床学、毒物学、人类学、昆虫学等领域，为解决传统医学问题提供了新的思路与方法。人工智能不仅可以提升光学显微镜的诊断速度与精度，也可以同时分析其他辅助方法的结果，应用于影像学资料的快速准确诊断、伤残等级鉴定及深入的伤情分析。此外，其可能的应用方向还包括患者生存期的预测和治疗效果预测等。

（6）在法医学领域，DNA快速检测技术致力于通过各种方法尽可能地缩短DNA分型时间，包括快速提取、快速扩增、快速试剂与快速设备等方面的研发。在毒物分析的快速检测技术方面，结合新型纳米材料、时间分辨荧光技术和拉曼光谱等，开发出多种毒品快速检测方法。这些方法具备快速化、自动化、便携化、低成本等特点，同时准确性和灵敏度也得到了大幅提高。

（7）在制药行业的不同阶段（如药物发现、开发、再利用、临床试验等），人工智能技术助力药物筛选、预测药物分子的理化性质和生物活性以及毒性，助力药物设计、预测目标蛋白结构和药物的相互作用、从头设计新药物分子。此外，人工智能技术还可用于设计临床试验、早期预测所选患者的药物靶点，以及预测哪些先导分子有望通过临床试验。

（8）通过前瞻性布局应对传染病防控，实施病原体监测计划，新发、突发传染病的防控已从被动防控变为主动防御，实现预防关口的前移，提升针对潜在病原体的精准预警和科学防控整体实力。储备针对重点病原体的检测方法和控制手段，并建立完善的实时监测体系，能够在极早期发现病毒溢入人群，及时采取行动以控制疫情。

（9）在动物体内培育人类器官形成相应产业。成功研制“人源化”器官，将产生巨大的社会经济利益。基因修饰大动物疾病模型技术进一步稳定成熟，这些基因修饰大动物疾病模型将广泛应用于新药研发与临床前期的实验中，形成新的产业模式。

（10）生物医学工程无论在深度还是广度上都将取得重大的进展，以疾病的预防、诊断和治疗，以及患者的康复、增进人类健康为目的，建立生物技术、材料、过程、植入体、人工器官、器械和信息技术领域的创新方法，把人（使用对象和使用者）和医疗器械看成一个系统整体，强调两者间的相互协调与依存作用，进而采用系统工程的观念，强调临床解决方案的系统性以研究发展所需要的医疗器械，实现预定的医疗目的。这不仅能够极大地推动生命科学和医学的进步，也能够深刻改变生物医学工程和医疗器械产业的结构与面貌。

（11）亚健康问题在世界范围内普遍存在。中医药在疾病预防和健康保健方面的作用越来越突出，其价值越来越受到人类健康发展需求的关注。随着健康观念与疾病谱的变化，人们对中医药的认可度不断增加，重视天然、回归自然的理念也越来越深入人心。这种对中医药需求的不断提升，将有力地推动中医药在世界范围内的不断发展与进步。

第二章　2040 年中国医药卫生领域工程科技和社会发展愿景与需求

面向 2040 年，中国医药卫生领域工程科技的提升不仅关乎医药卫生领域的发展水平，更关系到经济社会的全面发展。本章将探讨 2040 年中国医药卫生领域经济社会发展预测与需求，分析人口结构变化、疾病谱转变以及健康服务需求的演变趋势，以勾勒出未来社会对医药卫生领域的需求图景。同时，本章还将展望 2040 年中国医药卫生领域经济社会与科技发展愿景，描绘科技进步对健康产业的深远影响，并提出实现这一愿景的关键路径与策略。通过综合分析经济、社会与科技发展的互动关系，本章旨在为中国医药卫生领域未来的发展提供系统性指引，推动全民健康水平的持续提升。

第一节　2040 年中国医药卫生领域经济社会发展预测及需求

一、2040 年中国医药卫生领域经济社会发展预测分析

到 2040 年，中国的人工智能技术将在全球处于前沿地位。人工智能技术将从封闭性应用走向非封闭性应用，并与各行各业进行深度融合，尤其是在医药卫生领域。届时，智慧社会的愿景将初步实现，社会管理与治理体系将高度智能化。智慧化服务将深入社会生活的各个领域，形成高效、高适、即时的社会服务平台，全方位地改变人类的生产生活方式，给人们的交流、生活和工作带来翻天覆

地的变化。

随着健康中国战略的全面实施，到 2040 年，我国全生命周期的卫生和健康服务将成为社会常态，人均健康预期寿命将显著提高。人民健康将被置于优先发展的战略地位，幼儿的生长发育将得到有效保障，青少年和妇女的健康将得到更多的重视，重大疾病的防控防治策略将得到进一步优化和完善，以最大限度地减少人群中的病患。同时，老年人和残疾人的健康管理和医疗服务也将得到进一步加强，因人口老龄化而导致的慢性病井喷式增长趋势得到有效抑制，慢性病对经济造成的沉重负担逐步缓解。

2040 年，我国居民消费将从生存型消费阶段进入享受型消费和发展型消费阶段。随着居民生活质量的提高，健康管理日益受到重视，相应的医疗和保健需求增加，医疗保健类消费随之增长。精准医疗将成为诊断与防治我国高发、危害重大疾病和流行率相对较高的罕见病的重要手段，能够形成重大疾病的风险评估、预测预警、早期筛查、分型分类、个体化治疗、疗效和安全性预测及监控等精准诊疗方案。

2040 年，我国医药卫生技术将总体达到世界先进水平，部分领域处于前沿位置。中医药在世界传统医药发展中的引领地位更加巩固，实现中医药继承创新发展、统筹协调发展、生态绿色发展、包容开放发展和人民共享发展。医疗卫生领域的快速发展，将极大地满足建设健康中国的需求，为全面实现“人人享有健康”的战略目标提供技术保障，为建设健康中国奠定坚实基础。

2040 年，中医药服务将实现医疗卫生领域全覆盖，中医药健康服务能力显著增强，在“治未病”中的主导作用、在重大疾病治疗中的协同作用、在疾病康复中的核心作用将得到充分发挥；中医药科技水平显著提高，中医药工业智能化水平迈上新台阶，对经济社会发展的促进力度进一步增强。

二、需要解决的重大问题及其对工程科技的需求

1. 精准基因编辑

围绕降低编辑工具的脱靶效应、提高编辑效率、确保编辑稳定性、扩大编辑覆盖范围、提高基因编辑效果的可预期性等方面进行研究和展开工作。

对工程科技的需求：研发可承载编辑工具，对应分子量的组织/细胞靶向性递送系统，且具有适当的组织屏障或细胞膜穿透性能。

2. 细胞微观动态变化解析

通过空间多组学技术解析细胞的微观动态变化，将多组学引入时间维度，观测细胞的动态变化，获得生物过程微观信息，在科研层面将极大地促进生物过程的深入理解。

对工程科技的需求：空间多组学技术在计算生物学赋能下，为了解人类的生理性及病理性进展提供重要的技术支撑。

3. 肿瘤的早筛早诊

肿瘤具有高突变率，且存在远处转移的潜在风险，因此，围绕肿瘤进展前期的肿瘤标志物的筛选、定量界限判断及综合性定性标准的制订，成为该领域亟待解决的主要问题。

对工程科技的需求：肿瘤早期特异性标志物的发现，以及相应标志物检测手段的应用场景开发。

4. 再生医学干细胞的定向诱导

将区域干细胞定向诱导分化为由具有特定功能细胞团组成的、可自行组装的“微型生物机器人”。对患者而言，这意味着从他们自身衍生出的生物机器人，具有修复基因突变和病变细胞的能力，执行治疗任务时不会引发免疫反应或承受免疫抑制剂的风险，从而帮助他们恢复健康、愈合创伤、治疗疾病。

对工程科技的需求：以生物机器人为主的体内微环境修饰，及其安全性问题评价技术。

5. 慢性疾病的诊断、预防和治疗

重点攻克慢性疾病的早期筛查、精准分型、个体化治疗、疗效预测及监控等应用解决方案和决策支持系统，以全面提高慢性病的诊断和治疗效果。

对工程科技的需求：建立国家心血管疾病、呼吸系统疾病、肾脏疾病、代谢性疾病生物样本库，创建多层次代谢性疾病精准医疗知识库体系和医学大数据共享平台；利用大数据、人工智能和基因检测技术，对慢性病的早期诊断、预防到治疗效果进行评定，建立精准的疾病诊断方法和治疗方案。

6. 基因疗法

围绕发现复杂难治性疾病通路上游的特征性多靶标、关键靶标的作用机制及其对应生物线路的解析、基因编辑工具的人体适应性等方面展开研究。

对工程科技的需求：发展可承载编辑工具对应分子量的组织/细胞靶向性递送系统，且该类递送系统具有适当的组织屏障或细胞膜穿透性能。

7. 重大传染病的病原鉴定

绘制下呼吸道微生态图谱，构建病原体鉴定体系，建立营养与肠道菌群深度表型人群队列，研究肠道宏基因组学；建立相关肠道共生菌目录，绘制营养素经机体与肠道菌群进行生化转化及吸收代谢过程图谱，以及黏膜免疫参与系统性器官损伤的免疫图谱等。

对工程科技的需求：自主研发环境因素检验、探测及解析所需的产品和器械，包括高精度、高分辨率的影像学设备，以及小型化、高清晰度、可收集生物学标本的消化道/呼吸道/泌尿道内窥镜等介入技术设备

的自主研制，建立院前急救的生命支持设备和信息学平台。同时，在水文数据获取方面，与气象、地理、环境等部门展开交叉合作。

8. 智能制药生产与监控

在制药过程中，开展对复杂物料检测、过程状态监控、质量风险预测、制药过程调控、生产管理等关键环节的研究。

对工程科技的需求：新一代人工智能、多模态传感器等新兴技术的融合，以及中药制药技术的迭代升级。

9. 中医智能诊断与疗效评价

探索以健康状态为切入点，实现中医诊断与治疗信息可重复性精准测量，建立符合中医药特色与思维特点的中医智能诊断与疗效评价方法。

对工程科技的需求：中医诊疗信息定量智能采集与分析技术、大数据及人工智能健康管理技术（赵若琳和常运立，2021）。

第二节　2040年中国医药卫生领域经济社会与科技发展愿景

一、愿景分析

（一）2040年远景目标

1. 重大复杂疾病诊疗水平和研究水平全面提升

疾病的致病因素、危险因素、发病机制、干预与治疗策略的相关研究成果，越来越多地应用于临床。聚焦心脑血管疾病、糖尿病、肾脏疾病、恶性肿瘤（包括血液系统肿瘤）、慢性肺部疾病、肝病等危害人群健康的重大疾病，从基础研究、临床转化研究、循证评价和示范应用等方面，开展疾病的早期筛查预警、精准诊疗、疗效评价、综合干预等关键技术研究，促进重大复杂慢性病诊疗技术的合理规范应用，提高重大复杂疾病的诊治水平，改善重大复杂慢性病患者长期的预后状况。深化疾控体系改革，推动医防融合，开展多学科交叉研究，实现以降低危险因素水平、生活方式干预为主要措施的疾病防治，提升人群健康水平，降低医疗和社会负担。免疫疗法等新兴治疗手段将惠及癌症病患人群，帮助其在带瘤生存的同时实现高质量生活，5年生存率大大提高。

2. 传染病主动监测数据实时自动获取能力得到强化

大数据与人工智能技术深度融合，实现传染病监测智能感知、时空风险即时评估、全景态势立体研判、智能化预测预警与精准推送。智能化技术在新型传染病主动监测预警体系中得到大规模应用，实现监测预警的高度智能化，基本具备重大新发突发传染病全天候一体化监测和预警能力，做到比现有直报系统提前2—3周预警，预警精度达到85%以上，国家传染病监测预警综合能力达到或超越同期欧美发达国家水平。

3. 头颈部肿瘤的早诊断和早干预基本实现

头颈部肿瘤包括口腔及眼耳鼻喉部、唾液腺及甲状腺等部位的肿瘤，重在预防、早诊、早治。牙髓、牙周膜、视神经、视网膜等重要组织的发育和再生修复将取得重大突破。人工智能技术在口腔及眼耳鼻喉领域获得广泛应用，机器人操作成为常规治疗方式。向居民普及健康用眼知识相关政策出台，居民眼健康管理体系、眼科医疗技术指导体系和服务体系得到完善。

4. 听觉和平衡感知器官的生理与病理机制研究基本完成

复杂听觉功能产生、听觉模式识别神经机制、听觉系统与视觉及其他脑区功能相互作用等研究进一步展开。建立内耳疾病的靶向治疗新策略，进行听觉与平衡觉相关疾病的新型器械研究，开展新一代多通道国产人工耳蜗的研发，利用联合干细胞植入对现有人工耳蜗进行迭代升级。针对双侧重度平衡功能障碍的患者，研发具有自主知识产权的人工前庭植入设备。针对因听神经和耳蜗严重缺陷或损伤的患者，研发具有自主知识产权的听觉脑干植入设备。开展老年性耳聋及难治性良性位置性眩晕的流行病学及防治研究，做好研究成果应用。

5. 法医学研究水平持续稳步地提高

法医学领域中与法律有关的人身损害问题、死亡问题和身份鉴识问题的系列基础理论难题和关键技术挑战得到解决；具有国际竞争力，集人才培养、基础研究、法医鉴定为一体的国家法医学创新基地、人才培养中心及科技成果转化平台基本形成；我国法医学迈向原始创新和跨越式发展，整体处于国际研究前沿，长期以来在国际上的“跟跑”地位得到改变，部分研究方向实现“领跑”。

6. 建成更加完善的药物研发生产保障体系

生物医药和信息技术融合创新，集中优势资源攻关新发突发传染病，医药制造业优化升级；理论—技术—产品—商品—品牌—精品的完善的生物医学工程高科技产业创新发展链形成。

7. 中医药的独特优势充分凸显，更好地满足人民群众的健康需求

中医药防治重大疾病的能力进一步提升，常见病、慢性病、老年病的中医药疗效优势得到进一步彰显。中医“治未病”理论体系及实践能力进一步提升，大部分常见病治疗关口前移，中医预防疾病的医疗资源投入占比提升。在重大突发公共卫生事件应对体系和机制的建设中，中医药在重大传染病应对中的作用进一步强化，其参与过程更为顺畅，确保了中医药在传染病前期预防、临床救治和后期康复阶段真正发挥好其独特优势。中医药领域对人体、药物的系统性和复杂性等关键问题的突破，对生物医学、生命科学发展产生了重要的启示，推动了我国生命科学前沿的拓展；中药产业高质量发展，成为我国医

药产业的重要优势领域。高品质的中药产品“走出去”，开拓国际市场，引领世界传统医药和天然药物市场发展，成为代表中国传统产业走向世界的“国家名片”。

（二）需要解决的重大问题及其对工程科技的需求

（1）加强疾病研究，推动疾病诊治技术进步，提高医疗质量和患者满意度。健全医疗保障体系，优化医疗服务，改善患者就医环境，减轻其经济负担。普及内科疾病诊治技术，推动全民健康教育，增强国民健康意识，从而提高国民健康水平，降低疾病发病率，促进社会和谐稳定。

（2）构建智能化传染病监测预警体系，将基于基因组学数据的多元数据应用于传染病的监测和预警。将分子生物学技术和基因组测序技术应用于传染病病原体的防控，促使传染病流行病学分析发生质的提升。将病原体基因/基因组信息整合应用于传染病的监测、预警、暴发分析、溯源和新病原发现等环节，实现在传染病实验室监测网络中应用病原体基因组信息识别和预警传染病暴发。将病原体的蛋白质组学、糖组学和机体感染代谢组学数据，人兽共患病的动物宿主的疾病动力学数据，人群与动物的接触数据，宿主种类屏障、物流、贸易、自然环境、社会活动等多元数据，以及可能与传染病传播相关的数据，系统地整合到传染病监测预警体系中。随着大数据收集和信息处理技术的进步，结合传染病防控的专业应用，预计在未来数年将迎来传染病监测预警技术的突破。

（3）加强创伤组织的修复与再生研究，阐明创伤修复与再生的关键科学问题，建立损伤组织完美修复与再生关键技术，在再生医学理论和技术层面取得突破。在生物材料、分子生物学、分子遗传学、人工智能等学科发展的基础上，加速口腔及眼耳鼻喉领域再生医学的发展。依据临床疾病谱，建立多种与人类听觉和平衡觉损伤疾病具有相同或相似表型的鼠、猪等动物模型，利用各种新技术筛选获得能够有效治疗突发性耳聋、噪声性听力损伤和耳鸣的新型内耳靶向药物分子，建立动物模型基因编辑平台，并创新性地建立高度严谨型的CRISPR/Cas9 系统。推动“加速康复外科”（enhanced recovery after surgery，ERAS）理念的深入发展，通过对加速康复关键技术的持续优化，明确国家层面的骨科加速康复未来发展趋势。

（4）加强原创新药、原创技术的研究与开发。开发针对我国疾病谱特点的、较现有临床治疗方案有更好疗效或者更高安全性的创新药。着力解决基础科学发展及转化应用不足、科研关键支撑条件有待提高的问题。开发系列精密的科研辅助医学仪器设备，形成相应的产业链，注重药学领域与现代计算机技术的充分融合。

（5）逐步解决生物医学工程领域相关产业创新能力相对不足、自主创新的产品多数集中在中低端产品市场、自主研发能力相对薄弱、核心技术和关键部件依赖国外进口等问题，同步推进国产技术的创新升级，实现标志性高端医疗器械的突破。

（6）现阶段，各基层正在逐步落实各项中医医改政策，但由于资金短缺或重视程度不足等因素，中医药基础设施建设速度缓慢。特别是在偏远地区，尤其是农村，缺乏高水平的中医师及高质优价的中药材。因此，需要完善中医药流通体系。具有中医特色的疗效评价体系尚不完善，这使得中医在常见病、慢性病、老年病方面的疗效优势难以全方位地彰显。中医理论的科学内涵尚未得到全面阐述，限制了其在临床实践中的全方位指导作用。

（三）可能的解决问题/实现愿景的技术途径

（1）进一步推进急症院前救治的窗口前移，建立院前综合救治的重点支撑设施，包括可移动导管室-手术室设备的研发及系统创立、不可再生组织细胞的保护靶点确定、原创性组织细胞保护药物的研发、急诊介入治疗和药物治疗策略的研究及规范化管理、急症康复和二级预防的临床和基础研究深化等。

（2）建立健全出院后患者的远程随访机制，实现各级医院基本就诊信息的数字化和互通互认，在各地医院医疗质量同质化程度显著提高的基础上，依托各地医院的康复科室，为出院患者提供机体复健、运动和饮食指导。同时，在大型疾病队列研究的基础上，开展不同康复指导方法及其远期效果的评估研究。

（3）整合多种工程技术和社会传播媒介，包括高灵敏度诊断新设备及新试剂的研发、社区卫生服务机构的健康咨询能力提升、社区疾病知识教育材料的设计与发放、借助新媒体和自媒体平台进行慢性病知识的传播，以及大众健康教育策略与方法研究等。

（4）调动高校、科研院所丰富的医药基础研究资源，健全科研评价体系，建成有效的科技人员激励机制和成熟的转化服务体系，将科技成果有效转化为现实生产力。加强基础研究投入，激励国内企业将科技成果有效转化为生产力。在人工器官领域，促进现代材料学、高分子科学、计算机技术等学科的充分融合。

（5）深入解析疾病的遗传、代谢和免疫机制，发掘新的药物靶点，为原研药的开发奠定基础，从根源上解决疾病的发生问题。

（6）利用脑功能成像技术开展基于脑网络和功能连接的听觉通路研究，探讨听觉外周损伤和耳鸣发生后听觉皮层可塑性改变，以及其他脑区（如边缘系统）激活后导致焦虑、抑郁等心理疾患相互作用的机制等亟待解决的科学问题。同时，对听觉皮层进行定位和精细作图，并开展磁共振引导下的聚焦超声神经调控技术对耳鸣的干预研究，实现从基础研究向临床应用的转化。

（7）利用快速高效内耳治疗药物筛选平台，筛选能够进入内耳的特异性短肽，着力于筛选或人工改造能够进入内耳的小分子物质。并通过基于活体噬菌体展示技术，以跨血-迷路屏障能力为靶标，筛选具有真正内耳靶向功能（可自行跨越血-迷路屏障）的特殊肽段（而非某类特定细胞），获得兼备或分别具有改善听功能损伤、缓解耳鸣及眩晕症状功能的天然药物分子，或是能与跨血-迷路屏障多肽偶联的药物分子，形成新型内耳靶向药物。最终通过系统性药效及安全性评估，开发新型内耳给药体系。

（8）利用与听觉及平衡觉相关疾病相关的新型器械关键技术，开发适于中国人群的言语编码策略和言语评估量表，突破全植入式人工耳蜗技术瓶颈，研发具有自主产权的人工脑干等多种全新人工听觉植入设备。同时，开展新一代多通道国产人工耳蜗的研发，并进行迭代升级。研发人工前庭植入设备、听觉脑干植入设备等。

（9）借助生物材料、组织工程及分子遗传学的进步与交叉合作，促进眼科手术技术及植入物的新发展，建立近视防控新策略，推动基因治疗、人工智能、3D 打印、干细胞治疗等新技术在眼科领域的广泛应用，以及新药的研发。

（10）加强法医科学前沿理论和技术的研究应用与转化，在法医基础研究与临床诊断医疗之间建立更直接的联系，建立国家科技创新基地，面向前沿科学、信息科学、工程科学等领域，开展基础研究、应用研究等。同时，制定和完善统一的法医司法鉴定标准与规范。

（11）从严重创伤后机体全身内环境改变入手，结合损伤组织局部微环境的改变，将全身和局部的变化相结合，阐明组织修复与再生内环境改变对组织修复与再生影响的细胞与分子机制。基于内环境改变影响组织修复与再生的相关理论，具体研究在这种全身和局部内环境发生改变的情况下，皮肤、骨骼、软骨、周围神经等重要器官修复与再生的细胞与分子机制，阐明制约修复与再生的关键因素，建立提高修复速度与质量的关键技术，最终目标是促进这些组织器官的完美修复与再生。

（12）加强对严重创伤导致的骨、软骨、神经损伤的修复与再生的基础科学问题与关键技术的研究。主要技术需求包括：①骨损伤固定与修复器材的研发与应用；②利用工程化关键技术，围绕干细胞、生物材料、环境诱导等因素，开展新一代组织工程骨、软骨、神经修复与再生的创新理论与关键技术的研发与应用；③将人工智能技术与 3D

打印技术相结合，构建新一代活性组织替代物，应用于软组织修复；④多功能集成智能先进材料在骨科领域的应用；⑤结合生物材料、成像技术与人工智能技术，推动仿生骨匹配技术的应用；⑥通过手术机器人与人工智能深度融合，实现精准化、智能化、个体化的关节置换。

（13）加强技术研究与技术储备（干细胞、蛋白质工程、组织工程等）。主要技术需求包括：①干细胞的定向分化及重编程技术；②基于精准基因编辑和体细胞核移植技术，建立适宜人类器官移植的人源化大动物模型；③开发适用于干细胞移植的载体型医用生物新材料；④建立人源化异种器官功能评估标准；⑤优化异种器官移植技术，并建立移植后器官功能检测和评估方法。

（14）推进新药创制重大工程，以及创新靶点成药和新一代疗法发现重大科技项目，开展高质量创新药开发。加强多学科、多种技术方法的交汇融合、综合集成，提高基础科学发展及转化应用水平。构建药物应急研发及生产体系，建设关键技术平台，针对突发公共卫生事件建立长期药物保障体系。培育先进制造业集群，发展药品连续生产及智能制造技术。扶持培育国内自主的辅料生产企业及设备生产相关企业，开发和应用先进制药装备，发展大规模生物反应器及附属系统，蛋白质高效分离和纯化设备，柔性化无菌制剂生产线，透皮吸收、粉雾剂等新型制剂工艺设备，实施国产化替代策略。

（15）构建传染病主动监测智能化网络/平台，推动主动监测数据获取、大数据分析处理、生物特征识别、自然语言理解、深度关联与因果分析、防控措施效果智能评估、智能决策控制等智能诊断关键技术的发展。建立网络垂直监控、聚焦爬虫、深度采集等多种自动收集技术，实现各类网络信息内容的“主动”获取，形成可配置主题、自适应、动态调整的社会传感采集网络，建成基于互联网大数据的传染病早期预警平台。

（16）作为一个多学科交叉的高技术产业，生物医学工程产业链涉及范围广、细分领域多。需整合资源配置，加大政策支持力度，推动创新模式转变，提升创新能力，注重人才队伍建设，实施科技人才战略，并积极开展国内外交流合作。

（17）自上而下地推进中医区域中心、中医院及中医科室的建设，从实体医疗机构及卫生主管部门层面进一步落实“中西医并重、中西医结合”的方针政策。加大对中医领域的科研投入，通过经费、政策等多方面的支持，推进科学技术进步与理论方法创新，从而提升中医临床服务能力，满足临床需求。

（四）2040年医药卫生领域可能实现的科技与经济社会情景

（1）采用基因编辑技术针对疾病的遗传根源进行治疗，改善患者的健康状况，降低发病率，减轻社会负担。

（2）借助智能医疗系统提供实时的医疗数据，准确诊断疾病，改善医疗质量，提高医疗效率，降低医疗成本，提高社会的整体健康水平。

（3）通过虚拟现实技术模拟患者的症状和治疗过程，帮助医生更好地了解患者的病情，提高治疗效果，改善患者的生活质量。

（4）借助大数据技术收集和分析医疗数据，帮助医生更好地诊断疾病，提高治疗效果，降低医疗成本，提高社会的整体健康水平。

（5）与肿瘤的早期诊断、治疗以及软/硬组织缺损再生与功能修复相关的生物材料和技术发展迅速，显著降低这类患者的医疗成本。

（6）人工智能技术、再生技术助力医疗技术实现质的飞跃，医疗服务治疗水平大大提升；激光技术、纳米技术和植入型超微机器人的广泛应用显著提升医疗效率。

（7）生物材料和组织工程发展加速，例如促进上皮和组织生长的可降解材料、生物止血材料、骨缺损再生支架等，将在口腔及眼耳鼻喉领域有新的应用突破。

（8）计算机辅助仿生设计及快速成型的生物制造及设备，包括精密加工及自动化生产技术、个体化植入器械的制备技术、组织工程化仿生活体器械的快速成型和制备技术等迅速发展，为临床提供一批生物制造设备。

（9）中医药健康服务能力及治理体系基本健全，人才教育培养体系完善，中医药产业成为国民经济的重要支柱之一，中医药文化在世界范围内产生深远影响。人工智能、互联网、大数据等技术与中医学深度融合，智能中医诊疗走进百姓日常生活。

二、情景分析

（一）发展情景分析

（1）借助科学技术的进步，疾病防治领域将实现技术的改进和完善，更好地满足人们的健康需求。借助精准医学，医生可以根据患者的具体情况，采取最适合的治疗方案，从而更有效地治疗疾病，提高治疗效果。通过基因技术，医生可以更好地了解疾病的发病机制，从而采取更有针对性的治疗方案，提高治疗效果。医疗大数据、医疗云计算等，可以为医生提供更多的信息，帮助他们更好地诊断和治疗疾病，实现更佳的治疗效果。

（2）将形成具有世界先进水平的生殖技术创新体系。从保障国民生殖健康的角度出发，提升生殖疾病与出生缺陷的有效预防、诊断、治疗能力；同时，围绕“儿童与青少年—婚前、孕前育龄人群—孕产妇—新生儿”全生育周期，实现健康管理，加强整个周期的生殖健康教育和预防保健服务，从源头上预防生育力降低和出生缺陷的发生；提高疑难不孕不育诊治水平，建立并完善国家级生殖资源数据库、遗传病分析和数据库，结合人工智能技术开发疾病辅助诊疗及预警管理系统，大幅提高我国国民的生育健康水平。

（3）制药行业产业升级，人民群众基本用药需求得以满足，安全用药得以保障。带动医药产业快速发展，国际化水平不断提高；基础研究得以加强，建成更加完善的创新药研发及制药工程保障体系；实现多学科、多种技术方法的交汇融合、综合集成；完成对重大突发公共卫生事件的药物的研发攻关和快速应对。

（4）建立“全息化、智能化、多维化”的传染病主动监测新模式，建立健全重大新发突发传染病早期响应能力平台和实物装备体系，有效预防传染病疫情发生，实现主动防控目标。

（5）多学科交叉推动基础医学研究范式变革。遵循医学发展和学科交叉发展的规律，以提升全民健康水平、建设健康中国为导向，凝练交叉学科技术，加速基础医学与临床医学、化学、生物学、物理学、电子学、信息学、工程学等多个学科的交叉融合，以及多学科新型技术的集成与运用，加深对疾病本质的认识，改善临床结局，突破疾病诊疗的瓶颈，催生新的研究范式，以应对疾病防治的重大挑战，提高国民的总体健康水平。

（6）我国高发癌种的发病率将进一步降低，早期预警、早期诊断及早期防控能力得到提升。我国的肿瘤发病谱相对于全球具有显著的特点，其中结直肠癌、肝癌、食管癌、胃癌等消化系统肿瘤发病率较高，且预后普遍不佳。随着人口老龄化的加剧，预计到2040年，全球范围内癌症负担将比2020年增加50%。因此，建立我国高发癌种早期预警、诊断及个体化防控体系，对于实现2040年的整体愿景具有重要的意义。

（7）我国组织器官再生修复技术能力得到提升，再生医学创新体系完成构建，器官移植供需问题得到缓解。随着全球人口老龄化的加剧，与组织器官衰老相关疾病的发病率显著上升，由慢性病、代谢性疾病等多基因复杂性疾病引发的器官衰竭病例不断增加。然而，传统人体器官移植技术远不能满足临床的巨大需求，因此，亟须推动再生医学从基础科学研究向临床应用的转化，从而缓解组织与器官移植的供需矛盾，降低重大疾病给人民健康带来的危害，更好地满足患者对组织及器官修复或移植的需求。

（8）中医服务能力、服务质量全面提升，服务领域进一步扩大。实现人人主动享有优质中医药服务的目标。中医医疗、保健、科研、教育、产业、文化等领域得到全面发展，遵循中医药发展规律的中医药循证评价体系初步形成。中医治病的科学原理得到有效阐释，中医药的标准化、信息化、产业化、现代化水平全面提升。中医药健康服务能力及治理体系基本健全，中医基础理论研究及重大疾病攻关取得原创性突破，并在全球范围内推广应用。

（9）新发展格局下，新一轮科技革命和产业变革正在加快重塑世界格局，各国围绕新兴技术的竞争愈发激烈。生物医药行业是全球最具发展潜力的战略性新兴产业之一，中药产业是我国医药产业中最具独特性的领域，也是确保我国生物医药产业供应链安全的重要力量。近年来，针对复杂疾病的组合药物策略成为研发及应用的重要领域，复方用药是中药的特色，揭示中药方剂中复杂物质实体与机体复杂生命活动之间的交互作用及交互规律，推动中医药科技创新成果应用到具体产业和产业链上，将有力地推动传统医药和战略性新兴产业的繁荣发展。

（二）发展情景描述

1. 前沿技术、基础研究和临床医学紧密衔接，实现对疾病预防、诊断、治疗全流程的预测和管理

情景定义：前沿技术、基础研究和临床医学相结合的全流程预测和管理疾病防治方式。

情景描述：前沿技术和基础研究成果将与临床医学实践紧密结合，大幅提升预防、诊断和治疗的精确度和质量。

大数据、机器学习、智能医疗、免疫学等前沿技术将用于智能预测和管理系统的开发，实现对疾病的预防和控制，以及智能诊断和治疗，并能针对一系列重大疾病和罕见病进行有效筛查。采用替代性和非替代性治疗策略，确保每位患者的个体化治疗方案得以有效实施。

明确营养和基因、环境预防等因素的作用机理，使许多慢性病和老年病从根本上得到预防和管理。更准确地预测、诊断和治疗疾病，可以极大地缩短疾病的研究周期，改善患者的治疗效果。这种临床医学与前沿技术的深度融合，有利于减少医疗费用，提高医疗资源利用效率，有助于提升社会对医疗卫生服务的满意度。

该情景的实现需要选择和重点突破的相关关键技术方向主要包括：利用最先进的基因组技术和分子生物学技术等，进行疾病的基础研究，以更好地理解疾病的发病机制；将这些基础研究成果与机器学习、人工智能等前沿技术相结合，对患者进行疾病预测；运用病理学、影像学和免疫学等学科的技术，对患者进行疾病管理，以确保患者保持最佳的健康状态。

2. 人工智能技术在眼科领域得到广泛应用

情景定义：人工智能辅助技术在眼科各类疾病的早期诊断、图像分析、手术技术培训、医疗服务等方面取得重大进展。

情景描述：眼科多领域（如糖尿病眼病、视网膜病变、年龄相关性黄斑变性、青光眼、白内障等）常见疾病的初步筛查、辅助诊断及治疗手段更为精准。

该情景的实现需要选择和重点突破的相关关键技术方向主要包括：与计算机相结合的机器学习的人工智能技术在眼科中的应用，极大地提高临床工作中眼科疾病的诊断效率，减轻眼科医生的负担。

3. 在内耳疾病和听觉中枢系统疾病治疗以及器械研发领域打破国外垄断，走在世界前列

情景定义：推进内耳靶向药物筛选系统以及获得的新型医疗器械走向临床。

情景描述：依赖成体干细胞研究的飞速发展，基于发育学原理的口腔及五官组织再生技术成为可能。

该情景的实现需要选择和重点突破的相关关键技术方向主要包

括：推进内耳靶向药物筛选系统以及新型医疗器械走向临床，进行中枢神经系统发育机制研究，为听觉中枢神经系统疾病治疗以及预防甚至逆转提供理论基础。

4. 构建完整的具有世界先进水平的生殖技术创新体系

情景定义：从国民生殖健康保障角度出发，具备有效的生殖疾病与出生缺陷预防、诊断、治疗能力。

情景描述：建立适用于不同年龄段的生育力评估方法，以缓解育龄人群生育力下降的趋势；降低严重出生缺陷的发生率及其导致的致残、致死率。建立并完善国家级生殖资源数据库、遗传病分析数据库，结合人工智能技术开发辅助诊疗及疾病预警管理系统，大幅提高我国国民生育健康水平。

该情景的实现需要选择和重点突破的相关关键技术方向主要包括：发展和应用前沿生物技术，深入解析人类生育力建立、妊娠维持、胎儿器官发育的分子基础，建立提高生殖细胞质量和发育潜能的有效方法；发展疑难生殖障碍疾病诊治新途径，开发线粒体移植等辅助生殖新技术及生育力保护保存创新体系；针对重大出生缺陷疾病，建立无创、精准的产前/胚胎植入前筛查及诊断技术，复杂胎儿疾病宫内诊断和治疗技术，出生后联合干细胞和基因编辑的干预技术；制定适合国情的重大妊娠疾病预测、预警、管理方案；自主研发生殖医学领域医疗产品；建设生殖领域大数据及人工智能平台。

5. 构建系列法医精准鉴识技术体系

情景定义：人工智能、多组学整合分析、新一代高通量测序及新型材料等技术手段交叉应用，建立一批法医精准鉴识技术体系和科学证据体系，重大案件的侦破水平得以提升。

情景描述：人工智能、多组学整合分析、新一代高通量测序及新型材料等技术手段在法医学各大分支学科领域交叉应用，极大地促进法医学鉴定事业的进步，尤其是凶杀、强奸、恐怖活动、投毒、吸毒等重大案件的侦查破案和定罪量刑可辅以更多、更先进的技术和设备手段，法医学服务于打击违法犯罪的应急反应能力和技术支撑能力得到稳步提升。执法机关侦查破案的效率有效提高，因错检、误检引发的行政诉讼案件的数量大幅减少，办案成本大幅节省，因犯罪和吸毒造成的经济损失有效缩减。

该情景的实现需要选择和重点突破的相关关键技术方向主要包括：①应激性损伤（死亡）参与度评估、复杂因素引起死亡的分子机制、死亡时间和组织离体时间精准推断；②DNA多态性与遗传表型关系、复杂亲缘关系鉴定、混合斑的溯源分析、个体特征推断、非人源DNA多态性分型；③法医转录组分子鉴识；④毒物（品）体内代谢规律及代谢组学变化机制、毒品依赖分子机制、基于人工智能技术的毒品分子构效关系模型和毒品分子识别机制；⑤环境污染人身损害机制；⑥法医虚拟解剖技术、基于人工智能技术的法医影像学精准鉴识技术，以及生物安全领域的系列基础理论难点和关键技术问题，需要得到有效解决，形成系列法医精准鉴识技术体系和科学证据体系。

6. 建成更加完善的创新药研发及制药工程保障体系

情景定义：我国医药创新能力从跟随式创新逐步升级为引领式创新。基于我国特定的疾病谱和发现的药物靶点，研发并生产出以颠覆性技术为基础的、具有显著临床疗效价值的创新药。同时，进一步提升产业链供应韧性，构建形成供应充分、质量可靠、价格合理、规范有序的药品供应保障体系。

情景描述：供应充分、质量可靠、价格合理、规范有序的药品供应保障体系得以建立，制药行业产业升级，人民群众基本用药需求得以满足，安全用药得以保障。

该情景的实现需要选择和重点突破的相关关键技术方向主要包括：①基于大数据及人工智能技术的药物靶标及新药发现技术；②基于器官芯片、类器官、类器官芯片的药物研发技术；③新一代抗体药物研发技术；④基因治疗药物研发技术；⑤蛋白降解靶向嵌合体（proteolysis targeting chimera，PROTAC）药物研发技术；⑥基于合成生物学的药物研发技术；⑦新一代药物递送系统；⑧药品连续生产及智能制造技术等。

7. 下好传染病预防的先手棋，构建智能化传染病监测预警体系

情景定义：建成智能化传染病监测预警技术平台，建立健全“万物互联”的智能化传染病监测预警网络，实现传染病被动防控转为主动防御。

情景描述：建立多种网络数据采集和主动获取技术，利用互联网开源信息开展传染病早期预警示范应用。建成大数据基础上的人工智能驱动新框架和算法，利用大数据深度挖掘、关联与因果分析，最终实现数据实时获取、自动预警和态势研判，基本实现传染病智能评估和判别。

该情景的实现需要选择和重点突破的相关关键技术方向主要包括：①面向互联网社交媒体平台，建立覆盖全面、高颗粒度的社会传感网络；②利用社会传感网络系统自动感知、汇集并融合基于生物传感器的传染病主动监测数据，形成传染病主动监测大数据平台；③开展基于深度学习的人工智能大数据挖掘分析、探测预警、趋势预测及干预措施评价新算法、新模型等前沿技术研究，构建多模态多通道传染病数据实时采集与处理技术、多元监测大数据融合技术、多元时空信息流的传染病人工智能异常征兆探测与早期预警方法、传染病预警模块自主机器学习算法等，全过程追溯疫情暴发信号的源头及关键影响环节，完成“临床综合表现特征—风险研判—预警信号—源头追溯—影响环节”的多维度动态立体可视化表达与管理决策支持。

8. 多学科交叉推动基础医学研究范式变革

情景定义：凝练交叉学科技术，加速多学科新型技术集成运用。

情景描述：遵循医学发展和学科交叉发展规律，以提升全民健康水平、实现健康中国为目标，综合应用交叉学科前沿技术突破疾病诊断和治疗模式的瓶颈问题，促进前沿技术、基础研究和临床医学的紧密衔接，加快建立整体协同的研究模式，以应对疾病防治的重大挑战，提高国民总体健康水平。

该情景的实现需要选择和重点突破的相关关键技术方向主要包括：①凝练交叉学科技术，加速基础医学、生物学、化学、物理学、电子学、工程学等多学科新型技术集成运用；②促进多学科对基础医学关键科学问题的协同攻关，实现生物学过程的可模拟、可定量、可计算、可预测，推动疾病诊疗的个体化、精准化、微创化、智能化、集成化和远程化。

9. 降低我国高发癌种发病率，提高早期预警、早期诊断及早期防控能力

情景定义：建立高发癌种发病预防与预测方法，提高肿瘤早期预警、早期诊断及早期防控能力。

情景描述：利用组学大数据和生物医学大数据，完善癌症预警及风险评估技术，完成我国不同人群、不同癌种的全面的数据监测；我国高发肿瘤早筛、早诊研究整体实现创新突破并向临床转化应用，带动相关产业发展；实现我国高发肿瘤早诊率提高20%以上的目标。

该情景的实现需要选择和重点突破的相关关键技术方向主要包括：①癌症的早筛早诊技术体系主要聚焦于发现具有高灵敏度、高特异性的肿瘤早期标志物，以及与特定标志物相匹配的大规模筛选检测技术，如微流控芯片技术、多模态传感检测技术等；②开展高人群覆盖率的各类癌症常见分型的早期特异性标志物筛选验证工作，以及开发与之相匹配的可规模化低成本生产的检测设备；③以可穿戴设备为代表形式的多源数据采集设备开发初步展开，逐步突破癌症生物标志物-表型验证流程的通量限制，借助以深度学习为代表的关键信息技术

的迅速发展，构建和完善癌症的早筛早诊技术体系，完成规模化人群覆盖。

10. 实现组织和器官的完美修复与再生，解决器官与组织移植供需矛盾

情景定义：用于治疗疾病导致的细胞与组织病变的修复和再生将是面向 2040 年医学研究的热点问题。再生医学领域将利用细胞（包括各种干细胞）治疗策略来实现创伤后受损组织和器官的完美修复与再生。

情景描述：开启人类全新的疾病治疗模式，通过干细胞技术、基因编辑技术、合成生物技术的应用，基本阐明严重创伤后全身内环境和局部微环境的变化，以及这些变化对机体重要组织和器官修复与再生影响的细胞、分子与基因机制；阐明严重创伤导致的缺血缺氧对组织修复与再生的作用；揭示通过改善严重创伤免疫紊乱和全身炎症达到减轻损害、促进修复的规律；解析严重创伤局部微环境改变对重要组织器官损伤修复与再生的影响和调控机制，阐明解决严重创伤组织完美再生与修复理论基础。解决和突破一批实现严重创伤后重要组织器官（包括皮肤、骨骼、软骨、周围神经）修复与再生的关键技术，为实现完美修复与再生打下基础，总体达到世界先进水平，部分领域处于前沿位置，极大满足建设健康中国的需求，为全面实现“人人享有健康”的战略目标提供技术保障。创伤修复与组织再生领域的总体水平达到国内领先、国际一流，部分领域达到国际领先水平。

该情景的实现需要选择和重点突破的相关关键技术方向主要包括：①干细胞重编程及定向分化技术，深入开展干细胞因子药物与干细胞治疗的临床前及临床研究；②基于精准基因编辑和体细胞核移植技术，建立适宜人类器官移植的人源化大动物模型；③开展适用于干

细胞移植的载体型医用生物新材料开发，建立人源化异种器官功能评估的标准；④优化异种器官移植技术，建立移植后器官功能检测和评估的手段。

11. 形成完备的生物医学工程高科技创新产业链

情景定义：围绕产业链布局创新链，构建从理论到技术，从技术到产品，从产品到商品，从商品到品牌、精品的生物医学工程高科技创新产业链。

情景描述：生物医学工程领域国内外市场巨大，每年经济效益达数百亿元，是低消耗、高附加值的高科技产业。医疗装备产业基础高级化、产业链现代化水平将明显提升，主流医疗装备基本实现有效供给，高端医疗装备产品性能和质量水平明显提升，初步形成对公共卫生和医疗健康需求的全面支撑能力。

该情景的实现需要选择和重点突破的相关关键技术方向主要包括：①开发高灵敏度、高稳定性、低功耗的可穿戴和植入式生物传感器，实现对血糖、血压、心率、血氧等生理参数以及特定生物标志物的实时、连续监测，应用于疾病的早期预警、健康管理和个体化治疗。②进一步提高生物芯片的集成度、检测速度和准确性，开发能够快速检测多种病原体、基因变异和蛋白质表达的生物芯片，应用于疾病诊断、药物筛选和个体化治疗等领域。③研发更高分辨率的成像技术，如超高场强MRI、高分辨率计算机断层成像（computed tomography，CT）等，以清晰地显示细胞和分子水平的结构和功能信息；同时，结合多种成像模态（如PET①/CT、SPECT②/MRI等），提供更丰富的图像信息，实现对疾病的精准诊断和定位。④开发具有良好生物相容性、生物可降解性和生物活性的生物材料，如智能高分子材料、生物陶瓷复合材料、天然生物材料改性产品等，以满足不同组织修复和替代的需求。⑤构建大规模、高质量的生物医学数据库，整合基因组学、蛋白质组学、影像学、临床数

---

① PET即positron emission tomography的缩写，正电子发射体层成像。

② SPECT即singlephoton emission computed tomography的缩写，单光子发射计算机断层成像。

据等多源数据。利用人工智能算法，如深度学习、机器学习等，进行数据挖掘、分析和建模，以实现疾病的预测、诊断、治疗方案推荐和药物研发等。

12. 中医服务能力、服务质量全面提升，服务领域进一步扩大

情景定义：中医药在“治未病”中的主导作用、在重大疾病治疗中的协同作用、在疾病康复中的核心作用得到充分发挥，更好地体现出自己的特色和优势。

情景描述：中医药健康服务能力及治理体系基本健全，中医药标准化、信息化、产业化、现代化水平全面提升。实现人人主动享有优质中医药服务，中医医疗、保健、科研、教育、产业、文化各领域得到全面发展，中医药人才教育培养体系完善，中医药产业成为国民经济重要支柱之一，中医药文化在世界范围内产生深远影响。在中医药的服务水平进一步提高、中医药的服务能力进一步提升、中医药的服务范围进一步扩大、中医药与现代科学技术的结合进一步紧密、中医药的特色进一步鲜明的基础上，满足人民群众日益增长的健康需求，解决中医药发展水平不适应的问题。

该情景的实现需要选择和重点突破的相关关键技术方向主要包括：①遵循中医药发展规律的中医药循证评价体系初步形成；②中医治病科学原理得到有效阐释；③中医基础理论研究及重大疾病攻关取得原创成果并在全球范围内推广应用。

13. 中医药科技创新取得突破

情景定义：中医药科技创新取得突破，智能化中医走进千家万户。

情景描述：实现中医药继承创新发展、统筹协调发展、生态绿色发展、包容开放发展和人民共享发展，人民共建、共享健康成果，全生命周期的卫生与健康服务成为常态。

该情景的实现需要选择和重点突破的相关关键技术方向主要包

括：①人工智能技术、互联网技术、大数据技术进入中医学领域，并与中医药技术有机结合；“虚拟中医专家”成为可能，智能中医医疗走进百姓日常生活，将中医领域简单、常见、无歧义的理念和方法通过人工智能体系不断延伸至千家万户，使中医“健康优先、预防为主”的理念深入人心。②中医药治理体系和治理能力现代化水平显著提升，民众“治未病”、康复、养生等需求得到更好的满足。

14. 优势中药产品更好地满足人民群众多元化健康需求

情景定义：研发更好的中药产品、更坚实的临床证据和机制、更合理的临床用药。

情景描述：建立完善的、基于中医药特点的复杂多靶点药物发现、筛选、研发、评价技术体系，针对重大疾病、新发传染病、疑难杂症、多系统病变、伴随性疾病等临床需求，成功研发一批创新中药或改良现有药物，为临床提供更优的解决方案。清晰地阐释优势中药品种的临床优势环节、优势阶段、优势人群，明确最佳使用方案，构建完善的证据体系；精准表述其物质基础、作用机制，以国际公认的科学语言结合中医药自身表述方式优化中药产品说明书，确保医生和患者准确理解；通过科普教育“入心”，深化大众认知。形成证据体系，便于临床快捷使用，促进合理应用。

该情景的实现需要选择和重点突破的相关关键技术方向主要包括：①优化中药新药发现技术体系。围绕处方发现、临床定位关键环节，开展中药新药设计技术研究，形成原创性的研发模式，促进创新中药的发现与开发。②突破中成药临床定位关键技术。构建“中医理论-临床实践-基础研究”三维整合的中成药临床重定位技术体系。③优化中药改良技术体系。对已上市中药的处方工艺、剂型、给药途径进行优化，有效利用原研已有数据，降低研发成本，缩短研发周期。④突破中药药效评价与筛选创新技术体系。针对中药多活性、弱效应整合起效的特点，构建连续、动态、多层次、多维度的指标体系，系统评价中药及方剂的效应特点，分析动物模型与临床疗效的相关性，实现以临床用药为导向的药效评价、安全性评价、机制研究，形成符合中药特点的有效性及安全性评价技术。

15. 中药产业高质量发展，成为我国医药产业的特色优势领域

情景定义：优质中药制造水平与供给能力达到国际领先，使中药成为“中国制造”新名片。

情景描述：突破中药质量信息化及全过程质量控制技术、中药生产自动化和智能化关键技术，实现中药生产绿色化、智能化发展。

该情景的实现需要选择和重点突破的相关关键技术方向主要包括：①研发适用于中药复杂体系的研发、生产、调剂、使用的装备；②培育中医药领域的新业态，形成推动中医药产业发展的新增长点，支撑中医药产业高质量、可持续发展。

第三章　中国医药卫生领域工程科技技术预见与体系发展能力分析

在迈向2040年的过程中，我国医药卫生领域工程科技的发展将面临新的挑战和机遇。本章将聚焦于医药卫生领域工程科技的前瞻性分析和发展能力评估，对2040年可能出现的关键技术进行预见，探讨前沿科技如何驱动医药卫生领域的创新与进步，深入分析中国在该领域的工程科技体系能力，包括科研基础设施、人才培养、技术转化与应用等方面，评估现有体系的优势与不足。旨在通过对技术预见与体系能力的综合研判，为中国医药卫生领域工程科技的发展提供战略性建议，助力医药卫生领域工程科技实现高水平、高质量发展。

第一节　医药卫生领域工程科技2040技术预见

一、医药卫生领域工程科技2040技术预见基本情况

（一）技术预见基本情况

1. 备选技术清单征集

根据“中国工程科技2040发展战略研究”项目组总体安排，医药卫生领域组对技术清单进行了多次修改，与健康中国领域多项子领域交叉合并后，将最初设定的13个子领域、85项技术项，更改为11个子领域、108项技术项，以此开展了第一轮德尔菲问卷调查。根据第一轮技术预见结果分析及院士、专家审议结果，将11个子领域、108项技术项，调整为11个子领域、112项技术项，开展了第二轮德尔菲问

卷调查。

2. 专家调查情况

分别从生物与分子医学、再生医学、生物医学工程、预防医学、疾病防治、药物工程、整合式医学、医学信息技术、中医药学、法医学、医疗仪器技术11个子领域，对国家自然科学基金委员会专家、课题组专家及相关领域专家进行网络问卷调查。调查对象主要为各领域科研工作者、政府医药卫生管理人员、医药经济保障学专家、医院主管和高校医药卫生专家等各界人士。在第二轮德尔菲问卷调查中，医药卫生领域共邀请2096名专家参加，填报问卷专家人数598人，专家参与度为28.53%。基于第二轮德尔菲问卷调查的统计分析，结合专家研判，筛选出了每个相关指标下重要性指数排名前10位的技术项目，形成医药卫生领域第二轮技术预见分析报告。

3. 问卷调查结果的研讨分析过程

综合组对技术调查结果进行分析发现，调查结果与参调专家数目及对该领域的熟知程度存在一定关系，具有一定的主观性、偏差性。综合组在成立专家工作组并建立方法对数据进行统一处理后，组织各子领域专家进行研讨分析，认为处理后的数据合理且具有一定的客观性。

工作组通过组织各子领域专家对备选技术方向重要性进行研判和甄别，对筛选出的关键技术进行深入研讨，经过院士、专家审议后对每个相关指标下重要性指数排名前10位的技术项进行微调，并且根据前瞻性、重要性、合理性和颗粒度新增1项技术项。

（二）技术预见结果概述

1. 技术清单概述

在工程科技2040技术预见第一轮德尔菲问卷调查中，医药卫生领域共设立11个子领域，共112项技术项。后经院士、专家审议后新增1项技术项，共113个技术项，见图3.1。

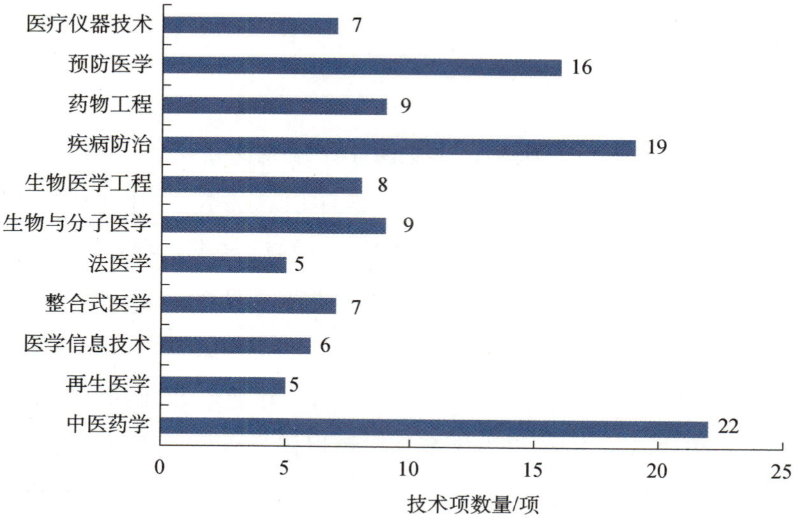

图 3.1　各子领域技术项数量

2. 问卷调查情况概述

医药卫生领域调查问卷，邀请人数 2096 人，填报人数 598 人，专家参与度为 28.53%。共回收问卷 5223 份，平均每项技术约有 47 位专家作答，32.14%的技术项作答人数超过 50 人，29.46%的技术项作答人数低于 24 人，问卷调查参与度见图 3.2。

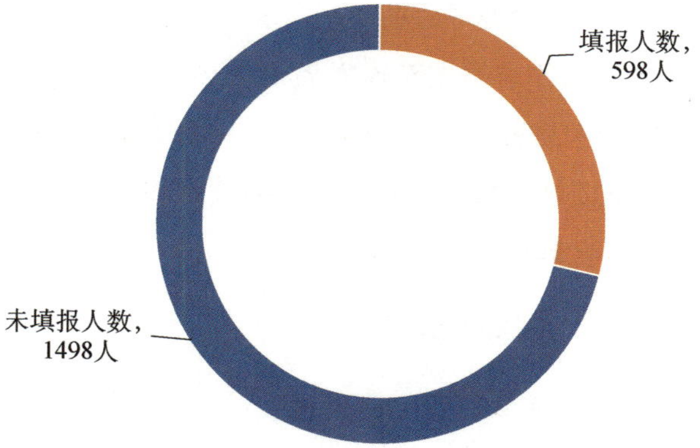

图 3.2　医药卫生领域问卷调查参与度

在回收的问卷中，对所填报的技术项，20.54%的回函专家选择“很熟悉”，46.98%的回函专家选择“熟悉”，32.48%的专家选择“较熟悉”，见图 3.3。

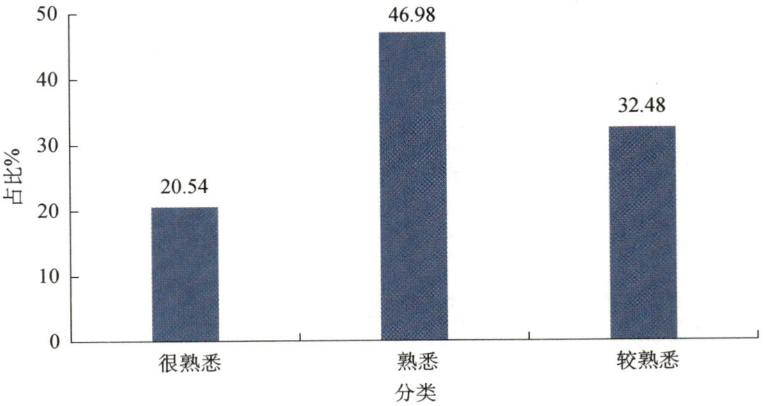

图 3.3　回函专家熟悉程度分布

（三）问卷调查结果分析

1. 重要性指数单因素统计结果

基于调查统计结果，根据专家判断剔除偏差项后，按照技术核心性、通用性、颠覆性，以及经济发展重要性、社会与国家安全发展重要性等指数分别进行统计分析。

例如：技术核心性指数最高的前 *N* 项（对于领域而言，一般选前 10 项）技术；技术核心性指数最高的前 *N* 项技术的子领域分布（如有必要）；子领域的技术核心性指数平均值、最高值、最低值。

（1）技术核心性指数排名前 10 的技术项

技术核心性指数排名前 10 的技术项见表 3.1。从表中可以看出，疾病防治、预防医学、整合式医学等 3 个子领域技术核心性占比较高。

表 3.1　技术核心性指数排名前 10 的技术项

排名	子领域	技术项	技术核心性指数
1	疾病防治	建立适合于高通量药物筛选的疾病体外模型	96.51
2	疾病防治	效能增强的工程化免疫细胞治疗技术	95.98

续表

排名	子领域	技术项	技术核心性指数
3	预防医学	支撑传染病大流行防控中的全球或国家级信息系统	95.41
4	整合式医学	基于多学科技术交叉融合构建“全息数字人体”重大研究计划	93.86
5	疾病防治	通过多组学数据分析寻找慢性病的病因及精准治疗靶点	92.89
6	预防医学	应对新发突发传染病、生物威胁等国家生物安全关键技术	92.80
7	预防医学	机体免疫功能全息评价与精准干预技术	92.49
8	预防医学	One Health 关键技术	92.14
9	疾病防治	在免疫相关慢性病中开发基于免疫系统的新治疗方法及效果预测	91.52
10	疾病防治	肿瘤早期预警及防控技术	91.33

（2）技术通用性指数排名前 10 的技术项

技术通用性指数排名前 10 的技术项见表 3.2。其中，疾病防治子领域占 5 项，中医药学子领域占 2 项，这表明该子领域技术项的技术应用范围相对较广泛、技术交叉性较强，是多行业共性技术。

表 3.2　技术通用性指数排名前 10 的技术项

排名	子领域	技术项目	技术通用性指数
1	医疗仪器技术	远程心电监测和实时冠心病风险监测技术	100.00
2	疾病防治	效能增强的工程化免疫细胞治疗技术	93.04
3	疾病防治	神经退行性疾病早期诊断及干预关键技术	92.98
4	中医药学	中医疫病应急防治关键技术	90.99
5	生物与分子医学	脑机接口关键技术	90.76
6	中医药学	中医药防治慢性病与健康服务理论发展与应用技术	89.89
7	疾病防治	建立适合于高通量药物筛选的疾病体外模型	88.46
8	预防医学	应对新发突发传染病、生物威胁等国家生物安全关键技术	88.40
9	中医药学	中药质量数字化及品质保障技术体系	88.35
10	疾病防治	肿瘤早期预警及防控技术	88.26

（3）颠覆性指数排名前 10 的技术项

颠覆性指数排名前 10 位的技术项见表 3.3。整合式医学子领域的“基于多学科技术交叉融合构建‘全息数字人体’重大研究计划”、疾病防治子领域的“效能增强的工程化免疫细胞治疗技术”、医学信息技术子领域的“数字孪生器官技术”等 10 项技术有望替代现有主流技术，具有市场颠覆性。

表 3.3　颠覆性指数排名前 10 的技术项

排名	子领域	技术项	颠覆性指数
1	整合式医学	基于多学科技术交叉融合构建“全息数字人体”重大研究计划	94.95
2	疾病防治	效能增强的工程化免疫细胞治疗技术	88.73
3	医学信息技术	数字孪生器官技术	87.58
4	生物与分子医学	脑机接口关键技术	84.38
5	疾病防治	干细胞及其衍生物治疗技术	83.89
6	生物与分子医学	类脑智能关键技术	83.01
7	中医药学	中医疫病应急防治关键技术	82.56
8	预防医学	人-机交互相关的健康问题：风险评估及网络对抗方案	82.29
9	疾病防治	通过多组学数据分析寻找慢性病的病因及精准治疗靶点	81.29
10	中医药学	多靶点整合效应的中药创制、改良与临床评价技术	81.20

（4）经济发展重要性指数排名前 10 的技术项

经济发展重要性指数排名前 10 的技术项见表 3.4。生物医学工程子领域的“人工智能辅助诊疗技术”、预防医学子领域的“应对新发突发传染病、生物威胁等国家生物安全关键技术”及疾病防治子领域的“着床前和产前无创、精准、高效的遗传学诊断新技术”等 10 项技术市场需求大，对未来产业的发展具有推动作用，可能产生重大的经济效益。

表3.4 经济发展重要性指数排名前10的技术项

排名	子领域	技术项	经济发展重要性指数
1	生物医学工程	人工智能辅助诊疗技术	96.21
2	预防医学	应对新发突发传染病、生物威胁等国家生物安全关键技术	95.53
3	疾病防治	着床前和产前无创、精准、高效的遗传学诊断新技术	94.41
4	疾病防治	效能增强的工程化免疫细胞治疗技术	93.35
5	疾病防治	肿瘤早期预警及防控技术	93.28
6	中医药学	中医药防治慢性病和健康服务理论发展与应用技术	92.79
7	生物与分子医学	类脑智能关键技术	91.28
8	中医药学	中药高端制剂技术	90.63
9	中医药学	多靶点整合效应的中药创制、改良与临床评价技术	90.24
10	疾病防治	通过多组学数据分析寻找慢性病的病因及精准治疗靶点	89.81

（5）社会与国家安全发展重要性指数排名前10的技术项

社会与国家安全发展重要性指数排名前10的技术项目见表3.5。医疗仪器技术子领域的“传染病医疗护理机器人系统”、疾病防治子领域的“着床前和产前无创、精准、高效的遗传学诊断新技术”、中医药学子领域的“中医疫病应急防治关键技术”等10项技术项的社会与国家安全发展重要性指数排名靠前。

表3.5 社会与国家安全发展重要性指数排名前10的技术项

排名	子领域	技术项	社会与国家安全发展重要性指数
1	医疗仪器技术	传染病医疗护理机器人系统	100.00
2	疾病防治	着床前和产前无创、精准、高效的遗传学诊断新技术	96.85
3	中医药学	中医疫病应急防治关键技术	95.14
4	疾病防治	效能增强的工程化免疫细胞治疗技术	94.99
5	疾病防治	通过多组学数据分析寻找慢性病的病因及精准治疗靶点	94.33

续表

排名	子领域	技术项	社会与国家安全发展重要性指数
6	预防医学	应对新发突发传染病、生物威胁等国家生物安全关键技术	93.95
7	疾病防治	神经退行性疾病早期诊断及干预关键技术	93.63
8	生物与分子医学	脑机接口关键技术	93.05
9	中医药学	中医药防治慢性病和健康服务理论发展与应用技术	92.69
10	生物与分子医学	类脑智能关键技术	92.18

2. 医药卫生领域技术项重要性综合分析

（1）医药卫生领域重要技术方向

综合技术核心性指数和技术应用重要性的两项指数，得到核心性与应用重要性综合指数，即综合重要性指数，以此为基础，经过专家研讨分析，提出医药卫生领域的重要技术方向[①]，如表 3.6 所示。

表 3.6　医药卫生领域的重要技术方向

序号	子领域	技术方向	综合重要性指数	实现时间			研发水平	目前领先经济体	制约因素
				技术		社会（中国）			
				世界	中国				
1	疾病防治	效能增强的工程化免疫细胞治疗技术	95.08	2027 年	2029 年	2031 年	35.48	美国	研发投入
2	预防医学	应对新发突发传染病、生物威胁等国家生物安全关键技术	93.78	2027 年	2029 年	2031 年	50.00	美国	人才队伍
3	疾病防治	肿瘤早期预警及防控技术	91.55	2028 年	2030 年	2033 年	44.51	美国	人才队伍
4	疾病防治	通过多组学数据分析寻找慢性病的病因及精准治疗靶点	92.49	2028 年	2029 年	2032 年	48.44	美国	人才队伍

① 医药卫生领域前 10 项重要技术根据指数大小进行第二轮排序后，经院士、专家审议研讨将排序进行微调，并新增 1 项技术，即“严重创伤早期救治关键技术和后期修复与再生技术体系”。

续表

序号	子领域	技术方向	综合重要性指数	实现时间			研发水平	目前领先经济体	制约因素
				技术		社会（中国）			
				世界	中国				
5	中医药学	中医药防治慢性病和健康服务理论发展与应用技术	89.08	2031 年	2030 年	2032 年	86.34	中国	人才队伍
6	疾病防治	建立适合于高通量药物筛选的疾病体外模型	90.33	2029 年	2031 年	2034 年	33.33	美国	研发投入
7	生物与分子医学	类脑智能关键技术	89.84	2030 年	2033 年	2036 年	18.00	美国	人才队伍
8	疾病防治	干细胞及其衍生物治疗技术	89.36	2028 年	2030 年	2032 年	47.50	美国	人才队伍
9	再生医学	严重创伤早期救治关键技术和后期修复与再生技术体系	93.85	2027 年	2030 年	2033 年	42.00	美国	人才队伍
10	预防医学	支撑传染病大流行防控中的全球或国家级信息系统	90.12	2028 年	2029 年	2031 年	44.32	美国	协调与合作

（2）医药卫生领域重要共性技术方向

综合技术通用性指数和技术应用重要性的两项指数，可以得到共性技术重要性指数。以此为基础，经过专家研讨分析，提出医药卫生领域的重要共性技术方向，如表 3.7 所示。

表 3.7 医药卫生领域的重要共性技术方向

序号	子领域	技术方向	共性技术重要性指数
1	疾病防治	效能增强的工程化免疫细胞治疗技术	93.61
2	预防医学	应对新发突发传染病、生物威胁等国家生物安全关键技术	91.63
3	医疗仪器技术	远程心电监测和实时冠心病风险监测技术	92.41
4	中医药学	中医药防治慢性病和健康服务理论发展与应用技术	91.33
5	疾病防治	肿瘤早期预警及防控技术	90.03

续表

序号	子领域	技术方向	共性技术重要性指数
6	药物工程	药品连续生产及智能制造技术	80.76
7	生物与分子医学	脑机接口关键技术	90.71
8	整合式医学	卫生健康信息基础设施建设技术	85.26
9	疾病防治	着床前和产前无创、精准、高效的遗传学诊断新技术	89.64
10	法医学	新型毒物、毒品毒理及法医鉴识技术	77.84

（3）医药卫生领域重要颠覆性技术方向

综合技术颠覆性指数和技术应用重要性的两项指数，可判断选择重要颠覆性技术方向。通过颠覆性指数排序及院士、专家审议后，遴选出 4 项，如表 3.8 所示。

表 3.8　医药卫生领域重要颠覆性技术方向

排名	子领域	技术方向	颠覆性指数
1	医学信息技术	数字孪生器官技术	87.96
2	生物与分子医学	类脑智能关键技术	87.48
3	预防医学	应对新发突发传染病、生物威胁等国家生物安全关键技术	82.95
4	中医药学	多靶点整合效应的中药创制、改良与临床评价技术	85.79

二、医药卫生领域技术预见结果分析与关键技术选择

（一）技术实现时间分析

1. 预期实现时间的比较分析

技术实现时间（世界）、技术实现时间（中国）、社会实现时间（中国）三类预计实现时间的比较分析，如图 3.4 所示。其中，技术实现时间（世界）主要集中在 2027—2031 年，技术实现时间（中国）在 2028—2032 年，社会实现时间（中国）集中在 2031—2034 年。

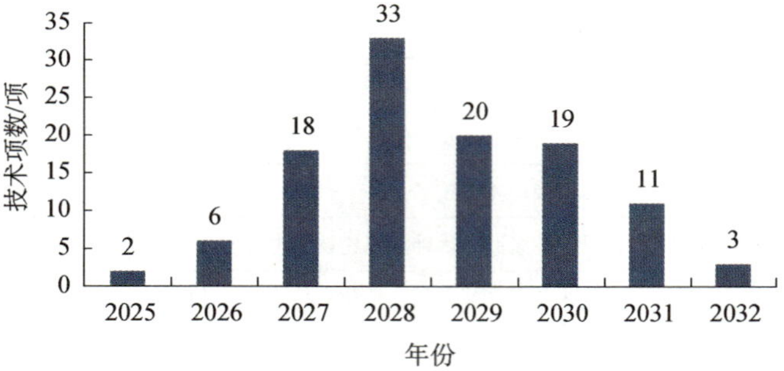

(a) 技术实现时间（世界）

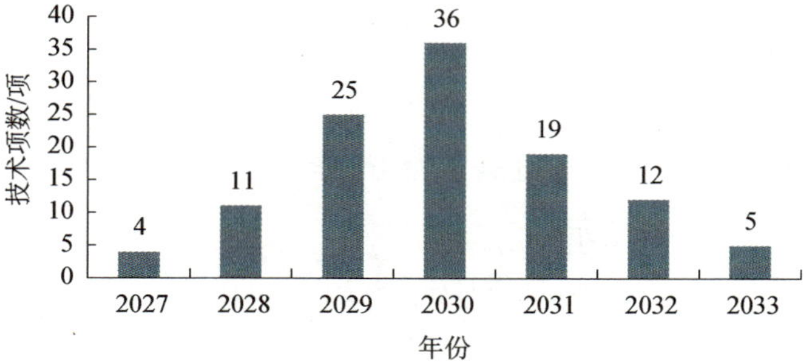

(b) 技术实现时间（中国）

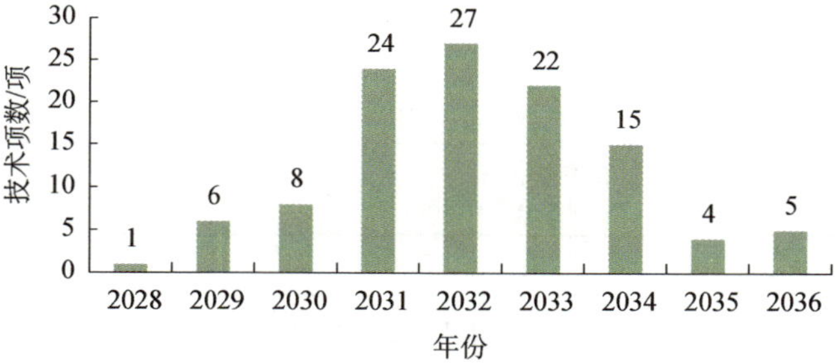

(c) 社会实现时间（中国）

图 3.4　三类预期实现时间的比较分析

2. 中国技术实现到社会实现时间跨度分析

（1）技术实现到社会实现的时间跨度

对于综合重要性指数排名前 30 项（项数可根据领域具体情况设置）技术，通过比较从技术实现到社会实现的时间跨度，可以发现时间跨度以 1～3 年为主，平均约为 2 年，最长达到 3 年，见图 3.5。

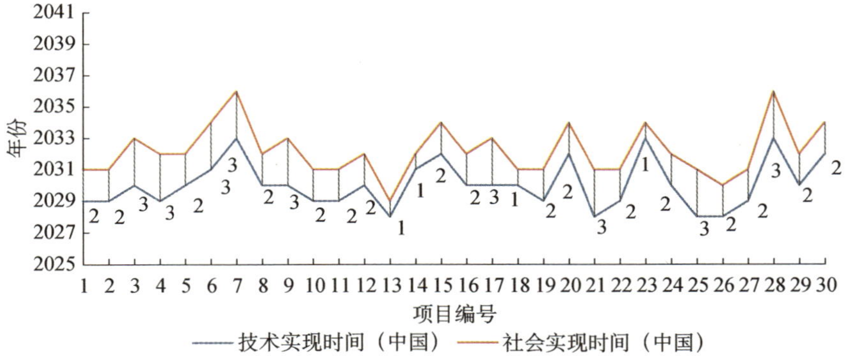

图 3.5　中国技术实现到社会实现的时间跨度

注：1. 效能增强的工程化免疫细胞治疗技术；2. 应对新发突发传染病、生物威胁等国家生物安全关键技术；3. 肿瘤早期预警及防控技术；4. 通过多组学数据分析寻找慢性病的病因及精准治疗靶点；5. 中医药防治慢性病和健康服务理论发展与应用技术；6. 建立适合于高通量药物筛选的疾病体外模型；7. 类脑智能关键技术；8. 干细胞及其衍生物治疗技术；9. 严重创伤早期救治关键技术和后期修复与再生技术体系；10. 支撑传染病大流行防控中的全球或国家级信息系统；11. 中医疫病应急防治关键技术；12. 人工智能辅助诊疗技术；13. 着床前和产前无创、精准、高效的遗传学诊断新技术；14. 数字孪生器官技术；15. 脑机接口关键技术；16. 在免疫相关慢性病中开发基于免疫系统的新治疗方法及效果预测；17. 多靶点整合效应的中药创制、改良与临床评价技术；18. 中医药临床疗效评价关键技术；19. 基于人工智能及大数据的生育力评估及不孕不育诊疗技术优化；20. One Health 关键技术；21. 卫生健康信息基础设施；22. 传染病医疗护理机器人系统；23. 基于多学科技术交叉融合构建“全息数字人体”重大研究计划；24. 中药质量数字化及品质保障技术体系；25. 整合医疗与大数据应用；26. 肿瘤影像组学技术；27. 磁导航系统和磁导向导丝技术；28. 神经退行性疾病早期诊断及干预关键技术；29. 中药资源的稳定、可持续供给及综合利用技术体系；30. 人-机交互相关的健康问题：风险评估及网络对抗方案

疾病防治子领域的“着床前和产前无创、精准、高效的遗传学诊断新技术”将率先在 2028 年左右实现，2029 年应用于临床。“类脑智能关键技术”“脑机接口关键技术”“One Health 关键技术”“基于多学科技术交叉融合构建‘全息数字人体’重大研究计划”“神经退行性疾病早期诊断及干预关键技术”等技术的技术实现时间相对较晚，为 2032—2033 年。

（2）综合重要性指数排名前 30 的技术的实现时间与子领域分布

综合重要性指数排名前 30 的技术的实现时间与子领域分布如图 3.6 所示。

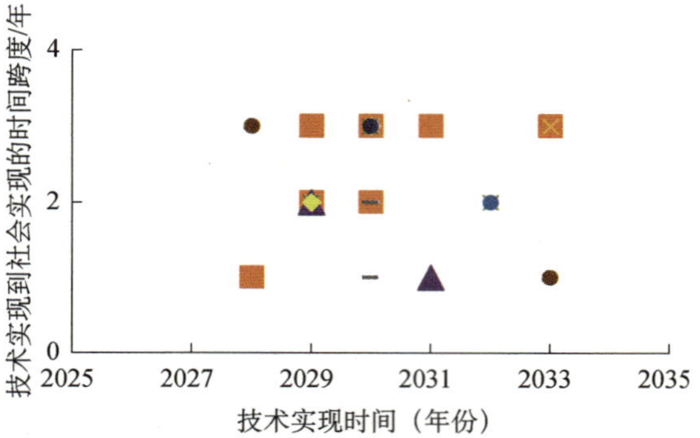

图 3.6 综合重要性指数排名前 30 的技术的实现时间与子领域分布

3. 中国与世界技术实现时间差距比较分析

综合重要性指数最高的前 10 项关键技术，预期世界技术实现时间是 2027—2031 年，预期中国的技术实现时间是 2029—2033 年，见图 3.7。“中医药防治慢性病与健康服务理论发展与应用技术”的中国技术实现时间早于世界，其余技术预期我国的实现时间均晚于世界 1—2 年；其中最重要的一项——“效能增强的工程化免疫细胞治疗技术”与世界先进水平差距约为 2 年。

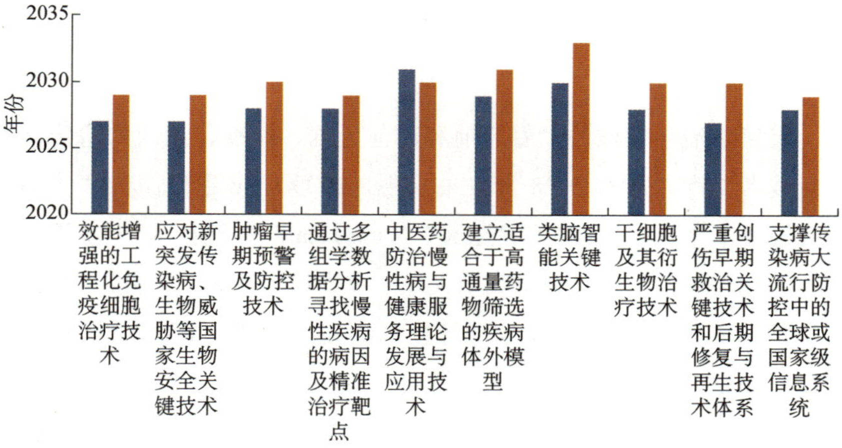

图 3.7 综合重要性指数排名前 10 的技术，中国与世界技术实现时间差距

4. 预期技术实现时间与重要程度综合分析

将综合重要性指数排序前 1/3 区域定义为“高重要程度区域”，中间 1/3 区域定义为“中重要程度区域”，后 1/3 区域定义为“低重要程度区域”。同时，对预期技术实现时间进行分类，将 2025 年及以前定义为近期，2026—2030 年定义为近中期，2031—2035 年定义为中长期，2036 年及以后定义为远期。

根据德尔菲问卷调查结果，技术项按照“预期技术实现时间”和“综合重要性指数”两个指标进行分类，结果见图 3.8。

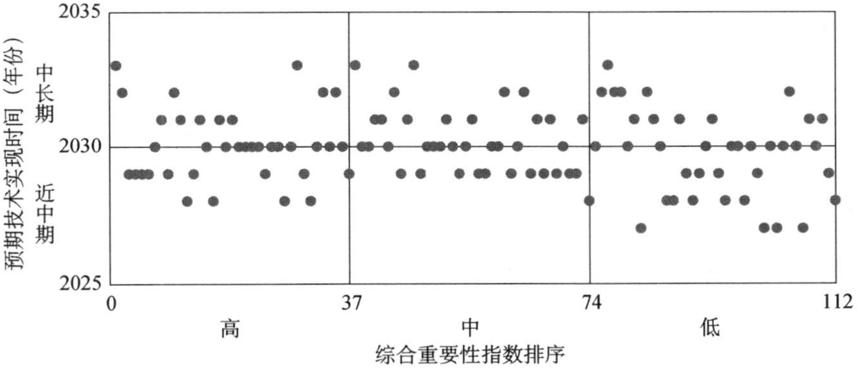

图 3.8　预期技术实现时间与重要程度分析

在所预见的全部技术项中，预计近中期能够实现的技术项有 77 个，约 32%的技术项将在中长期实现。

（二）技术水平与约束条件分析

1. 技术领先国家/地区

医药卫生领域技术领先国家/地区的分布如图 3.9 所示。

在医药卫生领域的 11 个子领域中，除中医药学子领域外，美国在其他 10 个子领域拥有绝对技术优势，其次为欧盟和日本。在中医药学领域，除中国外，日本也具有一定的优势。

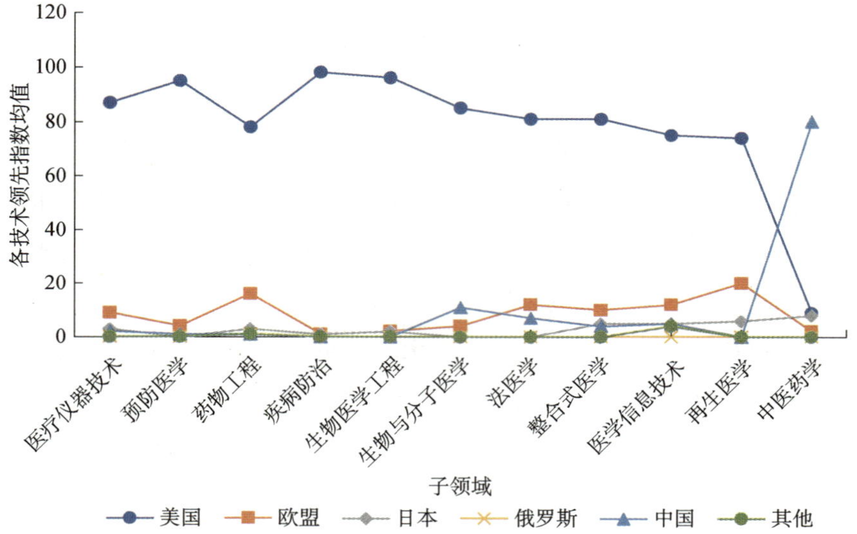

图 3.9　医药卫生领域技术领先经济体分布

2. 研发水平指数

医药卫生领域 113 项技术项的研发水平如图 3.10 所示，研发水平指数大于 80 的技术项有 15 个，介于 60—80 的有 6 项，介于 20—60 的有 86 项，低于 20 的有 6 项。

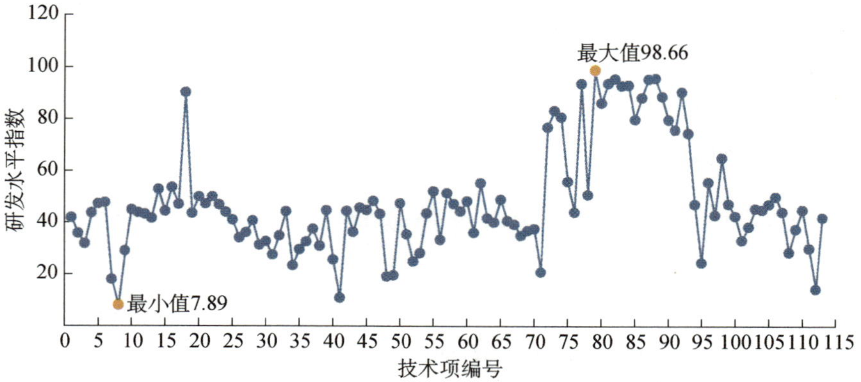

图 3.10　医药卫生领域 113 项技术项的研发水平指数

其中，“中医药基础理论传承创新关键技术”的研发水平指数最高，为 98.66；“脑机接口关键技术”的研发水平指数最低，为 7.89。

3. 制约因素分析

整体来看，人才队伍是医药卫生领域技术发展的首要制约因素，其次是研发投入；医药卫生领域技术发展受工业基础能力及科技资源、科学原理突破、危害性或伦理性风险、国外限制竞争及经济可行性的影响不大（图 3.11）。

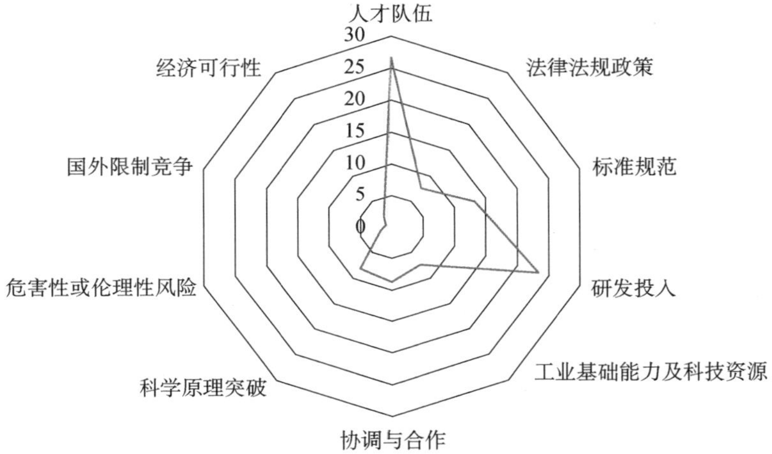

图 3.11　医药卫生领域制约因素情况

医药卫生领域 11 个子领域制约因素情况见图 3.12。其中，受人才队伍和法律法规政策制约相对较强的是再生医学，受标准规范制约相对较强的是中医药学，受协调与合作制约相对较强的是整合式医学，受工业基础能力及科技资源制约较强的子领域为医疗仪器技术子领域。

受人才队伍制约影响最大的技术来自疾病防治子领域，为“功能性口腔及眼耳鼻喉新材料构建技术”，其受研发投入制约的影响也比较大，但研发水平指数仅为 25；受研发投入和工业基础能力及科技资源制约影响最大的技术来自医疗仪器技术子领域，为“磁导航系统和磁导向导丝技术”，但研发水平指数仅为 30，需要适度引起关注。

在受法律法规政策制约性较强的前 10 项技术中，医学信息技术子领域“患者电子病历信息安全保障体系”处于第 1 位，其同样受标准规范制约的影响较大。整合式医学和预防医学子领域分别有 3 项和 2 项技术，“着床前和产前无创、精准、高效的遗传学诊断新技术”是医药卫生领域经济发展重要性指数排名第 3 位、社会与国家安全发展重要性指数排名第 2 位、技术通用性指数排名第 9 位的关键技术，因此，制定和完善相关法律法规政策可推动上述重要技术的发展。

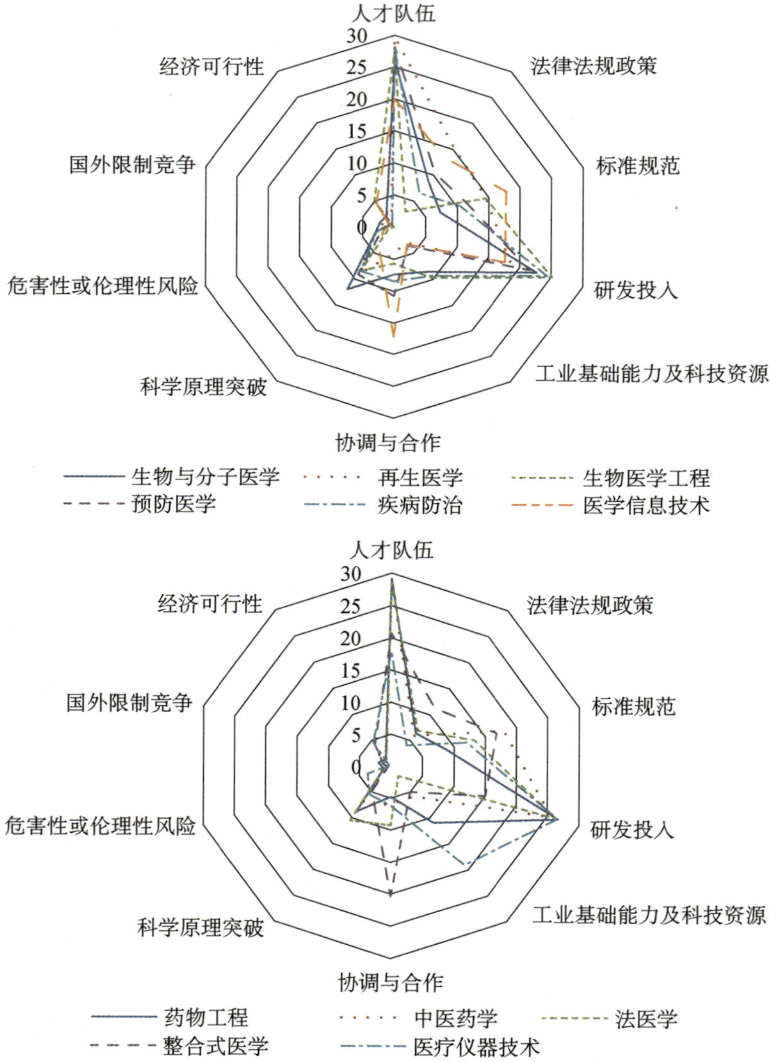

图 3.12　子领域制约因素情况

在标准规范制约性指数排名前10位的技术中，中医药学子领域占6项，其中“中药质量数字化及品质保障技术体系”技术受研发投入的制约也较强。该技术的技术通用性指数和经济发展重要性指数都较高，是对经济和社会发展作用较大的重要技术。我国该技术的成熟度处于世界领先水平，有望于2030年实现，是所有技术项中有望较早实现的技术之一。因此，有关标准规范的制定和完善是促进该技术得以实现的有力保障。

在研发投入制约性指数排名前10位的技术中，中医药学子领域占4项，医疗仪器技术和疾病防治子领域各占2项。其中，医疗仪器技术子领域“磁驱动的前视介入成像系统”和“磁导航系统和磁导向导丝技术”技术并列第1位，后者在工业基础能力及科技资源方面的制约也最为显著。因此，加大研发投入可推动上述技术的发展。

在工业基础能力及科技资源制约性指数排名前10位的技术中，医疗仪器技术子领域占4项，疾病防治子领域占3项。其中，医疗仪器技术子领域“磁导航系统和磁导向导丝技术”“磁驱动的前视介入成像系统”“传染病医疗护理机器人系统”“数字化动态人体心肺耦合功能综合测试技术”分别处于第1位、第4位、第5位和第9位。另外，生物与分子医学子领域“脑机接口关键技术”是社会与国家安全发展重要性指数排名第8位、共性技术重要性指数排名第7位。这表明提高工业基础能力及科技资源对于上述技术的发展具有重要意义。

受协调与合作制约相对较大的子领域为整合式医学和医学信息技术，其中在协调与合作制约性指数排名前10位的技术中，整合式医学子领域占5项，医学信息技术子领域占4项，另一项是预防医学子领域的“支撑传染病大流行防控中的全球或国家级信息系统”。加强学科和相关部门之间的协调与合作，将有助于推动这些技术的健康发展。

（三）技术重要性分析与关键技术选择

医药卫生领域前 10 项关键技术、重要共性技术和重要颠覆性技术的首要制约因素为人才队伍，次要制约因素为研发投入，个别技术受法律法规政策、标准规范和协调与合作制约较大。因此，加大人才队伍建设是首要任务，也是持续长期的任务；其次要持续不断增加科研投入，不能削弱；同时要加强法律法规政策和标准规范的制定，以促进或保障重要关键技术的发展。也就是说，除了必须加强人才队伍建设和研发投入外，还需要有所侧重地改善其他制约因素，以更好地促进我国医药卫生领域重要共性技术的发展。

医药卫生领域技术发展的总体特征判断：医药卫生领域 113 项技术的技术核心性及应用重要性均普遍较高，其中技术核心性指数＞70 的技术有 94 项（占比 83.19%），技术应用重要性指数＞70 的技术有 66 项（占比 58.41%）。

在医药卫生领域 113 项技术中，中国的预期技术实现时间为 2027—2033 年，主要集中在 2029—2030 年，至 2030 年预计能实现的有 77 项（占比 68%）；中国的预期社会实现时间为 2028—2036 年，主要集中在 2031—2033 年，至 2033 年预计能实现的有 67 项（占比 59%）。综合重要性指数排名前 10 的关键技术，世界的预期技术实现时间是 2027—2031 年，中国的预期技术实现时间是 2029—2033 年。“中医药防治慢性病和健康服务理论发展与应用技术”中国的预期技术实现时间早于世界；其余技术的预期实现时间，中国均晚于世界，其中最重要的一项——“效能增强的工程化免疫细胞治疗技术”，我国与世界先进水平差距约为 2 年。

1. 医药卫生领域关键技术方向

经过医药卫生领域院士、专家分析与研判，得出 10 项关键技术方向，见表 3.9。

表 3.9　医药卫生领域关键技术方向

序号	子领域	技术方向	重要程度指数	实现时间			研发水平	目前领先经济体	制约因素
				技术		社会（中国）			
				世界	中国				
1	疾病防治	肿瘤早期预警及防控技术	91.55	2028 年	2030 年	2033 年	44.51	美国	人才队伍
2	疾病防治	慢性病病因及精准治疗靶点技术	92.49	2028 年	2029 年	2032 年	48.44	美国	人才队伍
3	疾病防治	建立适合于高通量药物筛选的疾病体外模型	90.33	2029 年	2031 年	2034 年	33.33	美国	研发投入
4	疾病防治	干细胞及其衍生物治疗技术	89.36	2028 年	2030 年	2032 年	47.50	美国	人才队伍
5	再生医学	严重创伤早期救治关键技术和后期修复与再生技术体系	93.85	2027 年	2030 年	2033 年	42.00	美国	人才队伍
6	预防医学	应对新发突发传染病、生物威胁等国家生物安全关键技术	93.78	2027 年	2029 年	2031 年	50.00	美国	人才队伍
7	预防医学	传染病防控全球或国家级信息系统支持技术	90.12	2028 年	2029 年	2031 年	44.32	美国	协调与合作
8	中医药学	中医药防治慢性病和健康服务理论发展与应用技术	89.08	2031 年	2030 年	2032 年	86.34	中国	人才队伍
9	中医药学	中医药临床疗效评价技术	88.46	2030 年	2030 年	2031 年	79.90	中国	人才队伍
10	生物医学工程	肿瘤影像组学技术	84.99	2026 年	2028 年	2030 年	44.34	美国	人才队伍

10 项关键技术方向具体如下。

（1）肿瘤早期预警及防控技术

我国肿瘤发病谱相对于全球具有显著的特点，结直肠癌、肝癌、食管癌、胃癌等消化系统肿瘤发病率相对较高，且这些肿瘤的预后普遍较差，严重影响了国民健康水平的提高，并给国民经济带来了巨大负担。因此，建立我国高发肿瘤早期预警技术开发与防控体系，对于肿瘤防控具有重要意义。可利用多组学液体活检和分子可视化等技术，针对不同高发癌种筛选新标志物组合方案；基于靶向基因群的高精度全序列突变检测芯片以及基于靶向基因的表达蛋白质与相关代谢产物的微量临床样本质谱分析技术，开展疾病动态监测干预新技术体系研发，以及体外诊断新技术新方法的验证，从而实现大规模高危人群的筛查和肿瘤患者的动态监测，推动相关早筛技术的应用转化及产业化；将肿瘤筛查平台应用于个体化健康管理（包括肿瘤精准治疗），以实现高发肿瘤的早期预警和防控。

（2）慢性病病因及精准治疗靶点技术

多组学分析通过对患者的可及组织和疾病相关组织进行功能基因组研究，可以识别先前隐藏的致病标志物。多组学的海量数据分析和精准数据模型可最大限度地挖掘多组学数据的临床效益，产生符合国际标准的高精度多组学数据收集检验设备，带来更多的可获益的临床靶点和可靠原研药物支持，满足个体化诊疗的治疗手段，如疫苗、基因治疗药物等。同时，基于多组学分析的精准医学发展，为医疗器械、药品治疗手段提供驱动力，以个体化的诊疗手段提高国民健康水平。

（3）建立适合于高通量药物筛选的疾病体外模型

疾病体外模型是实现高效能高通量药物筛选的重要基础，体外模型的精确程度直接决定着药物筛选的疾病特异性及成药率。近年来，以器官芯片为代表的高通量体外模型相关技术正在迅速发展。器官芯片基于微流控芯片技术，在体外模拟人体组织器官功能单元微型细胞/组织培养载体，包括功能单元必需的基本元件和元素，如多细胞组分、细胞外基质、微环境理化因素等。器官芯片结合成像仪器能够实时监控细胞生物学变化，更好地记录细胞在疾病状态下的行为学变化以及对药物反应的全过程。器官芯片以工程化的手段在微流控芯片上建立起包括多细胞、组织-组织界面、可控流体灌注、理化因素参与等复杂微环境成分，具有集成性、高通量、多种传感器实时检测、集成成像器件实时观察等优势。器官芯片还能够模拟组织器官中常见的生化分子浓度梯度现象，使体外模拟胚胎发育过程成为可能。

（4）干细胞及其衍生物治疗技术

干细胞是一类尚未完全分化的细胞，具有自我更新和分化潜能两个重要特征。干细胞治疗利用干细胞的分化潜能，将健康的干细胞移植到患者体内，进而达到组织再生修复的效果。干细胞治疗作为一种新兴的医疗技术，发展迅速，对多种疾病的治疗效果显著。根据ClinicalTrials.gov 网站登记数据，全球正在开展的干细胞治疗临床备案项目已超过千项，涉及百余种疾病，包括脊髓损伤、卒中、肌萎缩侧索硬化、慢性肾脏病、骨关节炎、帕金森病、心肌梗死、肝硬化、克罗恩病、系统性红斑狼疮、卵巢功能早衰等。自 2021 年以来，我国有部分干细胞新药临床试验获得许可，涉及特发性肺纤维化、急性呼吸窘迫综合征、慢加急性肝衰竭等疾病。在干细胞来源方面，目前认为应从干细胞的生物学起源和分化方向方面进行鉴定，而非单纯根据细胞表面标志物进行细胞群分类。细胞重编程技术和基因编辑技术的进步（非单纯利用病毒过表达所需要的基因），使得提高干细胞分化潜能、实现干细胞定向分化、在体内长期追踪移植细胞等新技术成为可能。

（5）严重创伤早期救治关键技术和后期修复与再生技术体系

“伤”和“病”是人类必须面临的两大灾难。其中，严重创伤（包括重大灾难事故、各类重大安全事件与军事行动造成的创伤等）由于其突发性、群体性、灾难性以及对人民群众的严重危害，其防治是我国当前和今后一个时期面临的重大公共卫生问题，也是目前损伤组织修复与再生领域的主要临床需求之一。加强严重创伤防治和损伤组织的修复与再生研究，建立严重创伤防控体系，创建早期精准救命（“救得下”）、中期快速治愈（“治得好”）和后期完美修复与再生（“康复快”）等一系列关键技术，对提高严重创伤和其他原因造成组织损伤的救治水平，特别是降低早期死亡率和后期伤残率，快速恢复创伤患者生活与工作能力，更好地促进社会、经济发展具有深远的意义。

（6）应对新发突发传染病、生物威胁等国家生物安全关键技术

随着新冠疫情暴发以及全球流行，我国面临新发传染病和传统传

染病的双重威胁。自20世纪70年代以来，几乎每年都有一种或以上新的传染病被发现，其中多数来源于野生动物。新发突发传染病传播快、波及范围广、感染人数多、社会危害大，已成为全球重要的公共卫生问题。据估计，目前有631 000—827 000种可能的未知人兽共患病病毒。目前，全球区域冲突不断，在后疫情时代，聚焦新发突发传染病和生物恐怖应对、保障人类不被以传染性病原为主的生物活性物质感染的组合技术，将成为应对突发疫情、生物恐怖等生物安全威胁的关键技术。我国当前在超大城市（城区常住人口超过1000万）的医疗救治和疫情防控中，能够通过全员参与和举国体制实现有效应对，但是对于引起生物安全事件的病原体，尤其是未知病原体，如何实现早发现、早甄别和精准防控还是难点。系统性开发应对生物恐怖和疫情防控的生物安全技术及产品、应用大数据和人工智能技术进行生物恐怖甄别和疫情防控，都是需要攻克的技术方向。

（7）传染病防控全球或国家级信息系统支持技术

传染性疾病大流行对人类社会的影响毋庸多言。传染病大流行防控不是单纯的医疗卫生问题，而是事关全局的社会性难题。因此，信息技术在未来传染病流行防控中将会发挥关键作用，并成为复杂防控环节的枢纽。未来，信息技术的应用主要载体是基于大数据和人工智能的国家级以及全球传染病信息系统，整合病原体分布和病原体变异等生物信息、医院接治的患者感染信息、人口移动和动物迁徙信息、自媒体与社会舆情信息、专业机构的传染病监测信息等，最终建立起全球传染病预测预警和防控数据平台。传染病的流行无国界，病原体随着航空运输短期内即可传播到全球各地，因此，对于全球传染病的发生风险和传播趋势必须有全局性的认识和预判。目前，全球新发传染病的监测工作主要由国际传染病学会的“新发疾病监测计划”（Program for Monitoring Emerging Diseases，ProMED）承担。该计划于1994年启动，主要由32个国家/地区的ProMED工作人员，不断搜寻、审查和发布与全球健康安全相关的信息，用于识别与影响人类或动植物的新发或再发传染病有关的异常卫生事件。另外，全球公共健康情报网（The Global Public Health Intelligence Network，GPHIN）是加拿大公共卫生局在20世纪90年代开发的基于网络的公共卫生预警系统，并且是世界卫生组织全球疫情警报和响应网络的一部分，以9种语言监测新闻媒体和网站等互联网媒体，以检测和报告世界各地的潜在疾病或其他健康威胁。但这些信息系统仍然相对单一，未来传染病大流行防控需要建立综合的信息系统与相关技术。

（8）中医药防治慢性病和健康服务理论发展与应用技术

几千年来，中医在中华民族繁衍昌盛中发挥了重要的作用，对于慢性病防治和健康维护具有突出的特色和成效。在国际范围内，慢性病已成为严重威胁居民健康的重大公共卫生问题，中医药慢性病防治具有独特的优势。需要重点围绕心脑血管病、糖尿病、肿瘤等严重危害人类健康和生命的重大慢性病进行防治，并发展好相应的健康服务产业。针对慢性病，形成健康养护、亚健康调理和疾病防治的创新理论与应用技术体系，使中医药在建设健康中国、提高全民健康水平方面发挥更大的作用。

（9）中医药临床疗效评价技术

中医诊断和治疗有自己的独特理论体系与方法，直接套用西医的疗效评价模式无法全方位地对中医药的疗效及优势进行精准评价。如何科学、客观地评价中医药疗效，明确其优势是目前亟须解决的问题。借助循证医学、临床流行病学、大数据分析等研究方法，在充分考虑中医临床诊疗特点的基础上，形成契合中医特色的疗效评价方法及证据构建模式，实现对中医药优势的科学解读。同时采用相应的模式及方法，集中开展重大疾病的中医药临床效果评价，构建中医药证据体系，为临床实践提供优质证据，进一步彰显中医药的优势。

（10）肿瘤影像组学技术

“影像组学”的概念最早由荷兰学者在2012年提出，其强调的深层含义是指从影像（如CT、MRI、PET等）中高通量地提取大量影像信息，实现肿瘤分割、特征提取与模型建立，凭借对海量影像数据信息进行更深层次的挖掘、预测和分析来辅助医师做出最准确的诊断。例如，利用影像组学结合大数据挖掘技术，对肺癌、结直肠癌、乳腺癌、头颈癌等肿瘤的异质性进行定量分析，以实现精准诊疗决策，进而提高患者的生存期。

2. 医药卫生领域关键共性技术方向

综合技术通用性指数和技术应用重要性的两项指数，可以得到共性技术重要性指数。经过医药卫生领域院士、专家分析与研判，参考共性技术重要性指数，综合考虑关键技术类、共性技术类和颠覆性技术类项目的非重复性，最终遴选出关键共性技术方向 10 项，见表 3.10。

表 3.10　医药卫生领域关键共性技术方向

序号	子领域	技术方向	共性技术重要性指数
1	生物与分子医学	脑机接口关键技术	90.71
2	疾病防治	效能增强的工程化免疫细胞治疗技术	93.61
3	疾病防治	着床前和产前无创、精准、高效的遗传学诊断新技术	89.64
4	法医学	新型毒物、毒品毒理及法医鉴识技术	77.84
5	药物工程	药品连续生产及智能制造技术	80.76
6	医疗仪器技术	远程心电监测和实时冠心病风险监测技术	92.41
7	整合式医学	卫生健康信息基础设施建设技术	85.26
8	预防医学	人体微生物组诊断预防及相关干预技术	76.45
9	生物医学工程	人工智能辅助诊疗技术	90.46
10	疾病防治	活细胞成像技术	71.22

10 项关键共性技术方向具体如下。

（1）脑机接口关键技术

脑机接口技术用于临床康复和治疗已成为未来发展趋势，可应用于人机交互、神经控制假肢、神经疾病预测与新兴疗法、恢复主动记忆和记忆随机存取（random access memory，RAM）重播、神经工程系统设计、下一代非侵入性神经技术等领域。然而，目前在大规模神经元活动解码与神经元活动检测和调控创新技术方面，仍存在一些瓶颈；在脑机接口的电极、芯片、系统、算法等关键技术方面，仍存在诸多掣肘。此外，这些技术需要通过动物模型与临床试验进行广泛的验证，方可最终投入应用。因此，形成较为成熟的新一代人工智能理论与技术体系，并在无创/微创脑机接口技术、脑科学精准干预技术领域取得重点突破，占据该技术制高点，是未来科技核心竞争力的需要。基于该技术研发的医疗器械可广泛运用于临床的康复医疗，也可应用于娱乐、互联网等多个领域，未来应用前景十分广阔。

（2）效能增强的工程化免疫细胞治疗技术

细胞疗法是药物开发的一种新模式，免疫细胞疗法属于其中的典型代表。目前，免疫细胞疗法应用范围正在不断扩大，CAR-T、嵌合抗原受体-自然杀伤细胞免疫（chimeric antigen receptor natural killer cell，CAR-NK 细胞）免疫疗法已在血液系统恶性肿瘤和实体瘤中进行临床应用或开展临床试验，T 细胞受体工程化 T 细胞（T cell receptor engineered T cells，TCR-T 细胞）疗法和肿瘤浸润淋巴细胞（tumor infiltrating lymphocyte，TIL）疗法也在实体瘤中进行探索并取得了一定的成功。正在开发的调节性 T 细胞（regulatory T cell，Treg cell）疗法、嵌合抗原受体调节性 T 细胞（chimeric antigen receptor regulatory T cell，CAR-Treg）疗法和嵌合自身抗原受体 T 细胞（chimeric autoimmune antigen receptor T cell，CAAR-T）疗法，有望用于治疗多种自身免疫性疾病，也可用于器官移植后的免疫排斥。免疫细胞疗法包括非工程免疫细胞疗法及工程免疫细胞疗法，非工程免疫细胞疗法，从患者外周血分离 Treg 细胞、TIL 细胞和细胞毒性 T 淋巴细胞（cytotoxic T lymphocyte，CTL）等特定类别细胞，扩增后回输到患者体内进行治疗；工程免疫细胞疗法则是从人体内分离 T 细胞，使用病毒或非病毒方法进行基因编辑，构建具有特定功能的工程化免疫细胞，包括 TCR-T 细胞、CAR-X 细胞（CAR-T 细胞或 CAR-NK 细胞等）、CAAR-T 细胞、CAR-Treg 细胞等。通过工程化手段增强免疫细胞疗法主要有两个方向，即增强特异性和增加安全性。例如，研制细胞自杀开关，减轻CAR毒性；开发分泌特定因子的CAR-T细胞，以增强细胞增殖能力以及延长体内作用时间。免疫细胞疗法是一种新型治疗方法，在部分疾病中已经显示出优异的疗效。未来，免疫细胞疗法在癌症和其他慢性病的治疗方面具有越来越重要的地位。细胞疗法的创新可能会为疾病治疗带来新的突破，具有广阔的发展前景和产业应用价值。

（3）着床前和产前无创、精准、高效的遗传学诊断新技术

着床前和产前无创、精准、高效的遗传学诊断是出生缺陷预防的关键环节。对于目前在胚胎无法直接诊断的致病变异类型，开发针对变异的直接检测技术，避免因连锁分析对染色体交换胚胎造成的误诊，提高有挑战性致病变异诊断的精准性；应用单细胞多组学技术，通过甲基化、转录组、线粒体DNA等信息对胚胎发育潜能进行预测，筛选无遗传异常且发育潜能高的胚胎进行移植，提高着床成功率。另外，现阶段无创产前诊断技术大多基于孕妇外周血浆中的胎儿来源的游离DNA。由于技术的局限性，有关染色体非整倍性、染色体微缺失/微重复和单基因病的诊断范围有限。未来，优化产前无创在染色体筛查水平上的重复性和精准度、多种细胞捕获和富集技术是重点。

（4）新型毒物、毒品毒理及法医鉴识技术

毒物是指进入人体后能损害生命正常活动，引发功能或器质病变乃至造成死亡的物质。近年来，人工合成新型毒物不断增多，犯罪分子利用新型毒物投毒及意外中毒的案件数量在全球呈明显上升趋势。新型毒品主要指人工化学合成的致幻剂、兴奋剂类毒品，联合国毒品控制和犯罪预防办公室（United Nations Office on Drugs and Crime，UNODC）将其分为合成大麻素类、合成卡西酮类、苯乙胺类、色胺类、苯环利定类、哌嗪类、氨基茚类、植物类和合成阿片类（芬太尼类）。合成毒品对神经细胞可产生直接、不可逆的损害，导致急慢性精神障碍、惊厥、脑出血或猝死。合成毒品滥用可造成暴力犯罪和性病传播等一系列社会问题。当前，法医毒物学国际前沿的战略研究内容

主要包括：①解析毒物、毒品分子结构特征，探讨其与体内生物大分子的互作规律；②研究新毒物、毒品中毒机制；③基于基因多态性、转录组、蛋白质组、单细胞检测等技术阐明人群中毒及毒品依赖易感性机制；④构建毒物、毒品标准品制备及数据库；⑤开发毒物、毒品快速、灵敏、精确检测技术；⑥针对酒驾、毒驾逃逸的延迟性认定和吸毒毒品溯源推断等方面。上述方向属多学科技术交叉类项目，研发成果可为打击毒物、毒品犯罪，维护国家安全、社会稳定提供系统有力的科学技术支持，为临床有效救治中毒及毒品依赖提供理论依据。

（5）药品连续生产及智能制造技术

智能制造技术利用计算机模拟制造业领域专家的分析、判断、推理、构思和决策等智能活动，并将这些智能活动和智能机器融合起来，贯穿应用于整个制造企业的子系统，从而实现整个制造企业经营运作的高度柔性化和高度集成化（杜军钊，2021）。发展目标是在改进装备本身基本性能的基础上，提高制药设备的集成化、连续化、自动化、数字化、网络化和智能化水平。改进制药装备的合规性与开放性，增强制药装备信息上传下控和网通互联功能，形成真正的智能化制药装备，实现药品生产全过程的自动化与柔性化的批控制与批管理。药品生产过程智能化，是指应用连续制造的技术，并通过智能化的控制技术，实现可追溯基础上的连续制造。美国食品药品监督管理局（Food and Drug Administration，FDA）鼓励制药商采用新技术，已批准辉瑞制药、礼来、福泰制药（Vertex）和强生制药 4 家公司使用连续制造工艺生产的 6 种成品制剂。未来，可通过过程控制（in process control，IPC）技术对比实际与预定工艺生产过程中的设备及环境参数，以确保生产符合规范，并可以对超标情况给出及时告警和提醒。通过智能化设备可以实现自动定时取样，实时按照质量标准进行在线关键参数检验，并可根据检测结果自反馈给设备对工艺参数进行适当调整。待产品生产结束时，过程分析技术（process analytical technology，PAT）可以确保所有的产出达到可直接放行的状态。企业大数据分析应用可以帮助制药企业收集全过程产品数据，并对生产制造进行闭环式自学习和不断的精益化改善。

（6）远程心电监测和实时冠心病风险监测技术

冠心病是严重威胁中老年人健康的疾病，具有发病率高、死亡率高、复发率高等特点。由于缺乏有效的预测方法和及时的救治手段，我国冠心病患者院外死亡率多年居高不下。因此，在冠心病早期监测时捕捉到异常心电数据并及时进行医学干预处理极其重要，可大大降低心血管疾病意外事件的风险。一站式服务平台可提供远程心电信息采集、实时监控预警、自动呼救、院外自救等多种功能。该平台利用云计算技术、人工智能技术、5G 技术，通过在云端搭建远程监测中心、人工智能分析中心和远程诊断中心，实现将区域内所有医疗机构的实时心电检查数据上传至远程心电预警监测平台；人工智能分析中心实时分析危急心电波形；监测中心提供远程监测、预警服务；诊断中心提供远程诊断服务，实现心电实时监测平台和风险检测系统的快速搭建和高效运维。该平台在提升患者救治率和区域心电诊断服务质量上有广泛的应用前景。

（7）卫生健康信息基础设施建设技术

满足人人享有公平可及的卫生健康服务的重要需求，构建面向人民健康的国家卫生健康信息基础设施，具体包含网络基础设施、数据服务设施、应用支撑平台三个方面，提供全国范围卫生健康信息化的公共支撑。网络基础设施建设方面，构建连接全国城乡各级各类卫生健康服务机构、覆盖全国卫生健康服务体系的国家卫生健康网络，解决网络体系结构扩展性、安全性、实时性等挑战，提供“互联互通、快速稳定、安全可信”的网络访问。数据服务设施建设方面，构建“国家全民电子健康档案”和“国家全民电子病历”两个基础数据库，实现分布式存储、海量数据访问、标准数据交换与共享、个人隐私保护。应用支撑平台建设方面，在网络基础设施及数据服务设施建设的基础上，整合、处理、分析和利用海量数据形成可视化数据服务平台，实现全国居民统一身份认证、时空结合的公共卫生应急响应、高性能的远程医疗服务、实时便捷的数据监测养老服务，为全国城乡居民提供全生命周期的个体化卫生健康服务。

（8）人体微生物组诊断预防及相关干预技术

与人类健康相关的人体微生物组诊断预防及相关干预技术，是指一类通过检测人体微生物组（又称第二基因组）来反映人体内各生态位健康状况，并将其运用于慢性病早期检测、感染性疾病临床辅助诊断、微生物相关的生物干预和治疗等领域，以实现预防疾病或改善人体健康状态的技术。发展目标包括：①发现疾病易感微生物组特征以及相关的疾病标志物；②分离一批具有重要功能的人体共生微生物，并对其生理代谢进行详尽的研究，为微生态制剂和药物的开发提供种子；③开发通过调节人体共生菌群的组成结构进行有效防控疾病的方法；④初步建立靶标清晰、风险可控的菌群重构和干预技术，分别从单个菌株和在整体水平调整菌群结构两个层次对菌群进行干预，实现人体微生态干预技术多样化和个体化；⑤建立对大规模人群微生物组的结构和活性个体化、在线动态监控技术，发展人体肠道微生物组干预和重构技术。近年来，随着基因测序技术的发展和免疫学的进步，人体微生物组诊断预防及相关干预技术已从科研逐步应用于临床，包括疾病早期诊断筛查（如消化道疾病结直肠癌）、开发以个体微生物组为靶点的药物和制剂，或使用菌群肠道移植改善个体健康。此外，病原体的宏基因组二代测序（metagenomics next-generation sequencing，mNGS）辅助临床感染性疾病精准治疗，在中枢神经系统感染、呼吸道感染和血流感染（blood stream infection，BSI）等疾病的诊疗中得到了广泛应用。人体微生物组研究在慢性病预防控制、个体化精准诊疗和健康管理、微生物药物和制剂等领域具有广阔前景，是新一轮科技革命的战略前沿高地。

（9）人工智能辅助诊疗技术

人工智能的研究目标是设计和制造等同于或超过人的思维能力的

人造思维系统。目前，医学领域被人们广泛关注的人工智能技术有助听和助视等交流辅助技术、认知计算与神经系统关键技术、基于脑认知的视觉加工模型技术、基于视觉的自然环境感知技术、多层次神经信息检测技术、自动语言识别技术，以及利用计算机视觉原理开发出的人造视网膜和仿脑制导系统技术等。人工智能及大脑模拟技术将成为未来科技进步的又一重要标志，是未来卫生与人口健康领域的重要发展方向。

（10）活细胞成像技术

了解复杂且快速变化的细胞动力学是深入探索生物过程的重要步骤。现代生命科学研究日益聚焦于分子水平上实时发生的生理事件。利用活细胞成像技术可研究活细胞中的实时动态生理过程，提供单个细胞、细胞内网络（原位）甚至整个生物体（体内）中动态发生分子事件的空间和时间信息，因此活细胞成像成为研究细胞生物学、癌症、发育生物学和神经科学中动态生理过程的重要技术。当前的活细胞成像技术使用显微镜、专用光源、高速相机、高灵敏度探测器和特异性的荧光标志物，能够实现在分子水平上对单细胞或整个细胞网络进行实时研究。现有的活细胞成像技术通常适用于培养的细胞系、原代细胞、制备的组织切片（如脑组织切片）或整个器官或生物体（通常为体积较小的模式生物，或大型活体的组织表层）。未来，将活细胞成像技术和细胞器的生物化学标记技术应用于非传染性疾病的诊断与鉴别诊断，将是一个有前景的发展方向。

3. 医药卫生领域颠覆性技术方向

综合技术颠覆性指数和技术应用重要性的两项指数，可判断选择重要颠覆性技术项。经过医药卫生领域院士、专家分析与研判，综合考虑关键技术类、共性技术类和颠覆性技术类项目的非重复，最终遴选出 3 项颠覆性技术方向，并对其重新排序（表 3.11）。

表 3.11　医药卫生领域颠覆性技术方向

序号	子领域	技术方向	颠覆性指数
1	生物与分子医学	类脑智能关键技术	87.48
2	医学信息技术	数字孪生器官技术	87.96
3	中医药学	多靶点整合效应的中药创制、改良与临床评价技术	85.79

3 项颠覆性技术具体如下。

（1）类脑智能关键技术

脑科学和类脑智能技术研究是目前世界各国/地区必争的战略科技前沿，美国、欧洲、日本等发达国家/地区从 2013 年开始就已持续部署多项重大脑计划。目前，类脑计算领域主要围绕计算理论、框架体系、算法模型、类脑器件等多个方向展开研究，特别是在算法模型领域，近年发展迅速。然而，目前对脑结构与功能的认知仍存在巨大空白，缺乏神经元类型特异性的全脑连接图谱，高级认知行为的神经环路机制尚不明确。现有的类脑算法在网络连接模式、网络训练模式、跨任务跨场景迁移等方面存在着严重局限性，与实现通用人工智能的目标相差甚远。未来，类脑芯片、类脑智能硬件将进一步集成，有望通过模拟离子通道、突触、神经元结构、神经元网络、脑区间动态连接等大脑底层运行机制，整合亿级神经元和突触，催生出“超级大脑”芯片、类脑机器人等产品。这些产品将广泛应用于临床疾病治疗和康复、教育、救援、军事等多种复杂场景。

（2）数字孪生器官技术

数字孪生器官技术是利用信息技术和现代医学技术，建立能够全面刻画人体器官形态特性、物理特性和生理特性的数字模型，可支持切割、缝合、自碰撞和大尺度形变等交互式诊疗操作。基于数字孪生器官模型的虚拟手术包括手术模拟训练、手术方案规划和手术预演与评价等。利用数字孪生器官模型可以加深对器官生理和功能的认识，最大限度地发挥基于数据建立的分析模型的作用，进而实现对个体健康状况的实时监控和预测分析，推动从描述病情到预测病情的转化。利用数字孪生器官模拟真实情况，将难以看到的解剖结构可视化，有助于开发更安全有效的治疗设备及器械。基于人体器官海量分析数据，通过整合跨尺度高维大数据和高质量的生物医学知识，构建数字孪生器官模型，可实现多模态医学影像分析处理、个体化人体器官的几何物理和生理建模、视-力觉一致的复杂交互仿真等关键技术的多维有机整合。

（3）多靶点整合效应的中药创制、改良与临床评价技术

面向人民群众日益增长的多元化健康需求，针对中药多活性、弱效应、整合起效的作用特点，构建基于多靶点整合效应的中药新药发现及改良型创新的技术体系。建立并完善体现中医药特色的中药临床定位、疗效评价创新方法体系，构建连续、动态、多层次、多维度的指标体系，系统评价中药及方剂的效应特点，实现以临床用药为导向的药效评价、安全性评价、机制研究，形成符合中药特点的有效性及安全性评价技术体系。该技术的突破不仅将有力地推动我国中药创新药、改良型新药的研发，提升我国中药产业竞争力，还将为世界多靶点效应整合药物研发提供技术引领和启示。

第二节　医药卫生领域工程科技体系能力分析

一、我国医药卫生领域当前工程科技体系能力水平及发展潜力

（一）当前能力水平

1. 疾病防治科技领域

我国建立了全国性疾病防治网络体系，疾病防治体系的科技支撑体系不断完善，疾病防治科技服务体系持续发展，实施了疾病防治科技创新战略等。大力发展疾病防治技术，充分发挥科技体系在疾病防

治方面的作用，推进疾病防治技术的创新发展，使疾病防治技术水平不断提高，为提升疾病防治服务质量奠定了基础。

在建立和完善科技体系方面取得了一系列突破，主要包括以下几个方面：①模型构建突破：首次建立与临床表型完全匹配的遗传性耳聋大动物模型；②药物递送创新：开发 LRP1-IETP2[①]靶向递送新策略；③技术体系完善：同步推进检测技术标准化与临床转化平台建设。例如，大动物模型听觉中枢的定位和神经调控研究取得了初步进展，以遗传性耳聋为代表的疾病研究取得了突破，建立了国际上第一个遗传性耳聋大动物模型（猪模型），与临床综合征耳聋表型完全一致，颠覆了听觉医学传统小动物模型的局限性；内耳靶向药物靶点取得新突破，筛选获得首个靶向内耳 LRP1 的内耳靶向短肽库，建立了 LRP1-IETP2 内耳药物递送新策略（Xu et al.，2020；Shi et al.，2022）。

2. 药学领域

新药申报数量持续增长，药品研发的质量、水平明显提升，双抗、抗体融合蛋白、抗体药物偶联物等新产品不断涌现，靶向药物、免疫治疗等技术逐步成熟，人工智能技术辅助药物开发等逐渐得到应用。2010—2020 年，有 101 个创新药递交了新药申请（new drug application，NDA），其中 58 个创新药获得了批准（Su et al.，2022）。以 PD-1 抑制剂、贝伐珠单抗为代表的一批抗体新药或生物类似药获得临床应用，二价人乳头状瘤病毒（human papilloma virus，HPV）疫苗、13 价肺炎疫苗、重组人凝血因子Ⅷ填补国产空白，多款不同技术路线的新冠病毒疫苗获批使用，在提高人民群众用药可及性和疾病防控方面发挥了重要作用。

3. 损伤修复领域

难愈合创面发生新特征与防治的创新理论与关键技术得到发展，

① LRP1 指低密度脂蛋白受体相关蛋白 1（LDL receptor-related protein 1）；IETP2 指内耳靶向肽（inner ear targeting peptide 2）。

建立了包括光子治疗技术在内的4种关键创新治疗技术，创建了慢性难愈合创面防控与治疗的新模式。在严重创伤多脏器损害机制预警、筛选评估、损伤控制策略与器材研究应用等方面，率先揭示了创伤多器官损害发生的免疫负向调节机制，研发出了具有抗炎调节免疫功效、防治多器官损害的新药，发明了用于复杂髋臼骨折固定的新型内固定器材，并能同步修复感染软组织和骨骼，解决了顽固性骨感染修复难题，创建了复杂神经损伤的修复与功能重建方法，多项成果在国内外学术界产生了广泛影响。在干细胞诱导分化与组织损伤的完美修复和再生方面，在国际上首先利用自体干细胞在人体再生汗腺中获得成功，为解决严重创烧伤患者创面愈合后期的排汗难题提供了重要的科学基础。

4. 法医学领域

法医学者在国际权威法医类杂志上发表的研究型论文数量逐年增多，相关领域的研究，如法医病理学、法医物证学、法医临床学、法医毒物分析与毒理学，达到或接近国际领先水平（侯一平，2016）。

5. 公共卫生领域

针对加强公共卫生体系建设、提升疾病防控能力的重大需求，重点进行了重大传染性疾病和慢性病的流行特征、易感因素与预防策略研究，重大突发公共卫生事件预警与监测研究，环境暴露对健康的危害及诊治新策略研究，以及生活方式、膳食营养健康与疾病预防研究，为降低重大疾病及重大公共卫生事件对人民健康造成的危害提供了决策依据。

6. 生物医学工程领域

在生物医学工程的基础研究层面，我国发表的论文数量占国际总发文量的14.58%，位居世界第二，其中中国科学院在文献发表量上位居世界研究机构之首。在技术应用层面上，我国在全球生物医学工程领域的专利数量占该领域全部专利的22.95%，位居世界第二。自2015年之后，我国超过日本和美国，成为该领域发表专利数量最多的国家，发展态势迅猛。在医疗器械产品研发领域，凭借国内企业自身先进的技术和产品的性价比优势，完成了心血管支架的进口替代。目前，生物医学工程的技术开发热点主要集中在实用医疗设备、X射线管、控制单元、MRI、治疗仪这五个方面。

7. 中医药领域

远程信息技术和人工智能在中医药循证医学领域的应用，促进了中医药治疗优势病种的证据链形成。通过智能感知、图像辨识和语言处理技术，能够实现对中医四诊信息的精准辨证。利用融合深度学习的神经网络技术，构建了中医信息化诊疗系统；利用复杂网络和系统生物学技术解析了证候机制，形成了宏观和微观相结合的中医临床基础转化研究体系。这些技术的应用为处理多维系统中个体化信息和中医病证结合诊疗分析提供了支持，使得我国在中医药工程领域研究水平跻身国际前列，形成特色鲜明、国际领先的中医药关键技术装备研究基地和转化基地。同时以中医药理论为基础的智能化、网络化、数字化中药制药装备及诊疗装备体系、中医药关键技术装备现代化研究，在临床上得到了广泛的应用。

（二）发展潜力

1. 疾病防治领域

疾病防治领域的工程科技体系未来发展潜力巨大，将推动医学模式的深刻变革，提高疾病的预防、诊断、治疗和康复水平。智能医疗技术将在精准检测、个体化治疗和远程医疗方面取得重大突破，借助人工智能、传感技术和物联网，使疾病诊断更加快速、准确，并优化医疗资源分配。机器学习和大数据分析将进一步提升重大疾病的早期预测能力，提高整体防控水平。基因编辑技术的进步将为罕见病、遗传病和癌症治疗提供全新方案，甚至可能实现基因层面的疾病预防。精准医疗技术将依托基因组学、蛋白质组学及代谢组学数据，实现更加高效的个体化治疗，降低药物副作用，提高治疗成功率。在肿瘤治疗方面，多组学整合和生物信息分析技术的突破将加速个体化治疗的发展，实现更精准的早期诊断，并在术后软硬组织修复方面取得重要进展。人工智能在医疗决策中的深入应用，将提升诊疗效率，优化资源配置，降低整体医疗成本。眼科疾病治疗将受益于飞秒激光等光学技术的进步，在屈光手术、白内障治疗和青光眼手术等方面应用更加成熟，甚至可能拓展至更精细的视力修复。人工耳蜗等神经康复技术也将迎来突破，“生物电极人工耳蜗系统”（Bio-CI）有望突破血迷路屏障，实现更高效的内耳基因治疗、靶向药物递送和毛细胞再生，为听力障碍患者提供更接近自然听觉的解决方案。在再生医学领域，合成生物学驱动的人工生物系统将成为核心研究方向，利用人工合成体系推动组织器官修复能力的提升，使严重创伤和退行性疾病的治疗效果大幅改善，人类健康水平将随之迈向新的高度。

2. 药品研发领域

我国已建立了较大规模的生物医药产业体系，产业规模已连续10年稳居世界第二位（王宏广，2022）。2008年，我国启动的“重大新药创制”科技重大专项取得了良好的效果。近年来，中国医药企业的研发投入不断增加，越来越多的企业开始重视自主研发和创新。中国在基因编辑、细胞治疗、免疫疗法、人工智能辅助药物研发等前沿技术领域取得了显著进展。中国在抗肿瘤药物、罕见病治疗药物、新型疫苗等领域取得了突破性进展。例如，国产PD-1/PD-L1免疫检查点抑制剂已经在国内广泛应用，并逐步走向国际市场。越来越多的中国医药企业开始走向国际市场，通过在海外设立研发中心、开展国际临床试验、与国际药企合作等方式，提升国际市场份额。中国已经形成了多个医药产业集群，如长三角、珠三角、京津冀等地区的医药产业园区。这些产业集群通过集聚效应，促进了医药企业的协同发展和资源共享，提升了产业的整体竞争力。

3. 公共卫生领域

在我国公共卫生体系建设不断完善的背景下，传染病防控领域展现出巨大的发展潜力。特别是在严重急性呼吸综合征（severe acute respiratory syndrome，SARS）及新冠疫情等重大突发公共卫生事件的应对过程中，我国公共卫生领域的专家积累了丰富的经验，并在病原体识别、诊断试剂研发、流行病学研究及防控策略制定等方面取得了重要突破。未来，我国在传染病监测和预警方面仍需进一步提升智能化和系统化水平，以构建更加高效、精准的一体化防控体系。

当前，我国已建立了较为完善的法定及新发传染病监测体系，显著提升了疫情识别和应对能力。展望未来，传染病防控体系的发展将围绕以下几个关键方面展开：一是加强大数据、人工智能等前沿技术的应用，构建智能化传染病监测预警体系，实现精准研判与快速响应；二是优化跨部门、跨区域的协同联动机制，形成全国统一、高效的防控网络；三是持续推进学科交叉融合，打破传统学科壁垒，推动新技术、新方法在传染病防控领域的应用。通过这些举措，我国将不断夯实传染病防控基础，提高应对重大疫情的能力，为全球公共卫生安全贡献中国智慧与力量。

4. 疫苗研发及生产领域

我国具备自主研发和生产全部免疫规划疫苗的能力，疫苗研发水平已从“跟跑”迈向“并跑”，在新冠疫苗的研发速度和成果方面更是达到全球领先水平。这为我国疫苗产业进一步发展奠定了坚实基础。未来，我国疫苗产业具有广阔的发展潜力。一方面，随着技术创新和产业升级的推进，信使 RNA（messenger RNA，mRNA）疫苗、重组蛋白疫苗等新型疫苗技术的突破，我国将进一步缩小与国际领先企业的差距。另一方面，我国疫苗企业在国际市场的竞争力正不断提升，未来有望通过加强国际认证、优化法规对接、提升产品质量标准等方式，加快国际化进程。此外，在疫苗供应链体系方面，原辅料和设备的国产化替代正在加速推进，这将有助于降低生产成本，提高产业链自主可控能力，进一步增强我国疫苗产业的竞争力。

5. 生物医学工程领域

中研普华产业研究院发布的《2024—2029 年生物医学工程行业市场深度分析及发展规划咨询综合研究报告》显示，中国生物医学工程行业增长迅猛：2022 年中国生物医药市场规模达 18 680 亿元，2023 年预计增至 19 755 亿元，2024 年有望突破 2 万亿元；生物药市场也在快速扩张，2023 年规模为 5347 亿元，2024 年达 6203 亿元；产业热点集中在长三角、环渤海地区和珠三角等经济发达地带。随着医疗技术进步和人口老龄化，高性能医疗器械需求攀升，新型智能医疗设备、可穿戴设备、远程医疗系统等创新产品不断涌现，同时，医疗信息技术需求也在增加。技术创新与融合将是关键驱动力。基因编辑、3D 生物打印、纳米医学等前沿技术不断涌现，将推动医疗器械、生物材料、医疗信息技术等领域创新发展。比如，3D 生物打印技术能够制造复杂的生物组织，为组织工程和再生医学带来重大突破。数字化与智能化趋势也十分明显，人工智能、大数据等技术促使行业向此方向转型。人工智能技术助力医学影像诊断，而大数据则用于分析医疗数据，挖掘潜在的疾病模式和治疗方案。精准医疗与个体化治疗是未来的发展方向，生物医学工程专业人才可定制个体化医疗器械和治疗方案，从而提高治疗效果并降低成本。随着社会老龄化程度的加剧，康复医疗市场不断扩大，为生物医学工程行业提供了发展空间。专业人才可以开发和优化康复辅助器具，为老年人提供便捷高效的医疗服务。此外，国家对生物医学工程领域的高度重视和政策支持，将推动行业的发展，市场需求也将持续增长，特别是在医疗器械、医疗信息技术、生物材料等领域。因此，我国生物医学工程领域现状良好，且具备巨大的发展潜力和广阔的发展前景。

6. 中医药领域

中医药领域工程科技创新驱动的内涵式增长方式正待形成，创新能力仍有较大的提升空间。现阶段，我国在高端芯片、高端医疗设备、数控制造、高端专业制造装备、特种材料、电子化学品和基础软件系统等诸多战略性产业领域实现了显著的科技突破。中医药领域可参照上述领域的技术突破路径进行攻关，实现自身的技术突破。同时，在上述领域先进技术的支撑下，可通过学科交叉，组建多领域、多学科的攻关队伍，吸收先进技术，突破固有瓶颈，推动科技创新。通过技术融合，研发智能化的中医诊疗设备，建成具有中医特色的疗效评价体系，实现中医疗效评价的智能化。可集成“互联网+”技术及大数据信息库的融合技术，构建相应的平台，为中医药的国际发展提供支持。

中药创新研发系列支撑技术的突破，将为多靶点效应药物研发开辟新路径。充分利用“标本兼治”和“异病同治”等中医药原创理论的优势，挖掘中医药传统用药经验，结合现代科学技术，加强对中药有效成分的研究，深入探索其作用机制，为新药研发提供坚实的科学依据。研发能够同时作用于多个靶点、调节多种生理功能的药物。基于相关技术和理念的突破，不仅有利于研发具有临床优势的中药创新药、改良型新药，促进一批优势中成药产品走向国际，也将为多靶点复杂原创药物研发打开新通路，推动我国成为药物研究的高地。

二、与发展要求之间的差距

1. 关键短板

缺乏高水平的临床研究，尤其是临床前研究和临床试验研究，疾病防治领域的研究不够全面和系统；缺乏先进的检测技术，导致疾病防治领域的病理诊断和疾病诊断水平不够精准；缺乏先进的治疗技术，疾病防治领域的治疗效果不够理想；缺乏先进的护理技术，疾病防治领域的护理水平不够完善；缺乏科学的管理技术，疾病防治领域的管理水平不够高效。

人民对口腔及眼耳鼻喉疾病的精准化医疗的需求尚未满足，口腔及眼耳鼻喉恶性疾病的精准化治疗尚未实现，需要建立具有生物活性的口腔及眼耳鼻喉组织器官的修复与再生的治疗体系。同时，需要建立我国口腔疾病的防控重大工程，在国家层面推进我国口腔感染性疾病的防治工作，逐步建立我国口腔疾病防控体系。

由于缺乏国家级开放合作技术创新平台，我国法医科学研究长期缺乏统一的指导与规划，未能有效集成、流动与共享优质资源，技术信息的交流与合作不足，这限制了国内外法医科学技术交流合作的深度，从而制约了我国法医科学技术的发展。

我国在肿瘤、罕见病、糖尿病等严重威胁生命的疾病或衰弱性疾病的基础研究方面，尚未有根本性的突破。在资源有限的情况下，出现了“扎堆”创新和“高水平”重复现象。截至 2024 年底，国内已有十多款 PD-1/PD-L1 获批上市，尚有几十个品种在研及申请上市。这种白热化的竞争导致国内有限创新资源的浪费。跨学科与现代计算机技术的融合，以及系列精密科研辅助仪器设备的开发及相关数据库的建立等关键支撑条件产业在我国还刚刚起步，有的甚至还全部依赖进口。

我国公共卫生与预防医学领域的基础研究资助，主要来自传染病重大专项、重点研发计划等国家专项经费，以及中国疾病预防控制中心内部工作经费，研发投入不足。对于国家法定传染病名录之外的病种或者研究新发突发传染病的团队，则需要在国家自然科学基金委员会等资助项目池中与整个生物学和医学领域的优势单位/机构竞争，面临的困难较多。

干细胞、组织工程及再生医学研究的法规和法律体系有待进一步完善。基因编辑技术在提高操控和改造生命的效率、准确性、安全性上有待提高。缺乏利用合成生物技术对多种基本部件和模块进行整合的技术。

生物医学工程产业发展不平衡不充分问题仍然突出，尤其是在关键核心技术、产业链供应链安全稳定、创新产品推广应用等方面，还存在短板和弱项。

缺乏以临床为导向的中医诊断、疗效评价、安全性评价技术、方法和标准，体现国家水平的高质量中医证候研究前沿技术平台尚未建立。中医药源于临床实践，用药人群、适应证、用法用量以及合并用药等表现出多变性、复杂性，较难明晰其临床精准定位与药效机制。若要让中医药参与到现代医疗体系的临床实践中，需要基于临床精准定位及其药效机制彰显临床价值（程海波等，2023）。

2. 薄弱环节

我国疾病防治体系与顶层设计已具雏形，部分原创性研究成果已跻身世界一流。但是在基础设施建设、高水平的研究成果转化、高水平的产学研机制建设、原创性药物研发以及自主知识产权医疗器械研发等方面还存在一定差距，甚至存在一定的代差。

近年来，随着经济发展和国际化水平的提高，我国医药卫生领域高水平研究机构和人才大量涌现，但与实际需求相比，在物质和人才以及基础设施建设方面，仍然存在地区间、机构间的不均衡，重要设备试剂未实现国产化，相关产业链不完善等问题。许多医疗机构缺乏充足的科研教学用设施、器械、材料，信息化设施陈旧或缺乏，无法提供高质量的研究和交流的机会；中西部等欠发达地区高水平人才普遍稀缺，尤其是缺少具备宽广视野的医疗、教育、研究复合型人才；对新一代医科学生，缺少科学研究思维、科学研究伦理规范等方面的引导。

严重威胁生命的疾病（如肿瘤、糖尿病、慢性肾脏病等）的基础研究与世界先进水平尚存在差距，无法为新药研发提供有效的分子靶点。基础研究成果转化应用的效率和效果不尽如人意，缺乏法律政策的保护和国家层面的引导。在产业化方面，与西方发达国家相比，缺乏工业积累和沉淀，与疾病临床实践和基础研究密切相关的产业链条尚未建立，日常临床诊疗与研究必不可少的分子生物学试剂及检测设备、影像学设备、精密光学设备、介入诊断与治疗器械、组学检测及分析设备、质谱检测及分析设备等几乎全部依赖进口。

原创药物研发和自主知识产权医疗器械研发较为滞后，仍存在高质量的临床试验机构匮乏、研究者的临床科研训练不足、临床试验设计的合理性和科学性不足、临床试验管理体系不健全、研究者责任不明确、伦理委员会独立性不强、第三方监管力量有待加强、临床试验审批流程过于复杂、医疗机构对临床试验的推动不足导致院内流程烦琐和耗时长、临床研究全链条高水平人才缺乏等诸多问题，难以按照国际化标准设计和实施临床研究，导致国内临床研究相关资源无法充分利用，制约了原创药物、医疗器械的研发和产业化发展。

口腔及五官感染性疾病防治技术领域的薄弱环节，在龋病、牙周病的防治及其疫苗的研发，细菌性、病毒性角膜炎的早期病原学诊断方法的改进，宿主基因因素在抗感染过程中的作用研究，细菌生物膜在感染性疾病发生发展过程中的作用，以及相应抗耐药菌新型抗生素的开发与应用等诸多方面与国际先进水平存在差距。

在个体识别、投毒中毒、吸毒成瘾和死因推断等法医学研究领域仍存在亟待解决的理论难题和关键技术。个体表型特征推断、未知毒物（品）结构解析、毒物（品）代谢组学特征、吸毒成瘾分子机制及戒毒药物研发、复杂死因判定、死亡时间精准推断、天然毒素提取及毒物标准品制备等方面的研究还不深入，与发达国家相比还存在一定的差距。

药物工程基础科学的发展及转化应用不足。文献和专利计量结果发现，虽然我国在发文量上位居全球第二，但是专利申请量在全球的排名却不尽理想，反映出基础研究成果在转化应用环节的投入力度不足。

在肿瘤、自身免疫病、神经退行性疾病治疗方面缺乏有效的治疗药物。截至2024年，中国国家药品监督管理局已经发布了5批临床急需境外新药名单，共涉及150个品种。这些药物主要针对罕见病和严重危及生命的疾病，且在境外已上市但在中国尚未注册，具有明确的临床优势。上述品种在国内的临床需求无法被满足，这是未来国家医药创新能力提升过程中亟待有效解决的问题。

我国在传染病防控和慢性病防治上研发投入与发达国家存在差距。在应对新冠疫情过程中，暴露出我国公共卫生专业人员短缺、识别和应对重大突发情况能力不足，提示我国未来应培养具有扎实理论基础，兼具实践、管理、应急等能力的预防医学人才。此外，目前传染病检测试剂、仪器多依赖于进口，需要提升国产化替代水平和规模，建立自主研究平台和设备，从而有效解决疾病防控问题。

干细胞相关临床研究薄弱，临床前评估技术体系尚未完善，干细胞移植安全性、有效性的长期评价尚未形成，异种移植和人源化异种器官建立和应用的临床标准尚未确立，用于干细胞移植的载体型医用生物新材料尚不能满足人源化异种器官构建的需求。

能够多学科融合、创新的中医药研究平台缺乏，原始科技创新难以开展。同时，多学科人才交流、合作亦需进一步加强。

第四章　医药卫生领域工程科技发展战略构想

本章将提出医药卫生领域工程科技发展战略构想，旨在加强2040年中国医药卫生领域在全球的竞争力。首先，明确面向2040年我国医药卫生领域科技发展的核心理念和基本路径，确保战略规划的科学性和前瞻性；然后，制订具体且可衡量的发展目标，涵盖科技创新、人才培养、国际合作等关键领域；在此基础上，系统构建医药卫生领域工程科技发展的实施框架，以保障各项战略举措的有序推进和有效落地。该战略构想旨在为中国医药卫生领域的未来发展提供全面、系统的指导方案，助力健康中国的实现。

第一节　医药卫生领域工程科技发展思路

一、面向2040年医药卫生领域工程科技发展的战略定位

（一）总体战略定位

医药卫生领域工程科技发展的战略定位是坚持以人民为中心，以健康中国建设为中心，全力推进医疗卫生和社会保障服务体系建设。把保障人民健康放在优先发展的战略位置，坚持预防为主和大健康理念，关口前移、防治结合，创新医防协同、医防融合机制；坚持基本医疗卫生事业的公益性，破除限制重点领域和关键环节发展的体制机制障碍，优先保障“人人享有基本医疗卫生服务”，把更多的资源投入到基层、公共卫生和基本医疗等社会效益较高的领

域；促进优质医疗资源扩容和区域均衡布局，不断提升基本医疗卫生服务公平性和可及性，缩小城乡、地区、人才配置、服务能力和健康水平的差异。

（二）各子领域战略定位

1. 基础医学领域

加强基础医学研究，提高原创性基础研究产出。积极布局人体微生态及健康基础与转化研究，实现理论突破和建立技术标准。面向临床科学问题开展基础研究，扎实推进临床应用基础研究与科技成果转化，逐步形成我国医学原始创新能力的群体性突破，推动我国转化医学的统筹协调发展。具体如下。

（1）癌症的早筛早诊技术体系涵盖大部分人群及所有常见肿瘤疾病，建设和完善相应的各级医疗服务机构和信息交互基础设施，建有与其相适应的高水平服务团队。

（2）精准基因编辑技术及基因疗法基本成熟，可实现所有器官组织的所有基因修饰工具靶向投递，灵敏性及特异性均接近100%。在体状态可随外源信号开关调控，代谢路径明确，向投递集合系统自体可吸收方向持续发展。针对大部分多基因遗传病（包括几乎全部的罕见病），均有相应的基因疗法产品上市。

（3）类器官技术形成与人体器官组织形态相似的类器官定向培养设备及较为成熟的干预技术流程。各器官与组织类器官模型评价标准统一制订，且可基本等效反映人体真实环境。制约类器官技术临床应用的相关瓶颈科学问题基本被攻克，研究成果部分应用于临床。

（4）空间多组学技术形成空间组学分析技术，与各水平组学技术的方法拓展和数据融合，实现单水平空间组学间的跨水平数据整合，并成功实现基于跨水平整合的空间多组学数据的生物动态活动理论相关假说的验证。

2. 临床医学领域

提高临床诊断和治疗能力，建立新检测技术体系（如单细胞全基因组测序）下的干预与治疗方法，推进实施重大慢性病高危筛查干预项目，完善慢性病健康管理适宜技术与服务模式，推进基层慢性病医防融合管理，为提高人民生活质量和医疗水平提供更好的保障。具体如下。

（1）推动个体健康管理技术发展，建立健康管理技术体系，采用大数据、云计算、人工智能、物联网等技术，构建健康管理智能平台，实现个体全过程健康管理。推动精准医疗技术发展，构建精准医疗智能平台，采用精准医学技术，实现精准诊断、精准治疗、精准预防、精准护理等，提高医疗质量，提升患者治疗效果。推动医疗大数据技术发展，建立医疗大数据技术体系，采用大数据分析和模型构建机器学习等技术，实现医疗数据的挖掘、分析和应用，为精准医疗提供技术支持。推动智能医疗设备发展，采用智能医疗设备技术，实现对患者的实时监测、实时诊断、实时治疗，提高疾病管理效率，提升患者治疗效果。推动医疗服务网络发展，建立医疗服务网络，采用互联网、移动互联网、物联网等技术，实现医疗服务全覆盖，提高患者就诊效率，实现健康管理的智能化。

（2）通过对严重创伤组织完美再生与修复开展科学研究，基本阐明严重创伤后全身内环境改变和局部微环境的变化，以及影响机体重要组织和器官修复与再生的细胞、分子与基因机制。阐明严重创伤导致的缺血缺氧对组织修复与再生产生影响的作用机理，揭示严重创伤导致免疫紊乱和全身炎症的机制，充分认识减轻损害、促进修复的规律。解决和突破一批严重创伤后重要组织器官（包括皮肤、骨骼、软骨、周围神经）修复与再生关键技术，为实现完美修复与再生打下基础。

（3）从“求实、求证、求新”的法医学基本价值观出发，充分应用人工智能、多组学及新一代高通量测序等先进技术手段，进行基础研究和关键技术攻关。重视多学科技术交叉和转化在法医学的应用，在纷繁复杂的人体生物系统网络，探寻用以鉴识物理、化学、生物和应激性损伤的分子标记，发现和研究用以刻画个体生物学特征及确定个体间亲缘关系的遗传标记、微生态群落结构及算法，解读某些鉴识性生物标记的时相性变化规律，采用人工智能和大数据构建多种鉴识性生物标记间的逻辑关系。

3. 药学领域

落实健康中国建设的战略任务，保障人民生命健康，围绕人民群众日益增长的健康需求，加强创新药物基础研究，加强原创性、引领性科技攻关，提升关键核心技术自主创新能力，促进创新药物的开发和产业化。加强基础研究，加强原创性、引领性科技攻关，提升关键核心技术自主创新能力，构建国家药物创新技术体系及稳定的药品供应保障体系。

4. 公共卫生与预防医学领域

提升公共卫生服务能力，健全公共卫生体系、监测预警体系、公共卫生应急管理体系以及公共卫生执业医师制度；加强疾病预防控制能力和队伍建设；构建资源联动、统一质控、信息共享的公共卫生实验室检测网络，提升检验检测能力；加强重大疫情防控救治体系和应急能力建设①，健全风险评估方法和制度，提高监测分析、综合评价和潜在隐患早期识别能力，有效遏制重大传染性疾病传播。具体如下。

（1）预计到2040年，我国总人口约12.54亿，65岁及以上人口比例约26.6%。针对人口构成的变化，应以全民健康教育为开端，以病因分析和预测为重点，充分运用大数据分析和人工智能技术，根据不同地区、人群、教育水平和环境特点，建立全流程慢性病防控体系，

① 中共中央办公厅 国务院办公厅印发《关于进一步完善医疗卫生服务体系的意见》. https://www.gov.cn/gongbao/content/2023/content_5750620.htm[2025-02-12].

有效控制慢性病的发生和发展，服务于国家战略的实施。

（2）立足于全球视野，进行数据收集和分析，建立全球化的监测和预警机制，创新传染病防治体系，将外防输入作为重点，将传染病阻于国门之外，保障经济社会平稳发展。

5. 生物医学工程领域

开展理论驱动型和应用驱动型生物医学工程学科学研究，发挥工程学科优势，加强医工结合，提高临床医学诊疗及康复装备研发水平，开展生物医学工程技术向更深层发展的医学服务实践，利用大数据技术进行医学和生命科学数据特征关联性研究，使研究方式从假设驱动转变为数据驱动，为医学发展提供技术和装备支持。具体如下。

（1）针对医疗器械在疾病诊断、预防、治疗和健康保障方面的迫切需求，加快生物医学工程基础研究，结合相关领域的前沿技术和方法，全面提升医学影像诊断技术、医用生物检测技术、人体信息传感器技术、电磁治疗与康复技术、互联网技术等方向的研究水平和能力，促进生物医学工程的快速发展。

（2）做好生物医学研究成果向实际应用的转化，大力发展生物医学工程应用技术，提高医疗器械研制水平，加快最新医疗装备的产业化进程，加强全产业链建设和自主创新能力。制定和完善医用产品临床转化和产业化法律法规，保障医疗器械行业的健康发展，全面提高我国医疗器械服务水平，满足人民群众的医疗和健康需求。

6. 中医药领域

促进中医药传承创新发展，加强中医药服务体系建设，发挥中医药在“治未病”、重大疾病治疗和康复、传染病防治和卫生应急等方面的重要作用，坚持古为今用、守正创新，坚定文化自信，推动中医药健康养生文化的创造性转化、创新性发展，促进中西医互补与协调发展。具体如下。

（1）推进中医诊断和药效评价的技术、方法与标准的建设，打破中医药高质量和国际化发展枷锁。建立以临床为导向的中医诊断、药效评价、安全性评价的技术、方法和标准。针对中医药用药人群、适应证、用法用量以及合并用药等多方面表现出的多变性和复杂性，明晰临床精准定位与药效机制。在中医药参与现代医疗体系临床实践中，明确中医药的价值定位，并用现代科学理念阐明中药的药效机制（罗朝淑，2023）。

（2）在中药资源保障及利用领域，开展新品种研发、生态种植、资源循环利用等中药材生产主要环节的关键技术研究，推动产业升级，从源头保障人民群众用药安全，保障中药资源的可持续供给和大健康产业的可持续发展。推动多学科交叉创新，适应和满足健康中国的战略需要与高质量发展，全面提升中药资源综合利用能力。

（3）在中药新药创制技术领域，聚焦多靶点整合效应的药物研制，形成整合效应药物的评价体系和解析技术，引领创新药物研究的新方向，是利用中药解决复杂疾病的突破口。

7. 人口老龄化领域

建立生育支持政策体系，促进人口长期均衡发展，完善生育和婴幼儿照护服务，优化生育服务与保障，促进婴幼儿健康成长。促进医养结合，构建居家和社区机构相协调、医养和康养相结合的养老服务体系，实施积极应对人口老龄化的国家战略。

二、医药卫生领域工程科技满足国家战略的发展新思路

（一）总体发展新思路

以健康中国建设为总目标，形成与未来社会发展相适应，体系完整、分工明确、功能互补、连续协同、运行高效、富有韧性的整合型医疗卫生服务能力，从技术层面全力支持医疗卫生服务的公平性、可及性和优质服务供给能力，以促进全体人民群众的健康水平显著提升。

以慢性病综合防控为目标，实施精准防治策略，有效遏制慢性病发病率快速增长的趋势，降低重大慢性病过早死亡率。积极推动医学模式由疾病治疗为主向预防干预为主转变，强化疾病预防控制体系军民融合、防治结合、全社会协同，提高心脑血管疾病、癌症、慢性呼吸系统疾病、代谢病等重大慢性病综合防治能力，强化预防、早期筛查和综合干预，将抗击疾病的重心前移，推动防、治、康、管整体融合发展，逐步将符合条件的慢性病早诊早治适宜技术按规定纳入诊疗常规。以全民生殖健康需求为导向，推动生殖医学发展。优化与生育相关的经济社会发展政策，加强妇幼健康资源配置，深化孕产期保健服务，开展出生缺陷综合防治，为提高优生优育服务水平、提高出生人口素质奠定基础。

以全民健康需求为导向，整合资源，持续加大基础研究投入，重点围绕药品、疫苗、先进诊疗技术和装备、生物医用材料、精准医疗、检验检测及健康老龄化技术等方向，提升原始创新能力。不断提升精神性疾病的治疗水平，加强对脑认知功能的物质基础和工作原理的研究，实现衰老过程的干预和脑科学的跨越式发展。

通过人工智能等学科与医学的多学科交叉，创新疾病预防手段，实现全流程疾病控制，实施国家战略规划，控制新发传染病发生与流行，完善监测预警机制，健全应急响应和处置机制，提高重大疫情救治能力。

增强生物医药高端产品及设备供应链保障水平，大力推动组织工程及器官再生技术研发，推动生物技术成果的转化应用和产业化衔接。全力开展生物医学大数据的开发与利用，加快生命体征传感器技术发展步伐，引导数字化医学和智慧健康产业发展。以提高医学效能为目标，构建整合医学的防治体系，切实推动整合医学的发展。

坚持中医药主体发展与协同创新，切实提高中医医疗服务能力，完善覆盖城乡的中医医疗服务网络。加强中医药理论方法的继承工作，全面、系统总结当代名老中医药专家学术思想和临床诊疗经验，总结中医优势病种临床基本诊疗规律。结合中医药理论和中医优势病种进行中药新药研发，关注其临床价值，并加快新药成果的转化研究，遵循中医药理论、人用经验和临床试验相结合的中药审评证据体系，不断提高中药新药的转化成功率。加强中医药对外交流合作，实施中医药海外发展工程，推动中医药技术、药物、标准和服务“走出去”，推动其在国际社会中得到更广泛的认可和接受（章林等，2023）。

（二）各子领域发展新思路

1. 基础医学领域

（1）癌症早筛早诊技术体系。将有限的资源投入到我国发病率较高、研究基础较为扎实的特征性肿瘤（如肝癌）的研发中，巩固相关研究的根基，并基于研究成果开发相应的筛诊技术，推进成果转化应用及生产工艺规模优化研究。同时，推进所需设备、系统、原料耗材、零部件等相关基础设施的研发，并培养相应的专业化人才梯队。在科研至产业化全链条的研发生产人才保障等要素基本完备情况下，进而对多适应证领域进行探索拓展。

（2）精准基因编辑技术及基因疗法技术。从单基因遗传病、罕见病入手，开展从研发端至产业端的全方位探索，完善涉及生产要素及生产关系的各类研发产业化流程。同时，根据对多基因遗传病及罕见病病理进展的深入理解，开展跨领域研究。另外，值得说明的是，由于该领域适合“干湿结合”（生物信息学分析与经典的实验室实验验证相结合）的研究方法，可以利用该研发特征来探索并完善机器学习及深度学习技术在研发端至产业端各环节的应用可行性及有效性，并据此制定引导性监管规范政策及条例。

（3）类器官技术。从研究基础较扎实的器官组织类型入手，深化基础研究，突破达到等效拟真人体真实状态的瓶颈问题，根据这些瓶颈问题的限制性支撑条件进行纵向研究。例如，开发用于研究人体动态生物过程的活体成像技术，以及开发用于早期干预和定向诱导人源细胞的各类要素检测设备等，从而为类器官技术的基础研究积累提供支持，并为定向培养设备的开发提供前沿探索及引导依据。

（4）空间多组学技术。从单一层次空间组学入手，进行各类型健康/病理状态的单/多细胞的基础研究与探索。通过与其他途径获取的单一时间点高置信数据集进行参照比对，优化空间组学的单/多细胞分析技术。同时，发展单一层次组学间跨层次数据整合及多层次组学数据整合，探索可针对不同层次组学及研究问题需求的、可尽可能反映真实生物活动的系统性空间多组学数据节点网络框架及分析算法，验证和迭代优化框架及分析算法，探索反映真实世界生物动态活动的数据节点网络框架及分析算法。

2. 临床医学领域

（1）充分发展现代工程和技术，以契合我国国家战略发展的新思路。在工程和技术的应用上，医用新技术的开发要与医学的发展和现代医学技术的应用相结合，促进医学转化和新技术的研究与开发，从而达到提高防治疾病水平和能力的目的。此外，MRI、CT等先进医学影像技术应更深入地与疾病诊疗结合，人工智能技术与医学信息技术的融合应更加密切，以促进精准医学的发展。

（2）研制和生产可用于临床治疗的干细胞产品。深入开展干细胞药物与干细胞治疗的临床前及临床研究，筛选适于治疗组织衰老与损伤的特定干细胞类型，发展干细胞性状维持、快速增殖、定向分化等技术；研发新型生物活性材料，将3D打印技术与组织工程技术相结合，实现创新科技与临床应用的产学研一体化；筛选发育调控因子，定向调控靶组织再生，促进细胞定向分化，实现组织再生的精确定位分化和再生。

3. 法医学领域

推动法医学科技术突破与标准化发展。力争在复杂因素导致损伤或死亡的法医病理学鉴定技术、法医分子遗传学检验鉴定技术、新型毒物（品）毒理及中毒检验技术、法医精神病鉴定技术、毒品成瘾机制揭示及干预技术、环境人身损害鉴定技术、法医转化医学研发技术及生物安全防控等方面实现重大突破。建立关键技术平台，成立全国法医司法鉴定技术标准委员会，制定和完善统一的法医司法鉴定标准和规范，并通过合作研究、推广应用、标准制定、交流培训和人才培养等多形式、多层面的技术扩散，引领和带动法医学科的整体进步与技术创新，进一步建立并完善我国法医学统一鉴识技术体系和证据评价体系。

4. 药学领域

（1）加速药品研发与提升医药质量。针对未满足的临床需求研发药品，提高临床患者对先进疗法的可及性；促进生物医药领域战略性新兴产业的发展；推动化学仿制药的质量再评价和质量提升，保障临床用药安全。

（2）优化产业结构，构建绿色创新医药产业体系。优化产品结构、生产组织结构、流通渠道结构，提高全要素生产效率，规范竞争秩序，解决产业结构上存在的不合理问题，淘汰落后产品和产能；着力打造创新主导、质量优先、协同发展、绿色环保的产业体系，增强医药产业的可持续发展能力。

（3）融合信息技术，打造医药智能制造体系。开发和应用先进制药装备，推动互联网、大数据、云计算、人工智能等信息技术和医药产业深度融合，实现生产过程的连续化、数字化、智能化和集成化，提高生产效率的同时，更好地保证药品质量。

5. 公共卫生与预防医学领域

（1）多学科交叉，创新疾病预防手段。充分利用云计算和人工智能，构建健康人群-环境-医院-疾控的全社会健康信息收集和分析网络，打通社会-医院-疾控的信息壁垒，全方位多角度收集健康信息，分析疾病发生、发展数据，创新监测体系，指导健康教育、病因分析和预测预警，实现全流程疾病控制工作。

（2）充分利用我国科技成果，改进和发展疾病控制的手段和方式。利用我国在半导体和芯片领域研发的新技术和新材料，改进、发明和创造可用于传染病检测的仪器和设备，打破国外对荧光定量聚合酶链反应（polymerase chain reaction，PCR）仪、数字PCR仪和测序仪的垄断和限制；利用我国在机器人、无人机等方面的科技成果，创新监测方式，改变过往主要依赖人力的局面，实现监测体系的自动化和智能化。

（3）建立中西医结合的疾控体系，提升公共卫生能力水平。在国家各级疾控体系中合理设置中医药职能机构，具体职能包括参与突发传染病应急响应、健全新发突发重大传染病协同机制、加强中医药应对传染病能力建设、建立中医药应对传染病防治队伍以及建立科学的中医药传染病防治评价体系。建立医防一体的中西医结合分级诊疗体系，大力支持中西医结合疾控技术的研究与应用，加强中西医结合疾控学科建设与人才培养。

6. 生物医学工程领域

（1）强化生物医学工程基础研究，拓展健康应用新领域。加强生物医学工程的学科基础研究，建立和引入生物医学工程新概念、新思想、新方法、新技术以及新诊治手段，拓宽其在人类健康与重大疾病方面的应用范围，催生新的基础科学研究方向。与纳米技术、微纳系统、分子影像等高新技术以及组织工程、再生医学、康复工程、生物材料等应用领域进行统筹，全面提高生物医学工程研究水平。

（2）强化生物医学工程产业链上下游综合能力。完善生物医学工程产业链上游，重点依托金属材料、复合材料、生物材料等领域以及众多关联学科的支持；提升产业链中游，重点提升高值医用耗材、低值医用耗材、医疗设备、体外诊断产品和医疗人工智能的研发水平；优化产业链下游，重点增强零售机构、医疗机构、第三方检测机构、体检机构、互联网医疗机构等的服务能力。

7. 中医药领域

（1）构建多学科融合、创新的中医药研究平台。以生命科学、生物技术、信息科学、电子科学、材料科学、复杂科学和系统科学为基础，促进自然科学与人文科学间相互交叉、渗透、融合，构建大量应用数据库、分析工具和相关技术，为阐明中医药理论的科学内涵及关键问题提供新的方法和可能。加强古典医籍精华的梳理和挖掘，以提升中医药经典文献资料科技分析与处理能力。改革和完善中药审评和审批机制，促进中药新药研发保护和产业发展。需要强化中药质量监管，以提高中药质量。

（2）构建中药新药研发与评价体系。突破中药新药研发技术体系，激活中药产品创新，形成面向临床问题的中药新药发现、筛选、立项体系。构建形成符合中药特点的有效性及安全性评价技术体系，完善体现中医药特色的中药临床疗效评价创新方法体系，解决中药新药“如何评价”问题。建立基于改良型中药新药技术体系，解决已上市中药“如何更便捷、高效、合理”的问题。

（3）突破中药产业高质量发展关键技术瓶颈。突破中药材系列技术难题，构建中药材稳定、可持续、高质量保障的技术体系，解决中药源头保障问题。突破中药质量数字化、信息化及过程管控技术，构建中药全过程质量控制体系，解决质量保障问题。突破中药绿色智能生产的关键技术与装备，构建中药智能化生产技术体系，实现高效、稳定地生产高质量中药。

（4）打通中药国际化关键技术节点。开展中药国际多中心临床研究，破局中药在发达国家药品注册瓶颈；加强中药产品及服务标准制定，推进国际化合作研究，制定国际化标准，突破国际贸易技术壁垒；加强全球药用植物资源及传统医药的开发及利用研究，突破全球资源利用瓶颈，强化中药研究国际影响力。

第二节　医药卫生领域工程科技发展战略目标

一、2030年战略目标

（一）总体战略目标

加强医疗卫生服务的管理和监督，健全医疗卫生服务的标准和规范。推动医疗卫生信息化建设，实现医疗卫生信息的互联互通和共享，提高医疗卫生服务的效率和质量。推动医疗卫生服务的全面覆盖，保障城乡居民的基本医疗卫生服务需求，显著减少因地区、人群、经济等方面的差距导致的健康不平等情况，基本实现健康公平。加强医疗卫生服务体系和能力建设，显著提高医疗卫生服务的质量和水平，满足人民群众日益增长的医疗卫生需求。人均预期寿命达到79岁，主要健康指标达到高收入国家水平，实现健康中国的战略目标。

推动基础医学科技创新，推动生命科学和医学的深入研究，实现基础医学的科技含量和竞争力提升。加强基础医学科技创新和成果转化，以促进基础医学与临床医学紧密结合，显著缩短基础研究成果临床应用周期。

推动临床精准医疗和个体化治疗的发展，实现基于基因组学、蛋白质组学等技术的精准诊断和治疗，提高诊断准确率，提升患者的治疗效果和生活质量。建立生育力评估体系和防护分级管理方案，出生缺陷综合防治得到加强。干细胞、类器官、3D打印等关键技术取得进展，初步构建器官重建的技术体系。

完善药品供应保障体系，强化短缺药品供应保障和预警，健全药品储备制度和应急供应机制。完善国家药品标准体系，推进仿制药的质量和疗效一致性评价。加强药学领域科技创新和成果转化，推动药物研发和制造技术的升级和进步，提高药品的创新性和质量，提高药物科技含量和竞争力。构建药品和疫苗全生命周期质量管理机制，推动信息化追溯体系建设，实现重点类别来源可溯、去向可追。

强化覆盖全民的公共卫生服务，实施慢性病综合防控战略，加强国家慢性病综合防控示范区建设。实现全人群、全生命周期的慢性病健康管理，加强重大传染病防控。完善传染病监测预警机制，基本建成能有效应对重大疫情和突发公共卫生事件、适应国家公共卫生安全形势需要的强大公共卫生体系。

加快医疗器械转型升级，提高具有自主知识产权的医学诊疗设备、医用材料的国际竞争力。加快发展康复辅助器具产业，增强自主创新能力。以临床需求为导向，建立产学研用紧密结合的科技创新体系，以技术创新突破关键问题，推进产业基础高级化、产业链现代化，实现高质量发展。

加强中医药基础研究和应用研究，加强中医药成果转化和产业化，提高中医药治疗水平和影响力，打造一批具有国际影响力的中医药品牌。深入开展中医药循证医学研究，构建中国主导、国际认可的中医药循证医学方法学体系。统筹加强中医药预防重大传染病研究，筛选发布一批诊疗方案和适宜技术以及中药品种。促进中药质量提升和产业高质量发展，推进中药资源产业升级。

（二）各子领域战略目标

1. 基础医学领域

（1）建立我国高发癌种早期预警和防控技术体系，实现高危人群分层精准筛选，建立制度化、常态化、可持续的常见恶性肿瘤筛查机制，推动癌症防控关口前移和科学防治。实现我国高发肿瘤精准医学基础研究位于国际前沿，部分具有中国特色的疾病早诊、预警技术方案引领国际发展。

（2）揭示人类生育力建立和维持调控规律，建立生育力评估体系和防护分级管理方案。结合前沿技术研发辅助生殖新方法及相关产品，提高疑难不孕不育诊疗水平。实现全国主要地区婚前检查—孕前优生检查—出生缺陷胚胎植入前/产前筛查—新生儿筛查全过程覆盖，通过妇幼健康医疗大数据平台，进行精准、有效孕前、产前诊断和宫内干预治疗。建立生殖领域人工智能平台，实现生殖疾病、遗传病的智能化诊疗，以及优质胚胎监测、筛选，提高高危妊娠预防、预警、管理和综合诊治水平。

2. 临床医学领域

（1）加强慢性病的预防和控制，构建系统性的慢性病防控体系，提高慢性病的治疗水平。推动健康促进和疾病预防工作，提升公众健康水平，降低疾病发病率。加强传染病防治，建立完善的传染病预防和控制体系，降低传染病发病率。推进精准医学发展，提高诊断准确率，提升治疗效果。推动健康管理，改善社会健康服务体系，提升健康管理水平。

（2）加强精神卫生服务，改善心理健康服务体系，提高精神卫生服务水平。推进精准医学，提高诊断准确率，提升治疗效果。推动健康管理，改善社会健康服务体系，提升健康管理水平。加强精神卫生服务，改善心理健康服务体系，提高精神卫生服务水平。法医学研究与应用技术总体达到国际先进水平，构建适合我国国情的法医学标准体系和技术体系。

（3）组织修复与再生关键理论有重要创新和突破，通过精准基因编辑技术建立适宜人类器官移植的人源化大动物模型。建成 12 个左右的治疗用干细胞库，形成几十个科研用干细胞技术产品，研制成功 6—8 个干细胞药物制品，创建 5—6 种难治性疾病的干细胞移植标准临床方案并推广应用。建立比较完善的干细胞、组织工程及再生医学法规体系，建成 5—6 个集产学研为一体的再生医学转化平台。

（4）发展干细胞、类器官、3D 打印等关键技术，初步构建器官重建技术体系。基于发育学原理的组织再生技术、干细胞介导的组织再生技术、功能性组织新材料构建技术，已取得阶段性进展，并已在动物实验或临床试验中得到应用。

3. 药学领域

（1）加强药物研发，完善药物研发体系，推动药物临床试验，提高新药研发水平，开发临床价值高的创新药。组建一批生物医药国家实验室，加快构建以国家实验室为引领的战略科技力量。集中优势资源攻关新发突发传染病和生物安全风险防控关键核心技术。培育先进制造业集群，推动医药及医疗设备等产业创新发展。

（2）推动生物技术和信息技术融合创新，加快发展生物医药、生物育种、生物材料、生物能源等产业，做大做强生物经济。产业组织结构更趋合理，行业集中度显著提高。

4. 公共卫生与预防医学领域

（1）开展冠状病毒等潜在大流行疾病动物宿主病原组学①研究，系统开展病媒生物病原组学研究，拓展特定环境和地域病原组学研究。通过顶层设计、突破技术瓶颈、积累资源库以及打造共享平台，推动病原组学领域的发展，实现病原体发现、鉴别及其致病性评估与确认的反向病原学新技术、新方法和新理论的创新。

（2）在重要的动物和媒介中，以及特定环境下，掌握病原微生物的本底情况、未知病原的携带状况以及相应的危害风险。基于分子流行病学、基因组流行病学、地理信息学、人工智能等手段，评估和绘制风险图谱，以提升预测预警能力。

5. 生物医学工程领域

（1）系统布局重点任务，在脑科学基础理论及脑健康应用领域实

---

① 病原组学，是近年来病原学研究常用的研究策略，借鉴微生物组学研究的方法和技术路线，利用多组学策略主动发现病原体的研究思路，重点关注新病原发现和样本（动物和环境等）中携带的病原体。

现重大突破，使总体技术和应用达到世界先进水平。完成大部分人类高分辨率全脑图谱，构建类脑智能理论与技术体系，在多领域取得引领性研究成果，建立类脑智能领域伦理规范和政策法规。

（2）脑机接口及类脑芯片相关基础理论研究和技术研发取得重要进展，脑科学与认知、脑部疾病的致病机制、神经解码和编码机制等基础理论实现重要突破，同时在硬件、软件和算法等方面取得一定成果。脑机接口创新环境不断优化，培育一批复合型人才，高水平的人才队伍和创新团队数量不断增加。

（3）形成较为成熟的新一代人工智能理论与技术体系，在类脑芯片、无创/微创脑机接口技术、脑科学精准干预技术领域取得重点突破，在国际脑科学领域具有重要影响，占据脑健康与类脑智能结合应用的技术制高点。

6. 中医药领域

（1）运用工程科技理念、系统和复杂科学理论方法，建立系统和综合的体系解释中医药原理，探索中医药基础理论与临床应用中的内在规律。深入开展中医药循证医学研究，构建中国主导、国际认可的中医药循证医学方法学体系。加强中医药标准化和体系建设，建立和推行规范化的信息采集技术流程，制定和实施与疗效评价相关的工作方法以及评价原则。加强中医药古籍和传统中医药技术的收集、整理和发掘，做好中医传统诊疗技术与方法的传承，以及中药传统制药、鉴定、炮制技术和老药工经验的传承，形成中医药传承新模式（张忠和陈第华，2023）。

（2）提高中药全链条创新能力。突破珍稀濒危中药资源替代研究的关键技术瓶颈，保障中药资源的可持续利用；全面提升中药材资源信息化水平和服务能力，推进中药材良种培育，突破制约中药生态农业发展的关键核心技术。探索符合中药特点的新药发现与开发新模式，建立中药新药研发关键技术体系。完善上市中成药临床合理应用关键技术体系。研发标志性的中药生产关键装备，实现技术、工艺更新迭代。

二、2040 年战略目标

（一）总体战略目标

实现“全覆盖、保基本、多层次、可持续”的医疗保障体系，以及全方位、全周期的健康服务体系，人民群众的健康水平显著提升，人均预期寿命同比提高，达到 80 岁以上。

针对医药卫生领域发展需求，培育一批世界一流高校、科研院所，为医药卫生领域的科技发展提供全方位人才和科技能力支持。建立医疗卫生领域标志性人才发展平台，构建新一代医药卫生科技产业园，大幅提升医药卫生领域科技创新能力。医药卫生重点领域发展取得重大突破，整体竞争力明显增强，优势行业形成全球创新引领能力。到 2040 年，我国医药卫生领域工程科技进入创新型国家前列，基本建成世界一流卫生强国。

全面提升卫生健康服务能力，加快推进医学科技创新，实现高水平医学科技自立自强。在战略性、前沿性、基础性领域特别是关键技术上取得重大突破，不断形成新理论、新技术、新方法与新产品，并在临床中得到广泛应用。

建设全民健康信息化服务体系，规范促进健康医疗大数据应用，深化拓展“互联网+医疗健康”服务，构建线上线下一体化服务新模式，构建数字健康。推动医疗、医保、医药“三医联动”和医防融合等领域不断拓展线上服务空间，减轻线下服务需求，重塑医药行业管理和服务模式，从根本上缓解人民群众看病难、看病贵、看病烦的问题。

建立以基本药物制度为基础的药品供应保障体系，促进医药产业结构调整和转型升级，保障药品安全有效、价格合理、供应充分、规范有序。建成全生命周期药物警戒体系，通过仿制药一致性评价提升制造水平，实现国产替代。巩固传统仿制药优势，提升创新药占比，瞄准国家重大需求，实现药学研究高水平自立自强，推进科技成果转化落地。

通过学科交叉、新理论及新技术，形成适合中国国情的主动防疫核心理论，加强公共卫生、传染病防治领域供给侧结构性改革，解决该领域方向性的、系统性的、基础性的问题，健全卫生管理制度，健全国家公共卫生应急管理体系，树立“大卫生”观念。

提升生物医药和医疗器械领域科技创新能力与产业转化效能，可穿戴监测及检测设备及新型生物标志物的开发利用达到世界先进水平，形成一批具有较强创新能力和国际竞争力的大型企业，使生物医药和医疗器械领域成为我国国民经济支柱性产业。

扩大中医在“治未病”、精准医疗及健康服务等方面的服务范围，推动“互联网+”中医医疗，提高中医药的服务能力，方便患者就医，实现中医服务全民覆盖，形成完善的中医医疗服务网络。增强中西医结合健康服务能力，拓宽服务领域，完善中西医结合医疗服务体系，实现人人基本享有中西医结合医疗服务（薛晓娟等，2023）。

（二）各子领域战略目标

1. 基础医学领域

（1）利用组学大数据和生物医学大数据，完善疾病预警及风险评估技术，完成我国不同人群、不同病种全面数据监测。我国高发肿瘤精准医学研究整体实现创新突破，并向临床转化应用，带动相关企业发展，高发肿瘤早诊率得到有效提高。

（2）通过关键技术的研发，大力推动再生医学的基础科学研究向临床应用转化，研制出用于临床治疗的细胞与组织修复相关产品，大大缓解器官与组织移植的供需矛盾，减轻或控制重大疾病给人民健康带来的危害，促进“人人享有健康”战略目标的实现。

（3）我国生殖疾病和出生缺陷防控科技水平整体上达到国际领先

水平，国民生殖健康水平大幅度提升，重大出生缺陷的发生率、患病率、致残率和死亡率均显著降低。

2. 临床医学领域

（1）建立完善的疾病防治体系，提高疾病防治水平，实现精准高效的疾病预防与治疗。加强医疗团队建设与专业培训，提升医生的临床技能和综合医疗服务水平，优化医疗质量。加强疾病管理，推动管理模式的优化与创新，实现高效优质的医疗管理。强化护理服务，提升护理质量，提高患者护理体验。加强疾病预防工作，提高预防能力，降低疾病发生率。加强科研能力建设，推动医学研究发展，提升科研水平。

（2）大力推动再生医学的基础科学研究成果向临床应用的转化，阐明修复与再生的关键技术原理，研制出可用于临床治疗的细胞与组织修复技术，开启人类全新的疾病治疗模式，缓解器官与组织移植的供需矛盾，减轻或控制重大疾病给人民健康带来的危害，满足患病人群对组织及器官修复或移植的需求，实现完美的组织器官修复与再生。

（3）在复杂因素导致损伤或死亡的法医病理学鉴定及法医精神病鉴定、法医分子遗传学检验鉴定、新型毒物（品）毒理及中毒鉴定、成瘾机制揭示及干预、环境污染人身损害鉴定、法医转化医学研发及生物安全防控等方向，建立具有中国特色的创新技术体系。

3. 药学领域

（1）建立供应充足、质量可靠、价格合理、规范有序的药品供应保障体系，实现制药行业产业升级，规范药品生产流通，人民群众基本用药需求得以满足，安全用药得以保障。

（2）提高创新药在产品结构中的比重，临床需求大、价格高的重磅专利到期药品实现国产化，促进化学仿制药等重点领域质量提升。实现医药产业高质量可持续发展，着力打造创新主导、质量优先、协同发展的产业体系。实现药品生产过程的连续化、数字化、智能化和集成化。实现高端产品出口，跻身世界制药强国行列。

4. 公共卫生与预防医学领域

（1）通过智能化、信息化技术手段，完善疫情智能预警速报系统，建成基于大数据和人工智能的自动化传染病防控网络。利用颠覆性技术提高未知病原发现能力，发展交叉性、突破性、融合性、自动化、智能化和实用性的新发突发传染病预测、预警和监测体系。

（2）通过学科交叉、新理论、新技术，形成适合中国国情的主动防疫核心理论，系统构建我国新发突发传染病精准防控技术体系，研发和储备一系列具有国际竞争力的自有防控产品。实现重大新发突发传染病全天候一体化智能化监测、预警，国家传染病监测预警综合能力达到同期欧美发达国家水平，实现传染病智能评估和判别。

5. 生物医学工程领域

（1）脑科学与类脑科学产业支撑体系基本建立，在类脑机器人、仿生科学、医疗、军事、教育和娱乐等方面应用的广度和深度都得到极大拓展；我国的类脑计算和芯片技术处于国际前沿，并占据国际市场主要份额。

（2）非侵入式脑机接口技术在医疗、教育等领域得到应用，并形成一定的产业规模；培育出一批具有国际知名度的、以脑科学与类脑科学为核心技术的本土产品品牌，对标全球龙头企业，上中下游产业链实现有效衔接。

（3）攻克一批关键技术，颠覆性脑健康器械或药物进入临床应用阶段，建立一批全球领先的脑科学与类脑智能科技创新和人才培养基地，建成更加完善的类脑智能相关法律法规、伦理规范和政策体系。

6. 中医药领域

（1）围绕中医药领域重点需求，推动中医药关键技术装备国家重大专项的实施。在立足中医理念基础上，进行中医药关键核心技术装备攻关，实现中医药关键核心技术装备的现代化。做好中医药工程科技成果转化，在新技术、新疗法等方面加强现代科技成果的应用，全面加快中医药领域工程科技的创新发展①。

（2）形成完备的中医药智能化信息技术体系。中医药临床和产业基本实现全面的信息化、智能化，推动中医药临床诊疗优势凸显，显著提升优质中医药服务的可及性和均等性，中药的研发、生产、配送迈向全面自动化、智能化，中药产业实现高质量发展，催生中医药产业新业态。

（3）中药全产业链创新能力凸显。珍稀濒危中药资源保护与替代技术取得全面突破，中药资源可持续性问题基本全面解决；主要中药材品种实现良种化，生态种植、质量溯源技术得到全面应用，中药材种植、采收、加工的智能化技术实现大面积突破，保障中药材的稳定高品质供应。适合中医药特点的中药新药研发及改良创新关键技术体系基本完善，一批临床优势突出的创新中药成功上市。中药标准化、国际化关键技术取得突破，支持部分中成药产品走向国际主流市场。中药炮制加工、制剂生产、应用调配、检验检测等环节的智能化关键技术实现全面突破，智能化装备得到广泛应用。

第三节　医药卫生领域工程科技发展总体架构及子领域架构

一、医药卫生领域工程科技发展总体架构

医药卫生领域工程科技发展总体架构，如图 4.1 所示。

（1）把保障人民健康放在优先发展的战略位置，贯彻新时代党的卫生与健康工作方针，落实党中央、国务院决策部署，加快实现高水平医学科技自立自强；针对我国医药卫生领域工程科技原始创新不

① 中华中医药学会调研中药技术装备发展以及标准化建设. 科技传播，2021，13（12）：15.

足、关键核心技术不强等问题进行系统布局，集中力量开展关键核心技术攻关，加快解决一批药品、医疗器械、医用设备、疫苗等领域的关键问题，推动我国健康科技创新整体实力大幅提升，助力健康中国建设；坚持预防为主，坚持以人民健康为中心，不断增强人民群众获得感、幸福感、安全感。

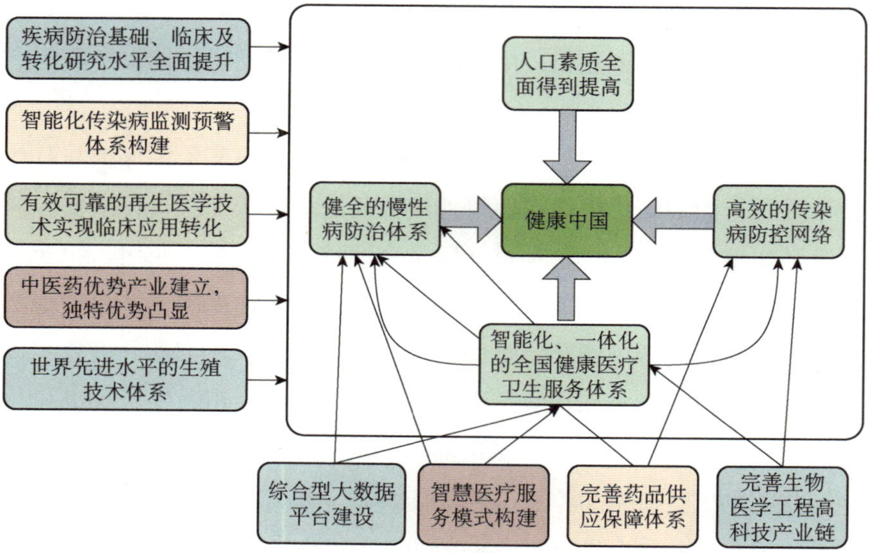

图4.1　面向2040年的医药卫生领域工程科技发展总体架构图

（2）实施精准防治策略，以减少慢性病的患病率，有效遏制慢性病的快速增长趋势，降低因重大慢性病导致的过早死亡率；加快生命体征技术发展步伐，引导数字化医学和智慧健康产业发展；全力开展生物医学大数据的开发与利用，实现监测体系的自动化和智能化；构建医防一体的分级诊疗体系，全面提升医疗卫生能力和水平；建立完整的生物医学工程产业链，研制和开发满足人民群众需求的医疗器械产品。

（3）部署国家战略规划，构建智能化传染病监测预警体系，控制新发传染病发生；完善传染病监测和实验室工作网络的布局并保持常规运转，建立和运维传染病早期预警制度和技术平台，实施平疫结合的医疗储备机制；建立中西医结合的疾控体系，加大中西医结合疾控技术的研究与应用。

（4）以全民生殖健康需求为导向，推动生殖医学发展，全面提高我国人口素质；大力推动我国生殖健康相关领域的科技创新，侧重生殖健康保健关口前移；建立预防、保健、诊疗、管理、康复生殖医学生态链，同时加大辅助生殖技术创新、生殖医药试剂的自主研发与国产化的推进力度。

（5）坚持“发展高科技，实现产业化”发展理念，推动生物技术成果的转化应用和产业化衔接，将我国建设成为生物技术强国和生物产业大国；以提高医学效能为目标，构建整合医学防治体系，切实推动整合医学的发展；利用大数据技术使科学研究方式从假设驱动转变为数据驱动，开展医学和生命科学数据的特征关联研究。

（6）完善药品供应保障体系，全面提升我国化学制药、生物制药创制水平，实现国产替代，巩固传统仿制药优势；深化技术改革，着力发展科技创新，逐步增加我国自主知识产权药品数量，加速实现医药制造企业经营模式由仿制为主向创仿结合的转变；完善生物医药基础研究投入机制，夯实生物医药基础研究支撑条件，强化原材料和设备自主保障，拓展生物医药基础研究的广度和深度，培育“基础研究—中试生产—转化—制造—流通”的完整产业链条。

（7）建立中医药优势产业，凸显中医药的卫生、经济、科技、文化、生态五种资源优势；加强药用动植物保护和培育，科学发展中医方剂及制药工艺，突破中药新药研发技术体系；推动中医药特色发展、内涵发展、转型发展、融合发展，充分发挥中医药防病治病的独特优势和作用；推动中医药和西医药相互补充、协调发展，构建中西医并重的公共卫生应急管理体系，彰显中医药临床优势；坚持安全有效的根本要求，遵循中医药发展规律，传承精华，守正创新，加快推进中医药现代化、产业化。

（8）在健康中国战略的指导下，以建设健康中国为目标，多学科协同发展，扩大中医在“治未病”、精准医疗及健康服务等方面的服务范围，参与到全生命周期的卫生与健康服务中；从疾病防治、传染病预防与干预、再生医学、药械研发、中医药、健康医疗卫生服务系统等方面，全方位提高我国医药卫生发展水平。

二、各子领域工程科技发展架构

（一）基础医学领域

1. 癌症的早筛早诊技术

癌症的早筛早诊技术工程科技发展架构，如图4.2所示。

关于癌症的早筛早诊技术体系构建，从基础研究层面来看，需从肿瘤发病率、致死率、现有干预手段有效率、肿瘤突变活跃性等方面进行优先级考虑，将有限的研究资源投入至高优先级领域；从诊断评价层面来看，需要根据前述基础研究中积累的可反映肿瘤进展状态的相关标志物成果，如肿瘤标志物的灵敏性及特异性、肿瘤进展周期覆盖程度、现有检测手段下产生数据的定性或定量判断等多个方面，进行诊断用标志物的确认和评价体系的构建，形成不同类别肿瘤的早筛早诊整体框架；从治疗干预层面来看，可根据候选肿瘤标志物/靶点研究（发病前预测、发病期伴随、预后预测）所积累的基础研究成果，进行潜在干预策略的探索开发。由于相应成果的转化价值可观，可建立相应的基础研究成果、知识产权服务及交易制度，来进一步激发相关人员的积极性。

2. 精准基因编辑技术及基因疗法

精准基因编辑技术及基因疗法工程科技发展架构，如图4.3所示。

从基础研究层面来看，需要从基因源性疾病的特异性标志物/靶点的筛选验证及相关机制研究入手，根据目前疾病有无治疗策略、疾病干预策略有效性、有无因商业因素制约研究、研究样本可及性等方面进行优先级考虑，并做出合理的科技发展资源配置。从技术攻关层面

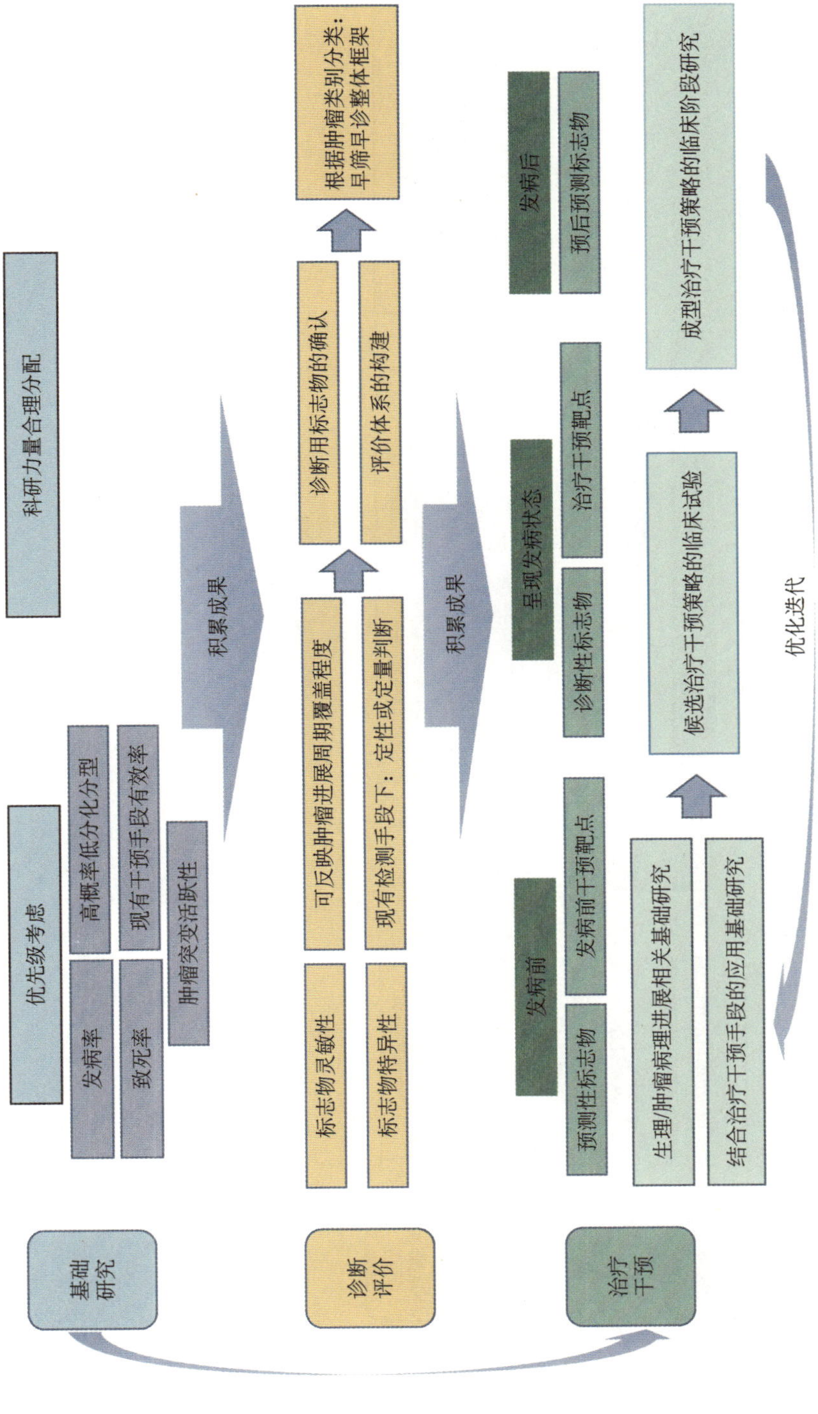

图 4.2　癌症的早筛早诊技术工程科技发展架构图

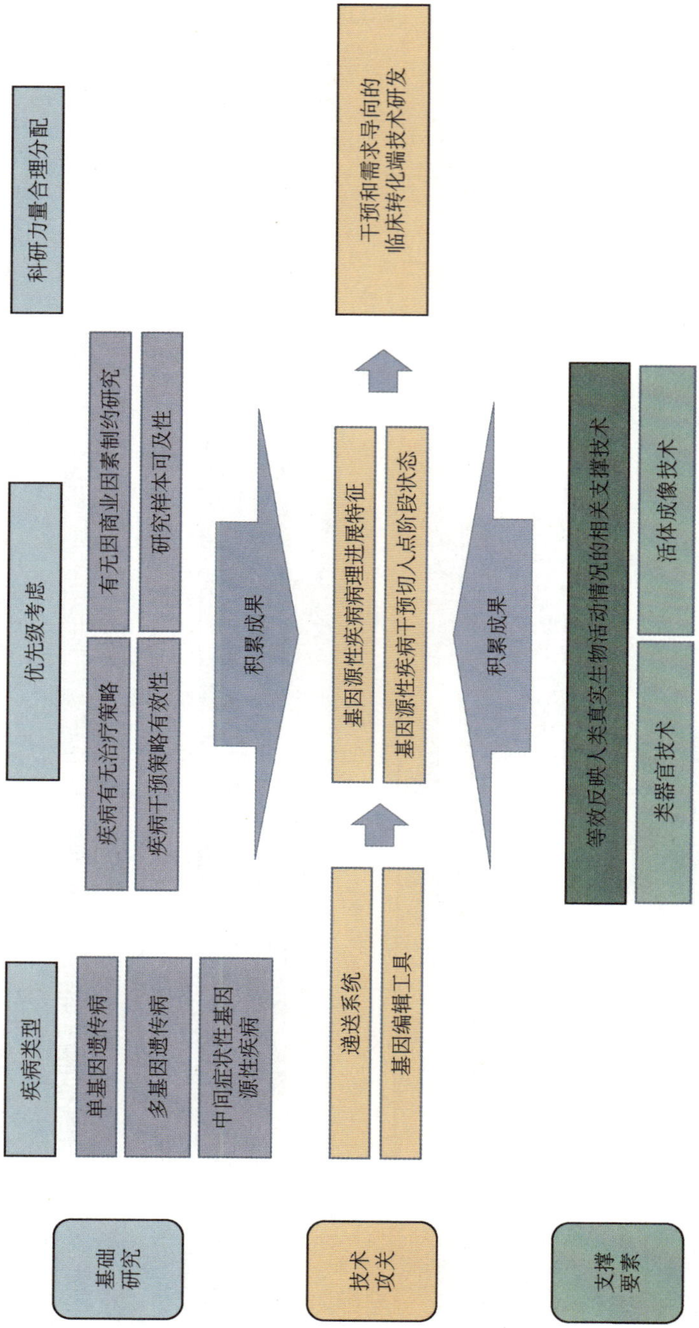

图 4.3 精准基因编辑技术及基因疗法工程科技发展架构图

来看，需从递送系统、基因编辑工具等关键底层技术的攻关优化入手，基于基因源性疾病病理进展特征及干预切入点阶段状态的干预和需求导向，进行面向临床转化端的技术研发。从支撑要素层面来看，需重点发展可等效反映人类真实生物活动情况的相关支撑技术，如类器官技术、活体成像技术等，可有效共同推进精准基因编辑技术、基因治疗技术及其他各类生物医药技术的临床转化研究。

3. 类器官技术

类器官技术工程科技发展架构，如图 4.4 所示。

从基础研究层面，需要根据是否使用人源细胞、人源细胞的分化程度、定向培养的目标阶段、目标培养形态的完整程度，以及是否存在集成需求等关键因素，将有限的研究资源投入到国家针对类器官技术使用所确定的优先用途基础研究领域。从诊断治疗层面看，需建立基于其他较被认可的高置信度科学数据采集途径，形成验证标准流程，从而对各阶段状态的类器官进行高通量人体真实状态的等效性验证；基于此，构建被统一认可的类器官培养标准流程，推动类器官技术的各界接受认可度，在此体系上，类器官技术在诊断及治疗应用领域的发展，取决于相关关键瓶颈问题的攻克。从支撑要素层面看，需重点平行发展类器官技术用于定向培养的各阶段各形态器官组织设备、缓冲液、血清、细胞因子等，以及可反映类器官培养状态关键属性的实时观察监测技术及设备和可满足类器官实验及应用的类器官芯片集成技术及规模制造技术等。

4. 空间多组学技术

空间多组学技术工程科技发展架构，如图 4.5 所示。

从基础研究层面看，需从单一组学水平入手，将组学数据与空间组学分析技术进行拓展融合，实现在各层面的空间组学技术成熟可行；同时开发两水平间、多水平间的空间组学数据节点式延伸整合的框架及算法。从应用支持层面看，需建立基于其他较被认可的高置信

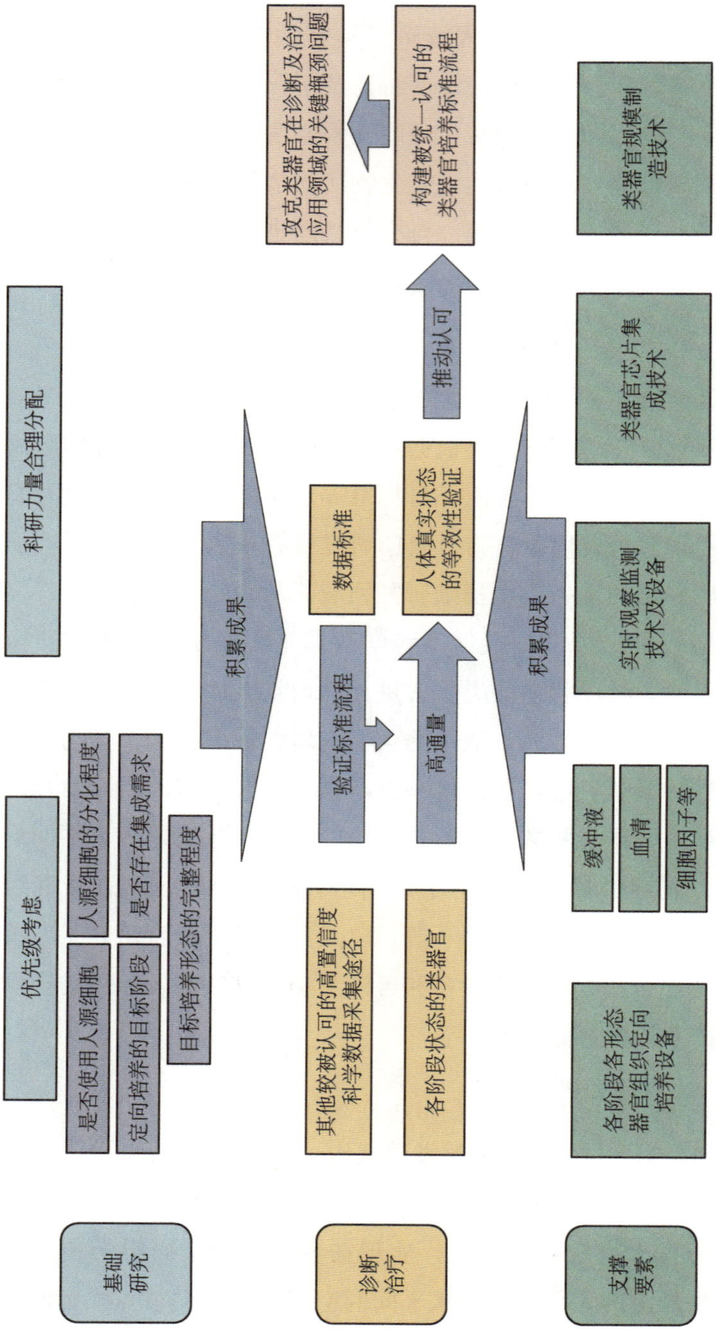

图4.4 类器官技术工程科技发展架构图

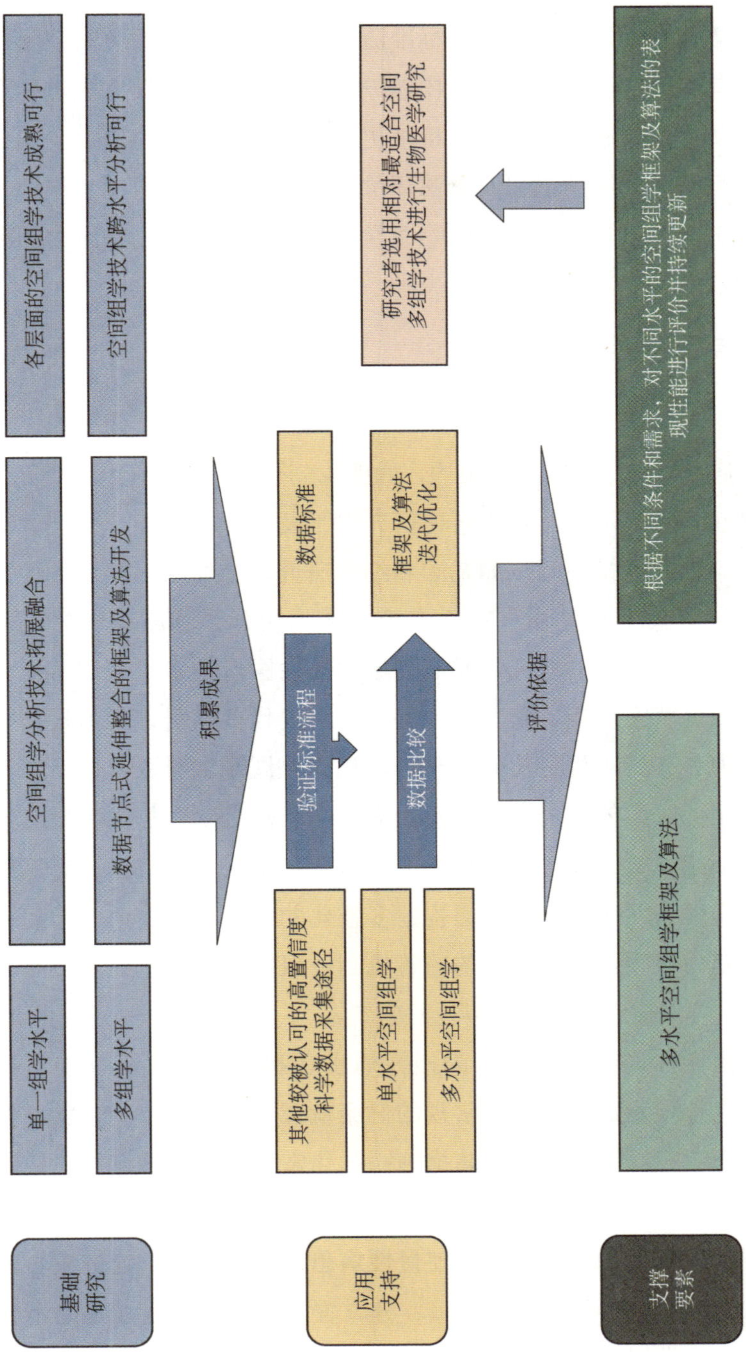

图 4.5　空间多组学技术工程科技发展架构图

度科学数据采集途径形成验证标准流程，对各时间点的空间组学获得数据与其他途径获得数据进行比较，从而对整合框架及算法进行迭代优化。从支撑要素层面看，需持续更新根据不同水平的研究，制定被统一认可的空间组学框架及算法评价列表，从而方便研究者选用相对最适合空间多组学技术进行生物医学研究，推动重大生物医学理论的发现。

（二）临床医学领域

1. 疾病诊疗

疾病诊疗工程科技发展架构，如图4.6所示。

慢性病防治基础、临床转化研究水平及监管全面提升：①解决主要技术难题和科学问题，如基因和细胞研究、神经网络和智能计算技术、干细胞技术和生物材料研究等；②加快分子临床医学的交叉融合，加强物理模型的研究，发展先进的仿生医疗技术，通过智能信息技术把数据状态连接、整合，改善和开发现代多学科综合治疗技术；③完善内科领域工程科技研究平台，相继开展多学科联合创新工作，支持和服务医学的前沿研究；④建立精准防治机制，加强新型慢性病多中心临床试验，通过多样化的人口特征和临床试验数据，更好地了解新型慢性病发病规律，从而构建多样化的精准防治体系；⑤建立健全一整套内科领域工程科技的监管机制，保障各阶段研究及应用的安全可靠，促进内科领域工程科技的创新。

优化慢性病防控体系，为慢性病患者和社会提供良好的防控环境。①完善预防措施：建立常规的健康检查、活动量控制、膳食补充治疗、心理应对等慢性病预防措施；强化常规的主动性措施，控制慢性病的发病率。②加强联防联控：建立慢性病联防联控体系，加强就医环节和出院后的预防控制；使慢性病患者建立起科学的健康生活模式和行为习惯。③建立慢性病库：建立慢性病患者和潜在危险因素保护库，准确掌握慢性病患者的情况；促进慢性病防控工作从定点到非

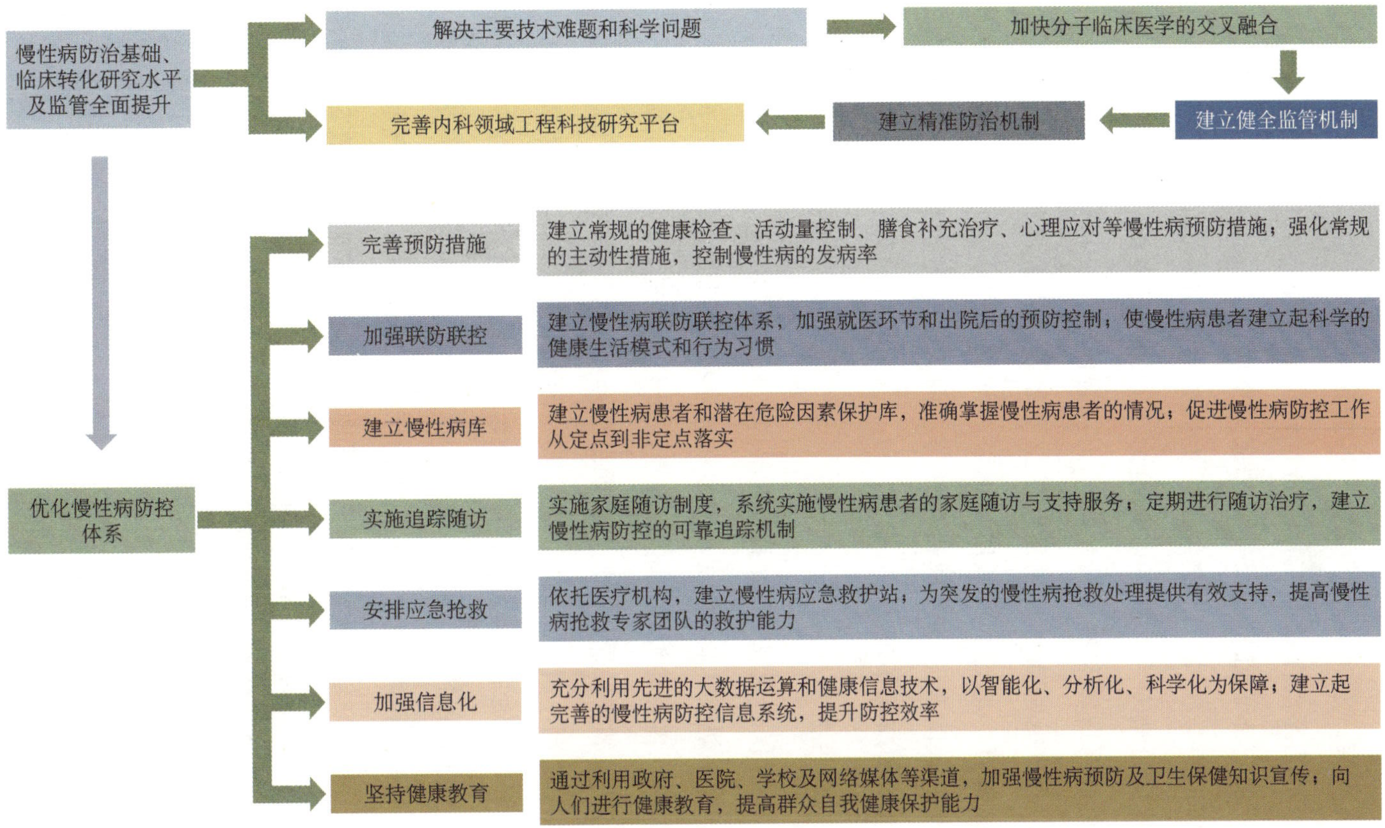

图 4.6 疾病诊疗工程科技发展架构图

定点落实。④实施追踪随访：实施家庭随访制度，系统实施慢性病患者的家庭随访与支持服务；定期进行随访治疗，建立慢性病防控的可靠追踪机制。⑤安排应急抢救：依托医疗机构，建立慢性病应急救护站；为突发的慢性病抢救处理提供有效支持，提高慢性病抢救专家团队的救护能力。⑥加强信息化：充分利用先进的大数据运算和健康信息技术，以智能化、分析化、科学化为保障；建立起完善的慢性病防控信息系统，提升防控效率。⑦坚持健康教育：通过利用政府、医院、学校及网络媒体等渠道，加强慢性病预防及卫生保健知识宣传；向人们进行健康教育，提高群众自我健康保护能力。

2. 再生医学

再生医学领域工程科技发展架构，如图4.7所示。

对于创伤早期救治关键技术研究对损伤后期组织修复与再生效果的影响，重点研究现场救治流程，探索关键技术，以及明确创伤后骨、软骨和神经损伤修复与后期组织修复与再生效果的作用，损伤修复再生机制，重点从细胞、分子与基因水平研究骨、软骨和神经再生的机制，明确制约修复与再生的因素，建立促进修复与再生的创新技术和方法，使转化医学在创伤组织修复和再生医学领域具有更好的实践。同时，精确地清创、精准地治疗组织器官损伤，把创新和精准医学结合应用在创伤救治领域的实践中，逐步完善精准医学在创伤救治和组织修复与再生领域的系统建设。面对涉及多个器官、复杂机制以及多层次调控的多发伤情况，在治疗、预后的研究和临床实践中，实现对多发伤和危重伤的准确预测，建立敏感高效的高危患者预警诊断技术，对现有诊疗技术进行系统性再评价，结合新材料、新技术发展对骨、软骨、中枢神经损伤、大面积缺损的修复技术，实现从组织器官到人体系统的完美修复与再生。

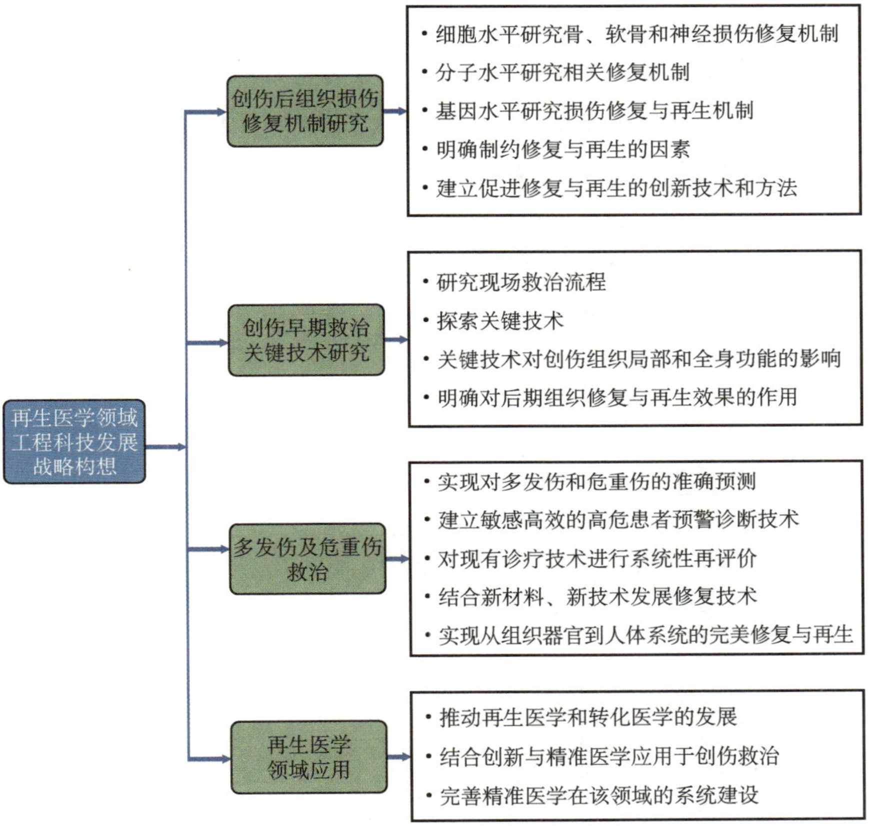

图 4.7　再生医学领域工程科技发展架构图

3. 法医学

法医学领域工程科技发展架构，如图 4.8 所示。

建设具有中国特色的法医学标准体系和创新技术体系。建立具有中国特色的法医转化医学研发技术体系和生物安全防控体系，丰富法医学相关技术手段，主要包括建立个体生物特征鉴识技术体系，建立毒物（品）中毒和环境污染致人身损害鉴识技术体系，建立法医病理学损伤、死因、精神病鉴识技术体系等。加强基础研究增加科技含量，加大应激性损伤（猝死）机制、疑难生物检材降解 DNA 分型的核小体结构基础、新型毒物（品）致机体损伤机制、毒品成瘾机制，以及环境污染物致机体损伤机制等方面的研发投入。增强鉴定意见认定效力，使鉴定意见更具科学性、客观性、公正性，更加适应未来司法实践需求；在此基础上，初步建立统一的技术标准和证据评价体系，建立国际先进的法医学精准鉴识技术。具体而言，构建适合我国国情的法医转化医学技术体系和技术规范框架，从不同维度上进行统一部署，加速实施人才战略，积极开展国际交流与合作，建立国家法医局创新基地、人才培养中心和科技转化平台，大力推进法医学技术发展；完善法医诉讼证据结构和标准体系，加强国家生物安全领域犯罪事项的研究，并建立科学证据体系。

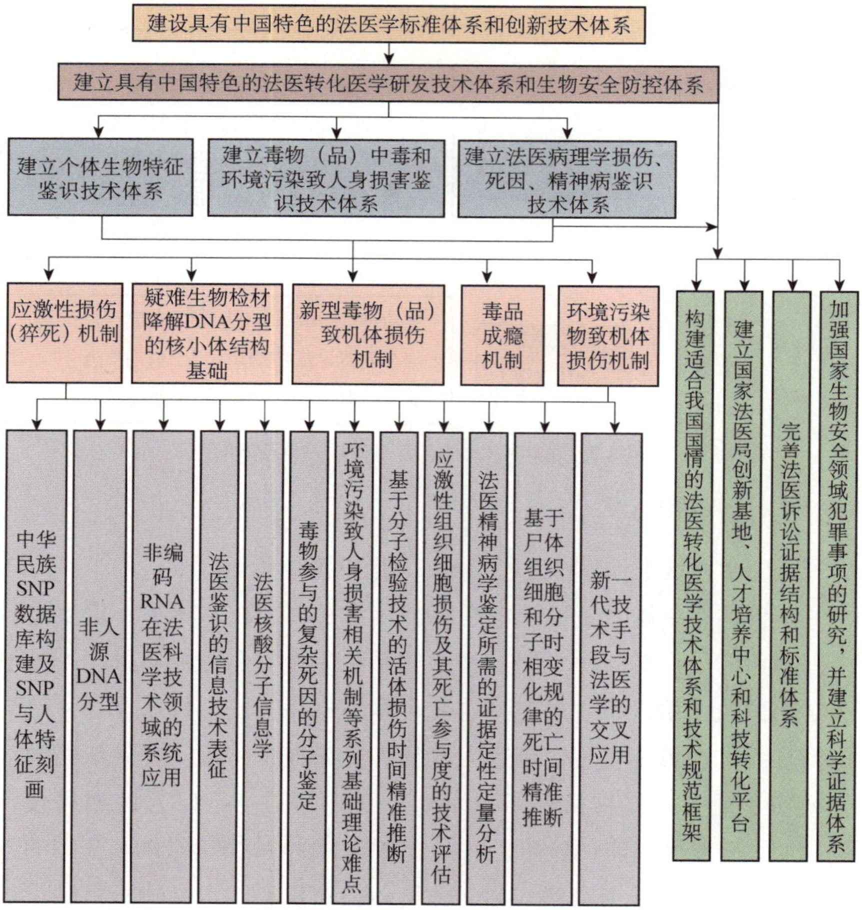

图 4.8　法医学领域工程科技发展架构图

注：SNP 即单核苷酸多态性（single nucleotide polymorphism）

（三）药学领域

药学领域工程科技发展架构，如图 4.9 所示。

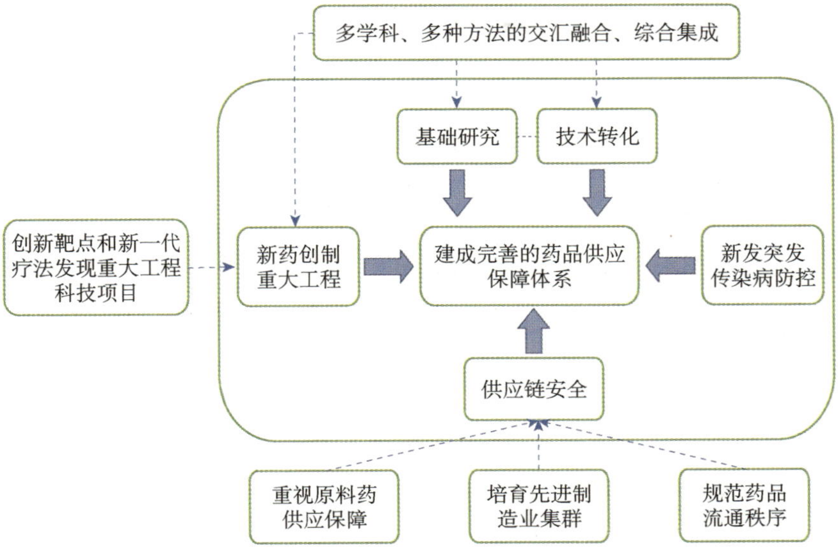

图 4.9 药学领域工程科技发展架构图

以“建成完善的药品供应保障体系”为目标，多学科、多种方法的交汇融合、综合集成，从基础研究、技术转化、新药创制重大工程、供应链安全、新发突发传染病防控几个方面提高我国药学领域发展水平。加大基础研究力度，把科技成果充分应用转化。推进新药创制重大工程，开展创新靶点和新一代疗法发现重大工程科技项目，加快发展生物医药产业，提升我国新药研发能力与水平。从重视原料药供应保障、培育先进制造业集群、规范药品流通秩序几个方面保障药品供应链安全。重视新发突发传染病防控，缩短药物的研发周期，开发快速疫苗与药物生产制造平台。

（四）公共卫生与预防医学领域

公共卫生与预防医学领域工程科技发展架构，如图 4.10 所示。

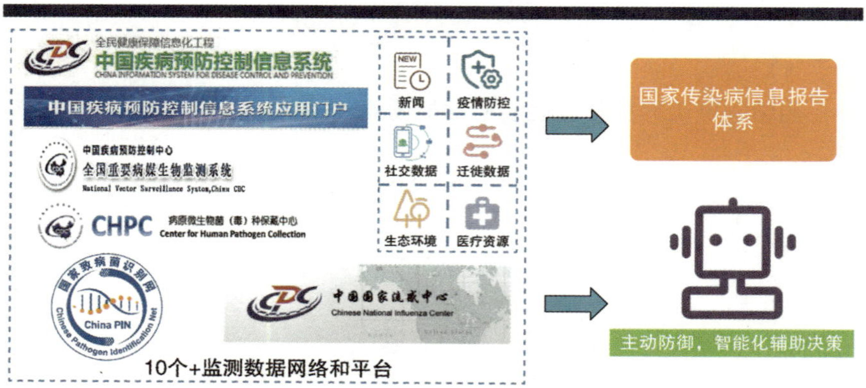

图 4.10　公共卫生与预防医学领域工程科技发展架构图

1. 病原体溯源综合网络平台

聚焦新发突发传染病，通过高通量测序、高精度溯源分析，关注病原体的分布、流行和变异；不断开发和优化病原诊断、检测和监测技术体系，并在区域中心和网络实验室开展室间质评和盲样模拟考核，不断提高实验室能力建设；通过资源挖掘、主动调查和技术储备，不断提高未知病原体的甄别能力；锁定食品、野生动物等对象，关注生态环境、极端环境等现场，开展病原调查和监测，结合多个实验室监测网络数据，搭建病原体溯源综合网络平台。

2. 新发突发传染病暴发早期感知和智能化监测预警体系

关注气候和环境变化等关联风险因素，建立新发传染病暴发和潜在新病原早期感知体系。完善“传染病—动物—环境变化”相互关联的监测预警体系，通过学科交叉，打通信息壁垒，建立疫情分析平台，实现数据融合、实时预测、流行态势研判。基于人工智能技术，开发传染病信息和智能辅助决策系统。

（五）生物医学工程领域

生物医学工程领域工程科技发展架构，如图 4.11 所示。

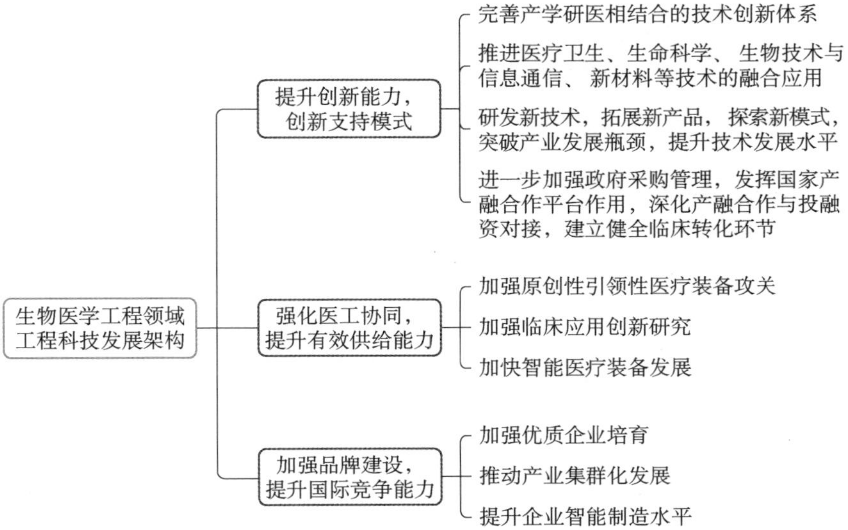

图 4.11　生物医学工程领域工程科技发展架构图

1. 提升创新能力，创新支持模式

完善产学研医相结合的技术创新体系；推进医疗卫生、生命科学、生物技术与信息通信、新材料等技术的融合应用；研发新技术，拓展新产品，探索新模式，突破产业发展瓶颈，提升技术发展水平。引导地方政府、产业基金、社会资源等支持医工协同开展医疗装备及关键零部件、基础材料等攻关，加大金融投资对攻关成果转化和产业化的支持。进一步加强政府采购管理，支持医疗装备产业发展。发挥国家产融合作平台作用，深化产融合作与投融资对接，加强优质企业上市培育，支持“硬科技”企业在科创板上市。建立健全临床转化环节医疗机构、科研院所等获取合理合法创新收益的新机制，激发医务人员、科研人员创新活力。

2. 强化医工协同，提升有效供给能力

（1）加强原创性引领性医疗装备攻关，包括：①加强关键零部件研发：针对医疗装备中的关键零部件，如高端传感器、芯片、精密机械部件等，组织国内科研力量和企业进行集中攻关，提高国产化率，

减少对进口的依赖，保障供应链的安全；②培育供应链配套企业：扶持一批专注于医疗装备供应链配套的中小企业，加强产业集群建设，形成完整的产业链生态，提高供应链的协同效率和响应速度，确保原材料、零部件的稳定供应；③建立供应链风险预警机制：加强对全球医疗装备供应链的监测和分析，建立风险预警模型，及时掌握原材料供应、市场需求、政策变化等信息，提前制定应对措施，降低供应链风险。

（2）加强临床应用创新研究，包括：①强化需求牵引，深化供给侧结构性改革；②搭建医企合作平台，完善医疗装备产品"技术创新—产品研制—临床评价—示范应用—反馈改进—水平提升—辐射推广"创新体系，快速提升安全有效、先进优质医疗装备产品的供给能力。

（3）加快智能医疗装备发展，包括：①聚焦关键技术：集中力量攻克人工智能算法、传感器技术、数据传输与安全、生物芯片等关键核心技术，提高自主创新能力。例如，加强对新型生物医学成像技术、生理信号获取技术的研究。②促进技术融合：推动人工智能、大数据、物联网、5G等新一代信息技术与生物医学工程技术的深度融合，开发具有智能化、远程化、个体化特点的医疗装备。

3. 加强品牌建设，提升国际竞争能力

（1）加强优质企业培育，积极搭建产学研合作平台，促进高校、科研机构与企业的深度合作，加快科研成果的转化，为企业发展提供源源不断的技术创新动力。

（2）推动产业集群化发展，通过科学规划产业园区，引导生物医学工程企业在特定区域集聚，形成产业集群。在这些产业集群内，企业之间不仅能够实现资源共享，如共享先进的研发设备、专业的检测平台等，还能在产业链上下游实现紧密协作，从原材料供应、零部件制造，到产品的组装、销售以及售后服务，形成完整高效的产业生态系统。

（3）提升企业智能制造水平，鼓励企业加大在自动化生产设备、智能化控制系统以及工业互联网平台建设等方面的投入，利用先进的人工智能、大数据、物联网等技术，实现生产过程的智能化管理与控制。以质量提升为核心、品牌培育为重点，多措并举，着力打造产业链优势企业，建立大中小微企业融通发展的良好生态，激发行业创新活力，增强全球资源整合和核心技术掌控能力。

4. 中医药领域

（1）中医领域

中医领域工程科技发展架构，如图 4.12 所示。

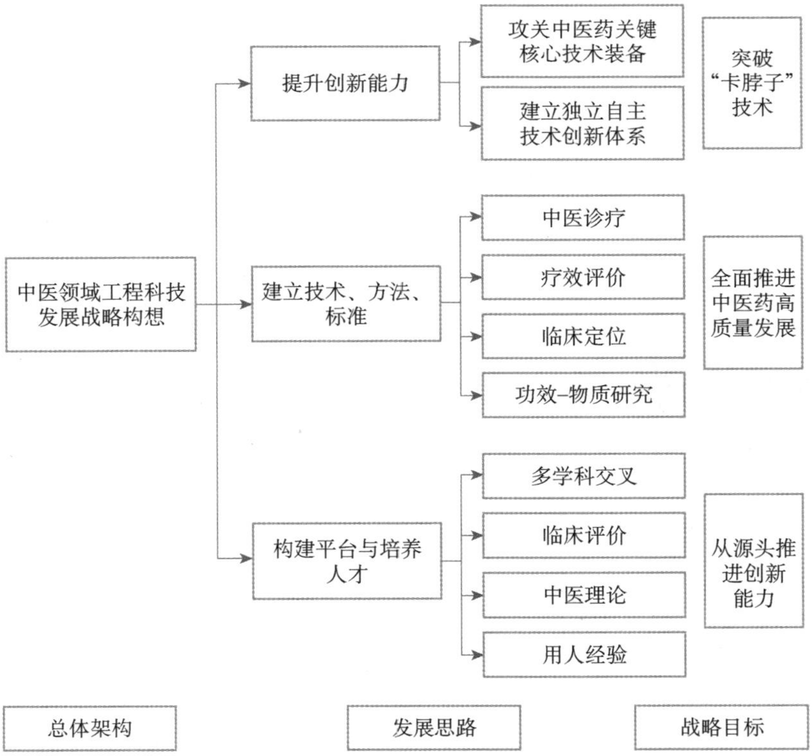

图 4.12　中医领域工程科技发展架构图

中医领域工程科技发展战略构想主要包括提升创新能力，建立技术、方法、标准，构建平台与培养人才三个部分。提升创新能力主要包括攻关中医药关键核心技术装备和建立独立自主技术创新体系两个方面，其核心目标在于全面推进中医药技术的进步，建立中医发展的核心技术和技术体系，突破“卡脖子”技术。建立技术、方法、标准是以中医诊疗、疗效评价、临床定位、功效-物质研究等四个方面为主要抓手，全面推进中医药高质量发展。构建平台与培养人才着重从多学科交叉、临床评价、中医理论、用人经验等方面构建平台，培养具有坚实理论基础及富有创新激情与能力的人才，从源头推进中医领域的创新能力。

（2）中药领域

中药领域工程科技发展架构，如图 4.13 所示。

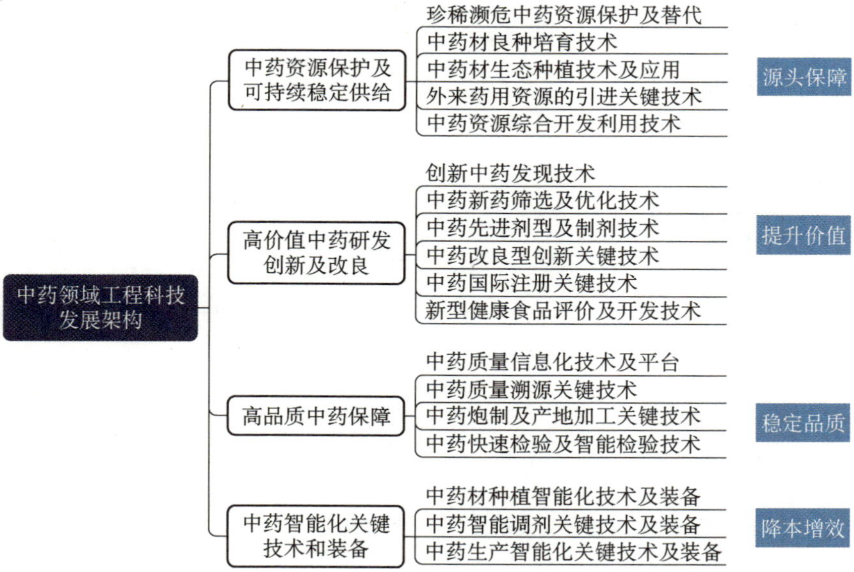

图 4.13　中药领域工程科技发展架构图

中药领域工程科技发展战略构想主要从中药资源保护及可持续稳定供给、高价值中药研发创新及改良、高品质中药保障、中药智能化关键技术及装备四个方面布局。中药资源保护及可持续稳定供给方面，通过珍稀濒危中药资源保护及替代、中药材良种繁育和生态种植、外来药用资源引进、中药资源综合开发利用等技术体系，保障中药产业源头可控，实现中药资源保护及可持续稳定供给。高价值中药研发创新及改良方面，通过创新中药发现、中药新药筛选及优化、中药先进剂型及制剂技术、中药改良型创新、中药国际注册、新型健康产品评价及开发等关键技术，构建系统化的中药研发创新及改良技术体系，为提升中药产业产品价值和激发产业新业态提供技术支撑。高品质中药保障方面，通过中药质量信息化技术及平台、中药质量溯源、中药炮制及产地加工、中药快速检验及智能检验技术等关键技术，构建中药全过程质量控制体系，保障中药质量稳定可控。中药智能化关键技术和装备方面，通过中药智慧农业、智慧工业、智慧药房、智慧监管等环节关键技术及装备切入，来支撑中药产业降本增效。通过以上四个方面全链条提升中药产业创新能力，突破产业发展瓶颈。

第五章　医药卫生领域工程科技重点任务和发展路径

明确工程科技重点任务和发展路径，对于我国医药卫生领域工程科技发展至关重要。本章将详细阐述面向2040年我国医药卫生领域的重点任务和发展路径。“重点任务”部分，明确我国亟须攻克的技术难题和优先发展领域，助力实现科技资源的有效配置和集中突破；“发展路线图”部分，制订详细的发展路径和时间表，描绘从技术研发到实际应用的全流程推进策略，以保障各项任务按计划推进。本章旨在为中国医药卫生领域的科技发展明晰任务、导向和路线指导，以推动关键技术的持续创新与突破。

第一节　医药卫生领域工程科技重点任务

一、基础医学与前沿学科交叉合作，建立整体协同研究模式

1. 任务内容

综合应用交叉学科前沿技术，突破疾病诊断和治疗模式中的瓶颈问题；促进前沿技术、基础研究和临床医学的紧密衔接，加快建立整体协同的研究模式，以应对疾病防治中的重大挑战。

2. 发展路径

（1）基于基础医学、免疫学、分子生物学、信息学、生物物理学、纳米科学、类脑科学、材料学等领域的交叉前沿技术，解析人体微观结构及其相互关联关系，探索结构及其行使功能的时相性变化规律。

（2）利用可视化技术、人工智能等模拟生物学过程及疾病发生进展过程，揭示生命现象及疾病相关的复杂系统多层次作用机制；利用信息科学技术、生命科学与数学、应用物理学等技术，实现生物学过程的可模拟、可定量、可计算、可预测，绘制更接近人类疾病真实世界的数字化人体疾病模型；获取健康人群和疾病队列的微生态基础数据，构建标准，并开发创新应用技术。

（3）利用纳米材料、物理化学探针等材料学技术构建新型病原体快速检测体系；利用识别潜在生物活性分子的筛选技术，促进新型药物的研发；利用工程力学、远程数据传输等技术，打破医学诊疗中视野、空间等的局限性，促进高端医学产品的国产化替代；利用 3D 打印、材料学、工程力学等技术，实现干细胞、类器官技术、人工器官与血液工程化瓶颈问题的突破，开发可替代器官。

二、建立高发肿瘤早期预警与防控体系

1. 任务内容

建立制度化、常态化、可持续的常见恶性肿瘤筛查机制，保障筛查体系的完备与有效；建立我国高发癌种早期预警和防控技术体系，实现高危人群分层精准筛查；发展针对大规模人群队列快速筛查监测的新方法和新技术，整合形成便于推广应用的肿瘤筛查平台。

2. 发展路径

（1）建立能够整合全基因组、转录组、循环肿瘤细胞、超多重血清蛋白检测等的多组学液体活检技术和分子可视化、类器官筛选等技术，针对不同高发癌种筛选新的标志物组合方案，在社区和高发现场等大型队列人群中进行验证。

（2）开展针对疾病动态监测新技术体系的研发，以及体外诊断新技术新方法的验证，从而实现大规模高危人群的筛查和肿瘤患者的动态监测，推动相关早筛技术的应用转化及产业化。

（3）着眼解决分子诊断现场快速检验（point-of-care testing，POCT）开放式平台的重大问题，建立可整合多指标检测、便携、快速、准确度高的技术方案，从而建立从“组学”发现到临床应用的研究转化体系，形成“组学发现—临床验证—产业转化”的产学研体系链。

三、发展脑科学关键前沿技术，实现脑科学精准干预技术的突破

1. 任务内容

脑科学基础理论及脑健康应用领域实现重大突破，总体技术和应用与世界先进水平同步；人类高分辨率全脑图谱大部分完成，脑科学基础理论、脑成像技术、脑健康诊断与治疗、类脑智能技术与应用总体达到世界领先水平；形成成熟的新一代人工智能理论与技术体系，在类脑芯片技术、无创/微创脑机接口技术、脑科学精准干预技术领域取得突破。

2. 发展路径

脑机接口研究涉及脑与神经科学和工程、认知科学、材料科学、数学、临床医学、微电子和计算机科学等多个学科，类脑智能研究是人工智能、计算机科学、脑与神经科学、认知科学等研究方向面向下一代智能信息技术发展所面对的跨学科共同挑战。以上关键技术的发展，需要来自多个学科的科研人员从不同视角审视科学问题，构建开放的公共研究平台，进行多学科交叉研究，通过不同学科之间的深度实质性融合交叉、相互借鉴与启发，突破脑科学关键技术发展的瓶颈。

四、急危重症救治窗口前移，建立危急重症全国临床研究协作机制

1. 任务内容

以急性心肌梗死救治为代表，建立可移动导管室-手术室抵达急性

心肌梗死发病现场（包括家庭、大型活动聚会、工作单位、施工地点、重要赛事、救灾现场、疫情区域、训练场地等）的救治模式，有效增加急性心肌梗死后再灌注治疗率，缩短心肌缺血时间，实现急症院前救治关口前移，提高患者生存率，降低致死和致残率。

2. 发展路径

（1）建立急症多中心临床研究协作网络。例如，在急性心肌梗死抗栓治疗方面，建设多中心临床研究协作网络，实现真实世界医疗大数据的采集、挖掘和科研协作，构建精准预测和个体化治疗模型，切实提高急性心肌梗死患者的生存率和病后生活质量。

（2）加强原创性心肌保护药物的基础研究。除再灌注治疗[包括经皮冠脉介入术（percutaneous coronary intervention，PCI）和溶栓]外，临床尚需研发减少心肌细胞坏死的药物。心肌保护药物的创新性研发，是全球急性心肌梗死治疗研究领域的难题，我国需要持续投入，力争在心肌保护靶点和心肌保护药物基础研究方面取得突破。

（3）加强内科疾病康复的临床研究和规范化建设，建立科学、客观的内科疾病康复评价系统，提高内科疾病患者康复和二级预防的临床疗效，降低内科疾病复发率，切实提高患者的生存质量。

（4）完善呼吸与危重症医学科（pulmonary and critical care medicine，PCCM）人才培养体系，吸引优秀的医学生投身呼吸学科的研究与临床工作，严格把控毕业后教育的质量标准，为专科医师规划明确的职业发展路径。

（5）进一步提升临床规范化水平，扎实推进 PCCM 规范化建设项目。

五、加快临床研究共享网络建设，建立慢性病国家级临床服务管理体系

1. 任务内容

建设多中心协作的疾病临床创新研究网络，实现真实世界医疗大

数据的自动采集和科研协作；依托此平台采集的临床数据、组学数据，构建疾病精准预测模型，开发个体化疾病风险筛选系统；开展疾病诊疗方案效果评价研究、卫生经济学研究、临床诊疗质控研究、临床预后预测及评估模型研究。

2. 发展路径

（1）组建多学科交叉团队，集合内科学、生物工程学、计算机科学、分子生物学、康复医学、材料科学等专业人才，针对临床重难点问题进行技术攻关。

（2）基于信息技术与医疗信息的融合，建设国家智慧内科疾病工程中心，建立内科疾病的国家级临床服务管理体系，优化医疗资源配置和强化慢性病管理。

（3）整合各方力量，构建以“共享交流、协同联动、智慧支撑”为特色的疾病防控协同网络。该疾病防控协同网络应以国家内科疾病研究中心为核心，以各省级医院和综合医院内科科室为骨干，以国家重点实验室等国家级科研基地为支撑，以流行病学平台、临床诊疗平台、质控平台、多组学平台等基础研究平台为运行实体，全方位覆盖基层医疗机构、疾控机构、早诊早治点、高校、科研院所和企业。

六、推动慢性病精准医学基础设施建设，拓展其应用范围

1. 任务内容

建立精准医学临床研究队列库，构建精准基因检测与液体活检平台；开发多重荧光免疫组化标记技术，用于疾病免疫微环境分析；研发新型固体核素探针在体标记技术；完善循环病变细胞检测的液体活检平台。

2. 发展路径

（1）依托标本库和疾病模型，利用多组学分析指导各系统疾病的精准分子分型及靶点挖掘与验证，推动精准医学研究。

（2）加快分子检测、疗效评估、耐药监测等新技术的发展，同时促进医学与信息技术、大数据、人工智能、群医学等新兴学科的深度融合。

（3）建立符合中国人群疾病谱特点的标准化随访研究队列，构建覆盖心血管疾病、呼吸系统疾病、肾脏疾病、内分泌代谢性疾病、血液病及肿瘤的高质量数据资源库，实现生物样本库的规范化管理，为精准医学研究提供坚实的数据与样本支撑。

七、发展并应用前沿生物技术，构建生殖技术创新体系

1. 任务内容

建立无创、精准、高效的孕前遗传学筛查技术、胚胎植入前遗传学筛查技术、产前筛查与诊断技术，复杂胎儿疾病的宫内诊断和治疗技术，新生儿疾病早期诊断技术和联合干细胞与基因编辑的干预技术，同时实现生殖医疗产品的自主研发；建立能有效改善生育力的临床实践创新技术，降低出生缺陷儿的出生率，提高出生人口素质；建立并完善国家级生殖资源数据库、遗传病分析库和数据库，结合人工智能开发疾病辅助诊疗及预警管理系统。

2. 发展路径

（1）发展和应用前沿生物技术，深入解析人类生育力建立、妊娠维持、胎儿器官发育等关键生理过程的分子机制，建立提升配子（精子/卵子）质量与胚胎发育潜能的干预技术；发展疑难生殖障碍疾病的精准诊疗新策略，开发线粒体替代疗法等辅助生殖新技术及生育力保护保存创新体系。

（2）针对重大出生缺陷疾病，建立无创、精准的胚胎植入前遗传学筛查技术、产前筛查及诊断技术，以及复杂胎儿疾病的宫内诊断和治疗技术，出生后联合干细胞和基因编辑的干预技术等。

（3）制定适合国情的重大妊娠疾病预测、预警、管理方案。

（4）自主研发生殖医学领域“卡脖子”医疗产品。

（5）建设生殖领域大数据及人工智能平台。

八、聚焦再生医学核心技术攻关，强化再生医学创新体系和能力

1. 任务内容

促进干细胞技术基础研究，推动组织再生领域关键技术和产品的研发，包括干细胞调控机制、人源化动物模型、新型生物活性材料、基因编辑技术及干细胞组织修复技术等，从根本上提高我国组织修复与再生的救治水平。

开展异种器官移植和干细胞组织修复的重大科技项目研究，持续推进覆盖多地区的干细胞资源库建设，强化基础医学研究成果向临床应用的有效转化；构建完善、系统的干细胞评价标准体系，为组织工程产品从基础研究走向规模化应用提供体系化的制度保障，推动我国再生医学领域实现健康发展，满足病患对组织及器官修复或移植的需求。

2. 发展路径

（1）建立面向临床治疗的细胞与组织修复技术体系及组织器官再生技术体系，发展成熟的个体化治疗和精准医学技术、干细胞重编程及定向分化技术，构建基于人工生物合成体系等技术的人工生物系统。

（2）建立人类胚胎干细胞库，提高干细胞研究水平，发展精准调控干细胞的新策略，建立和维护适用于中国人群的干细胞库；发展干细胞技术（特别是 iPS 细胞技术）、CRISPR 等基因编辑技术、细胞信号调控技术、4D 生物打印技术、点阵激光技术、高分子材料及纳米材料技术，为再生医学研究提供技术保障。

（3）积极参与国际标准化组织（International Organization for Standardization，ISO）和世界卫生组织的标准化活动，拓展与国际组织的合作空间，搭建干细胞研究国际合作平台，加强国际交流合作，促

进研究人员间的交流合作，深化学科交叉。

（4）实施多元化投入机制，鼓励药物研发企业积极参与再生医学研究成果的转化；促进研究人员、医生、医药开发人员共同参与研究；着重加强干细胞调控机制、新型生物活性材料、3D 生物打印技术等基础研究，加速干细胞产品的临床转化。

九、建设医药先进制造体系，提高生产过程智能化水平

1. 任务内容

提高医药卫生领域基础科学的研究水平及成果的转化应用水平，完善科研关键支撑条件，提升临床试验软硬件条件，加强临床试验监管水平建设；加强医药先进制造技术的研发与应用，推动医药先进制造体系建设，开发和应用先进制药装备，提高生产过程的数字化、智能化水平。

2. 发展路径

（1）设立专业化的医药科技成果转化服务机构，提供医药科技成果转化评估评价、知识产权、科技咨询和技术交易等专业化服务保障。

（2）引导高校和科研院所建立科技成果转化人才的激励措施，建设专业化技术经纪人队伍。

（3）发展先进制造技术，包括原料药绿色制造技术、高端制剂制备技术、生物药制剂技术、制剂连续生产技术、新型抗体药物制备技术、生物药制备用关键原材料及耗材生产技术、生物药生产设备制造技术等。

（4）建成一批高水平的药物临床试验基地。

（5）从促进产业协调发展的角度出发，培育国内技术自主的辅料及生产设备相关企业，实现制药产业链关键点环节的本土化闭环。

十、针对突发公共卫生事件，建立长期药物保障技术开发体系

1. 任务内容

针对突发重大传染性疾病，设立药物保障协同攻关机制，通过战略性、颠覆性、前瞻性技术研发，构建药物应急研发及生产体系；布局建成全链条关键技术平台，梳理重大传染病疫情防控所需的医药产品目录，建立快速响应机制，满足应急生产的需要。

2. 发展路径

（1）完善重大传染病疫情防控体制机制，健全国家公共卫生应急管理体系。

（2）构建药物应急研发及生产体系，针对疫情防控对医药产品的需求，筛选和开发候选药物，并针对特殊产品建设必要的生产设施。

（3）开发具有前瞻性、战略性的新技术、新方法、新策略，如mRNA技术平台、高通量药物筛选平台等。

十一、深入研究疾病发生机制，发掘创新药物靶点和新一代疗法

1. 任务内容

深入研究疾病的发病机制，探索疾病的发生过程，在此过程中发掘药物靶点，为创新药物研发奠定基础；以本土资源、国际标准、全球市场为出发点，开发高质量创新药；依托我国研发成本相对较低、临床资源丰富、市场需求巨大等优势，研发针对我国疾病谱特点的、较现有临床治疗方案有更好疗效或者更高安全性的创新药，推动我国向世界医药先进领域迈进。

2. 发展路径

（1）以大数据技术和人工智能技术驱动的精准药物设计为核心，

构建原始候选新药发现关键技术体系，显著提升新药的研发成功率。

（2）开发基因编辑技术、DNA 编码化合物库构建技术等核心共性技术，阐明药物作用机制，提高药物的成药性。

（3）建立疾病动物模型，遴选药物作用靶点，加快新药的研发进程。

十二、发展智能化传染病监测技术，实现传染病快速预警与处理

1. 任务内容

将现有的传染病监测系统与人工智能技术进行整合，融入病原组学大数据和自然社会大数据，建立健全基于“万物互联”的智能化传染病监测预警网络，实现多点触发，确保疫情一旦暴发就能够快速响应，变被动防御为主动防控。

2. 发展路径

（1）发展传染病诊断技术，提高新病原发现能力，完善潜在病原体致病性评估体系，提高基因测序能力和数据分析能力。

（2）针对重点病原体，开发和储备多样化的诊断、治疗和预防技术路线及相关产品。

（3）在全国重点城市和边境等关键区域，创建新型的传染病主动监测体系，部署生物传感器等自动采集装备，并通过网络与中心实验室相连，实现信息的实时获取和自动化监测，从而建成智能化的监测预警平台。

（4）强化传染病主动监测数据的实时自动获取能力，深度融合大数据和人工智能技术，以实现传染病监测智能感知、时空风险即时评估、全景态势立体研判、智能化预测预警与精准推送，建立基于互联网的全面、实时、高效的传染病相关数据自动感应体系，并据此建成基于互联网大数据的传染病早期预警平台。

（5）与互联网数据整合，建立传染病监测预警大数据库及具有国际先进水平的传染病监测大数据智能分析技术，形成集预警模型自主学习、数据实时获取、自动分类预警、自主态势预判等多功能模块于一体的传染病监测预警管理、处置平台，全过程追溯疫情暴发信号的源头及关键影响环节，支撑管控研判和管理决策。

十三、生物医学工程发展与产业相结合，提高整体协同创新能力

1. 任务内容

当前，生物医学工程发展趋势迅猛，技术创新、理论创新必须与产品研发和市场拓展相结合，协同创新，瞄准国际市场，形成具有国际影响力和竞争力的战略性新兴产业。

2. 发展路径

（1）借助新材料、纳米技术、柔性电子制造工艺、半导体等技术工艺，使新型医疗传感器具备更灵敏、微型化、便捷、成本低等优点。

（2）发展MRI前沿技术，包括微米尺度及毫秒分辨率的高精度快速成像技术、术中MRI技术、三维高分辨率MRI的脑神经网络成像技术等。

（3）发展影像大数据与非影像临床数据的融合分析技术，包括影像特征与病理切片分析技术、临床数据（认识功能等）跨模态融合分析方法、多模态数据融合技术等，以提高疾病诊断和预后判断的精准度。

（4）研究微型化、自适应与闭环控制、远程程控、磁共振兼容等植入式神经调控技术，研发用于新适应证临床治疗的创新神经调控设备。

（5）攻关智能手术机器人技术，实现腔镜手术机器人的国产化突破，提升骨科手术机器人、神经手术机器人的性能品质，研制一系列专科机器人。

（6）研发质子放疗设备、重离子放疗设备制造及其小型化技术，

以及磁共振引导加速器等设备的制造技术。

（7）探索可诱导特定组织细胞再生的三维微环境的形成与表征，阐明材料诱导组织形成的机制和理论基础；建立新型生物反应器，开展组织培养与保存研究，探究生物材料与组织细胞相互作用的机制，并建立用于体内药效评价的动物模型。

（8）针对新一代生物材料的设计与合成，开发纳米生物材料及软纳米构建技术、先进制造技术、表面工程技术等。

（9）大力支持本土企业发展，完善高值医用耗材及高端医疗设备的产品性能与质量体系建设，紧扣临床需求，以市场需求为导向，持续进行科技创新，提升国产产品的质量稳定性、性能可靠性、价格合理性，建立临床对使用国产产品的信心和信赖。

（10）注重创新体系建设，加强政策引导，推动研发力量强的国家工程中心、高等院校、科研院所强强联合，建立企业的创新中心。

（11）制定国家政策鼓励医疗器械产业的发展，保证进口产品与国产产品享有平等的政策待遇，保障国内外企业在公平的市场环境中竞争，同时出台保护民族产业的国家级措施。

十四、利用信息化技术，建立“互联网+中医”慢性病防治体系

1. 任务内容

充分发挥中医在慢性病防控方面的优势，加强中医药防治慢性病临床科研体系的建设，进一步完善预防、治疗及康复等技术方法和方案研究，依托循证医学证据，形成和完善相关标准规范和临床指南，加强对中医药防治慢性病有关成果的转化研究，开展示范推广和科学评估。利用“互联网+”技术，构建可及性强、适用性广的中医辨证及四诊信息收集平台，服务于居民的自我中医诊断及健康监测，探索主动管理与居民互动的全程健康服务新模式。创建以“疾病+证候”为核

心的数据管理模式，实现中西医结合的全生命周期健康管理（沈国苗等，2024；汪树涛等，2024）。

2. 发展路径

（1）建立以中医电子病历、电子处方等为重点的基础数据库，依托医疗机构发展基层互联网中医医院，开发中医智能辅助诊疗系统，推动开展线上线下一体化服务和远程医疗服务，建设国家级和省级中医药数据中心。

（2）构建中医慢性病防治模式，以大型医院为点铺开，以基层医院为面覆盖。进行重点技术攻关，建立中西药合用风险预测模型；加强对中西医结合防治慢性病的风险评估，推进中西医在慢性病治疗中的联合用药研究。

（3）加快培养“互联网+中医”的复合型人才，推动中医药与信息技术、人工智能等新兴学科的交叉融合。

（4）适应“互联网+”新形态时代的发展需要，以中医药大数据平台建设为基础，推动中医药的网络化发展，实现中医健康管理咨询的信息化、智能化；开发基于人工智能技术的患者证候特点分析及诊治系统，增强慢性病患者居家自我保健的能力。

十五、强化中医药关键技术装备攻关，推动中医药智能化转型

1. 任务内容

以“传承精华，守正创新”为基本原则，在立足中医理念的基础上，推动中医药关键技术装备国家重大专项的实施，通过技术和组织双维度，持续体系化地降低外部风险的冲击，坚持市场导向，创新科技成果转化机制。形成多元主体协同创新的高效组织模式，形成多维度、多循环的关键技术供给体系和对内对外开放合作格局；建立中医药关键技术装备设计制造的理论方法与关键技术，形成系列中国原创

并引领国际的标准和专利框架；通过跨界融合，突破新技术，研制新装备，加快实现科技创新，推动中医学领域高质量发展，培育新业态，重塑产业新格局。多领域和多技术的跨界融合是实现中医学领域工程科技高质量发展的必然路径和技术保障。以中医学领域工程科技为内核，构建中医药可度量技术规范体系。

2. 发展路径

（1）运用感知、辨识、仿真、无感监测、分析决策等技术，研发高保真度的多维感知中医数字化辅助诊断装备、精准可控中医特色疗法智能化装备、全场景中医“治未病”现代化装备。

（2）搭建医工结合、疗效评价、系统集成、检验监测和产业化的创新平台，开展数字化辅助诊断服务、中医药名师活态传承、中医特色疗法智能机器人等应用技术研究。

（3）开发利用多维仿真与可视交互、“藏象”动态关联分析、系统集成等技术，开展中医药技术装备共性标准体系研究，研发中医重大装备，搭建中医药技术装备的信息与通信技术（information and communication technology，ICT）支持及标准制/修订平台，开展中医药技术装备在慢性病防控中的应用研究（张伯礼和陈曦，2023；孙志波等，2022）。

十六、建立适合中医药特点的临床疗效评价方法，完善中医药标准体系建设

1. 任务内容

创建适合中医药特点的临床疗效评价技术，科学评价中医药疗效，彰显中医药的临床价值。开展中医药循证研究，充分发挥中医药防病、治病的独特优势和作用，科学有效地评价中医药临床疗效，形成高质量、国际公认的临床证据。通过方法学的创新和平台的发展，促进高质量临床证据生产和转化数据库的建设。加强中医药标准体系建设，完善中医药标准体系，提升中医药标准质量。加强中医药标准

应用推广，形成中医药标准应用推广体系。推进中医药国际标准化工作，开展中医药国际标准化发展战略研究（庄铭等，2023；贾福运等，2023）。

2. 发展路径

（1）加强中医药基础研究，提升理论研究对中医药标准化发展的支持力度，加强中医药标准体系和标准化建设，开展中医药循证医学研究，构建我国主导、国际认可的中医药循证医学方法学体系。

（2）运用工程科技理念思路和系统科学、复杂科学的理论方法，探索建立系统和综合的医学方法体系解释中医药原理，强化中医药科研成果向标准转化的基本条件和技术方法研究。

（3）做好中医药各领域标准化研究中心建设，形成中医药标准化研究平台，提高转化中医药科技成果和关键技术问题的攻关能力。

（4）针对传统证据生产转化模式存在的长时间、片段化、低质量、低效率以及人力资源和物质资源浪费的问题，构建中医药临床证据的系统化生产和高效率转化技术平台，并推进相关数据库的建设。

（5）围绕多中心临床研究、安全性研究的质控问题，建立中药临床试验全程质控技术和安全性评价真实世界研究系列关键技术；利用真实世界研究的数据做支撑，建立及推行规范化的信息采集体系，在此基础上，制定和实施与疗效评价相关的统计算法设计及评价原则。

（6）针对中药适应证广泛、临床定位不清和临床试验结果指标不清的问题，建立中药临床特点的循证定位技术，构建中医药的核心指标集及体现中医特色的指标体系。

（7）提升中医药标准化人才队伍的素质，实施中医药标准化培训专项，旨在建设一支实践能力强、复合型、外向型的中医药标准化人才队伍，培养一批中医药标准化专家，形成中医药标准化专家队伍。

（8）加快中医药标准化信息平台建设，满足社会对中医药标准信息服务的需求。

（9）加快中医药标准应用推广基地建设，建立中医药标准宣传普及长效机制、实施推广监测机制及实施反馈机制，为修订标准和完善标准体系提供依据。

（10）积极参与国际标准化组织和世界卫生组织的标准化活动，推动世界中医药学会联合会、世界针灸学会联合会的国际组织标准的研究制定，支持中医药国际标准化领域政府间、国际组织间、民间的合作交流；鼓励通过举办国际论坛等形式，建立中医药国际标准化沟通平台；加强中医药国际标准化基础条件和专家队伍建设，强化对参与中医药国际标准化活动的组织、管理和支持；建立中医药国际标准化研究基地和信息平台。

十七、构建中药全过程质量保障技术体系

1. 任务内容

建立药材高品质、稳定供给技术体系，确保产地合理分布、地域发展平衡，采用绿色生态的生产模式和技术，实现中药材高品质、稳定供应。突破中药质量数字化、信息化及过程管控中的技术瓶颈，研发中药质量溯源、中药炮制及产地加工、中药快速检验及智能检验等关键技术，建设中药质量信息化管理平台，构建并完善中药全过程质量控制体系，保障中药质量稳定可控。

2. 发展路径

（1）确定中药材适宜区划，优化中药材生产和资源配置；建立中药材良种繁育和种业技术标准体系，建设国家种质资源库，制定系列种业标准，培育高质量良种；发展中药材生态种植技术体系，突破林药间作、野生抚育等技术瓶颈，进行土壤改良、病虫害防治研究，形成高质高效的生态种植技术单元。

（2）挖掘重要传统炮制理论，阐释炮制技术的科学内涵；构建完善的中药质量标准体系，促进中药标准国际化；以中药全产业链为核

心，系统构建中药质量提升技术体系；构建中药质量信息数字化技术规范体系，构筑信息化时代中药质量基础条件；建设体系化的中药质量信息大数据平台，建设中药全过程质量信息溯源体系，构建基于全面风险控制的中药安全性保障体系，有效管控中药风险。

十八、突破中药数智化关键技术和装备体系

1. 任务内容

系统构建中药信息化与数字化标准体系，构建基于新型数字技术的中药新药发现、筛选、临床疗效评价等技术体系，打造中药改良型创新技术体系。以技术集成和工艺创新，实现中药生产智能装备模块化、结构化、系列化。通过中药智慧农业、智慧工业、智慧药房、智慧监管等环节关键技术及装备的切入，支撑中药产业降本增效。

2. 发展路径

（1）构建中药生产信息化与数字化标准化体系。制定并发布中药饮片、中成药生产装备的系列行业标准、团体标准，以及物流、信息接口和编码体系规则。

（2）针对中药多活性、弱效应、整合起效的特点，借助信息数智化技术，构建连续、动态、多层次、多维度的指标体系，重构中药新药发现、药效评价与筛选、临床评价等技术体系。

（3）有效利用上市后中药相关数据信息，优化已上市中药的处方工艺、剂型、给药途径，降低研发成本，缩短研发周期。

（4）研发中药智能化生产标准装备模块，构建中药智能化生产设备标准化体系；集成在线监测、人工智能、决策执行等技术、方法和设备，集成中药智能化生产线，构建基于全过程管控的中药智能化生产体系，实现中药精细化、智能化、连续化制造，推动中药制药行业高质量跨越发展。

第二节　面向 2040 年的中国医药卫生领域工程科技发展路线图

随着我国社会老龄化进程的加快和人民生活水平的持续提升，人们对健康消费的需求日趋增强；与此同时，伴随老龄人口的增多，慢性病医疗负担不断加重。为应对这一挑战，需从政策保障、服务优化、技术创新等多个维度协同发力，致力于构建全方位、多层次的健康保障与服务体系，以满足民众日益增长的健康需求，缓解慢性病医疗负担。

本节围绕精准基因编辑，细胞微观动态变化解析，癌症的早筛早诊，再生医学干细胞的定向诱导，慢性病的诊断、预防和治疗，基因疗法，重大传染病的病原鉴定，智能制药生产与监控、中医智能诊断与疗效评价等医药卫生领域发展需求，把握基础研究、高新技术、健康产业等国际趋势，提出医药卫生领域重点任务，遴选选出医药卫生领域发展关键技术、需要优先开展的基础研究方向、重大工程和重大工程科技项目，为全面实现“人人享有健康”的战略目标提供技术保障。面向 2040 年的中国医药卫生领域工程科技发展路线如图 5.1 所示。

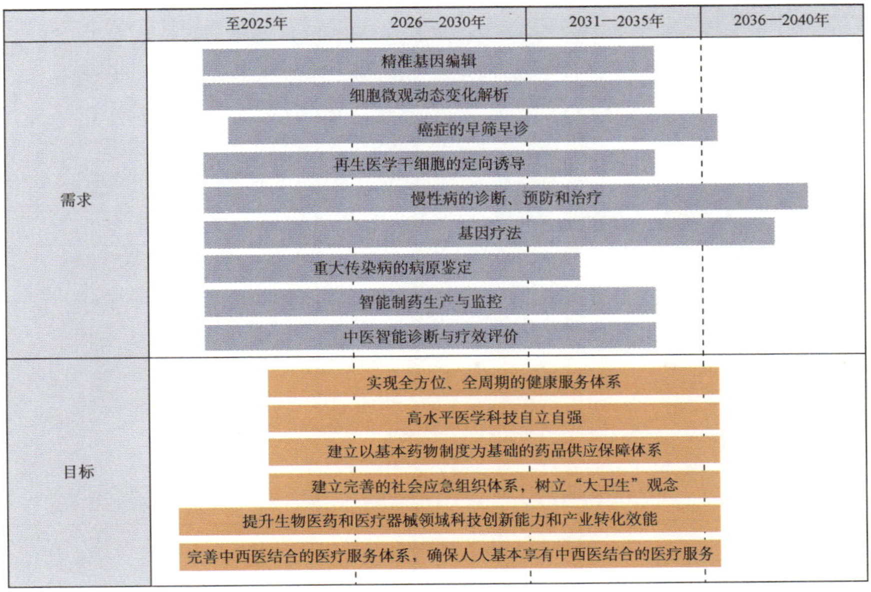

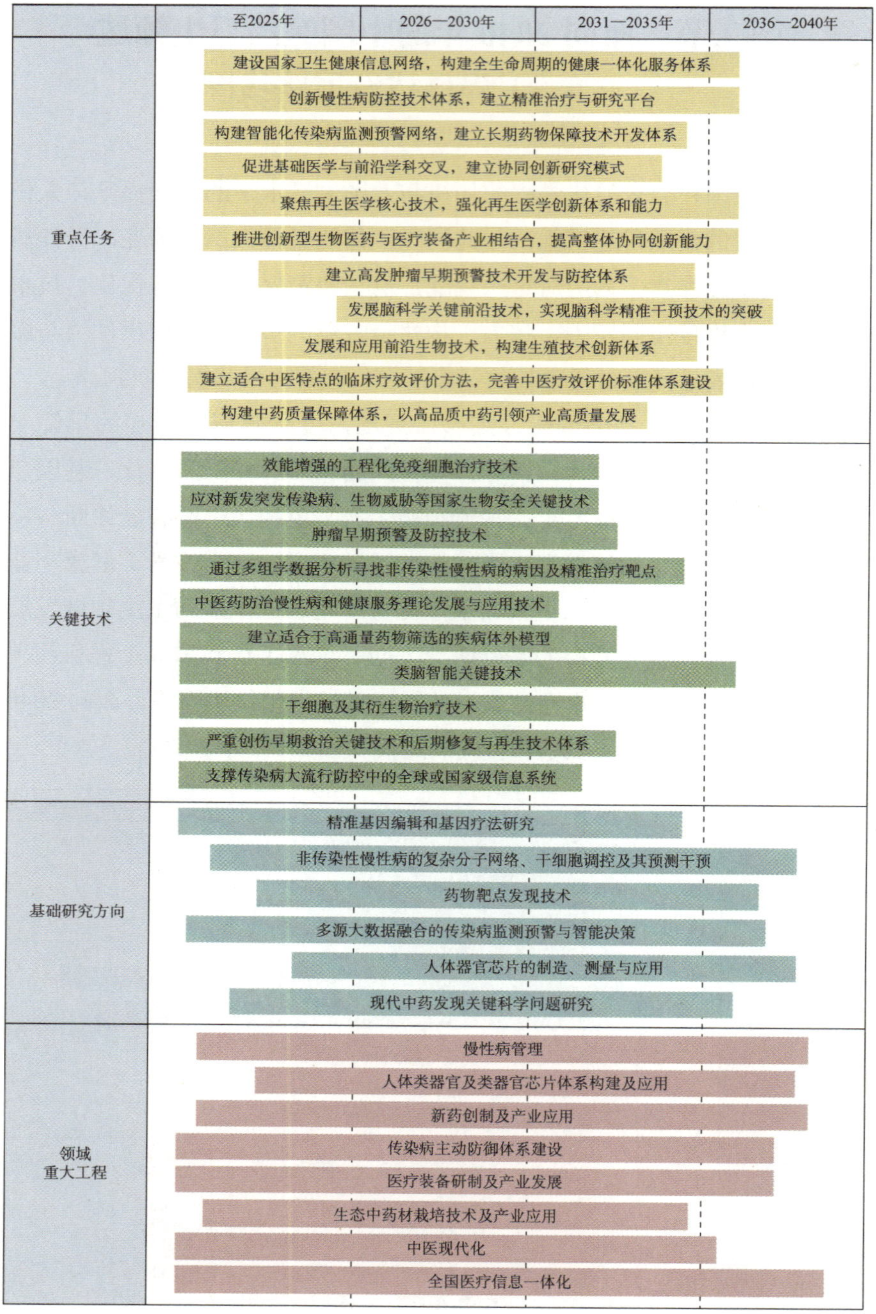
至2025年
2026—2030年
2031—2035年
2036—2040年
重点任务
建设国家卫生健康信息网络，构建全生命周期的健康一体化服务体系
创新慢性病防控技术体系，建立精准治疗与研究平台
构建智能化传染病监测预警网络，建立长期药物保障技术开发体系
促进基础医学与前沿学科交叉，建立协同创新研究模式
聚焦再生医学核心技术，强化再生医学创新体系和能力
推进创新型生物医药与医疗装备产业相结合，提高整体协同创新能力
建立高发肿瘤早期预警技术开发与防控体系
发展脑科学关键前沿技术，实现脑科学精准干预技术的突破
发展和应用前沿生物技术，构建生殖技术创新体系
建立适合中医特点的临床疗效评价方法，完善中医疗效评价标准体系建设
构建中药质量保障体系，以高品质中药引领产业高质量发展
关键技术
效能增强的工程化免疫细胞治疗技术
应对新发突发传染病、生物威胁等国家生物安全关键技术
肿瘤早期预警及防控技术
通过多组学数据分析寻找非传染性慢性病的病因及精准治疗靶点
中医药防治慢性病和健康服务理论发展与应用技术
建立适合于高通量药物筛选的疾病体外模型
类脑智能关键技术
干细胞及其衍生物治疗技术
严重创伤早期救治关键技术和后期修复与再生技术体系
支撑传染病大流行防控中的全球或国家级信息系统
基础研究方向
精准基因编辑和基因疗法研究
非传染性慢性病的复杂分子网络、干细胞调控及其预测干预
药物靶点发现技术
多源大数据融合的传染病监测预警与智能决策
人体器官芯片的制造、测量与应用
现代中药发现关键科学问题研究
领域
重大工程
慢性病管理
人体类器官及类器官芯片体系构建及应用
新药创制及产业应用
传染病主动防御体系建设
医疗装备研制及产业发展
生态中药材栽培技术及产业应用
中医现代化
全国医疗信息一体化

图 5.1　面向 2040 年的中国医药卫生领域工程科技发展路线图

一、基础医学领域

图 5.2 为基础医学领域工程科技发展路线图。

随着全球疾病谱向复杂慢性病与老龄化相关疾病转变，基础医学领域的突破性创新已成为保障人民健康、提升国家科技竞争力的核心驱动力。面向 2040 年，基础医学发展需求主要集中在高发肿瘤的早诊早筛、疾病机制解析、从源头预防生育力降低和出生缺陷、实现类脑智能多场景应用等方面。需以前沿交叉学科为支撑，聚焦精准诊疗技术革新、智能医学体系构建，从源头上降低重大出生缺陷的发生率、患病率、致残率和死亡率，破解重大疾病防治难题，推动医学研究范式从“被动治疗”向“主动干预”转型。

为了实现上述目标，应重点落实以下四项重点任务：①基础医学与前沿学科交叉合作，建立整体协同研究模式；②建立高发肿瘤早期预警与防控体系；③发展脑科学关键前沿技术，实现脑科学精准干预技术的突破；④发展和应用前沿生物技术，构建生殖技术创新体系。

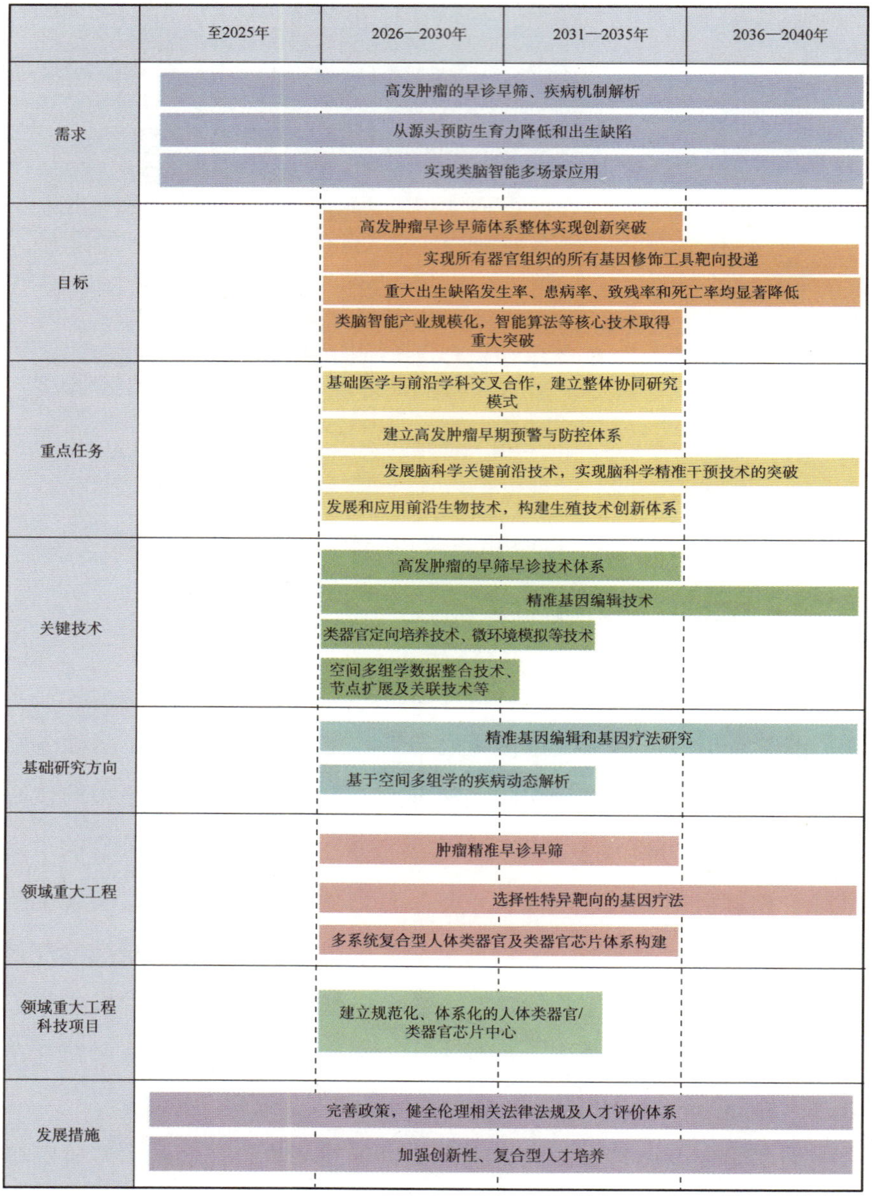

图 5.2　面向 2040 年的中国基础医学领域工程科技发展路线图

重点任务的落实需要关键技术的突破和基础研究的深化。基础医学领域亟须突破的关键技术包括：①高发肿瘤的早筛早诊技术体系所涉及的关键核心技术，包括高通量样本采集技术、微流控阵列技术、多模态数据整合分析技术等；②精准基因编辑技术及基因疗法所涉及的关键核心技术，包括递送系统技术、基因操纵技术、长片段序列合成技术、加工修饰酶文库筛选技术等；③类器官技术所涉及的关键核心技术，包括根据目标需求功能/形态的定向培养技术、微环境模拟、基因修饰技术等；④空间多组学技术所涉及的关键核心技术，包括空间多组学数据整合技术、节点扩展及关联技术、系统评价及节点筛选技术等。

基础研究方向则聚焦在精准基因编辑和基因疗法研究、基于空间多组学的疾病动态解析两个方面。高发肿瘤早筛早诊技术的突破将彻底改变肿瘤的防治模式，实现从“被动治疗”到“主动预防”的跨越。精准基因编辑技术的成熟将推动医学进入“基因修复时代”，催生遗传性疾病、复杂慢性病的治疗及器官修复再生从“通用疗法”到“基因修复”的范式革命，类器官定向培养与微环境模拟技术将重塑药物研发与疾病研究体系，个体化类器官库的建立，将推动“患者专属药效预测”，实现“一人一策”的精准用药。空间多组学技术将揭示疾病的时空动态演化规律，可解析肿瘤微环境异质性、神经退行性病变的扩散路径等核心机制，推动疾病分型从“组织学分类”转向“分子时空分型”。

基础医学领域发展离不开重大工程和重大工程科技项目的支撑。基础医学领域重大工程项目建议集中在肿瘤精准早诊早筛、选择性特异靶向的基因疗法、多系统复合型人体类器官及类器官芯片体系构建三个方面，解析疾病发生发展规律，通过建立规范化、体系化的人体类器官/类器官芯片中心，联合基因编辑等核心技术，促使肿瘤精准诊疗、基因编辑与类器官技术成为个体化诊治的核心支点，以基础研究推动临床转化应用。

二、临床医学领域

1. 内科防治领域

图 5.3 为内科防治领域工程科技发展路线图。

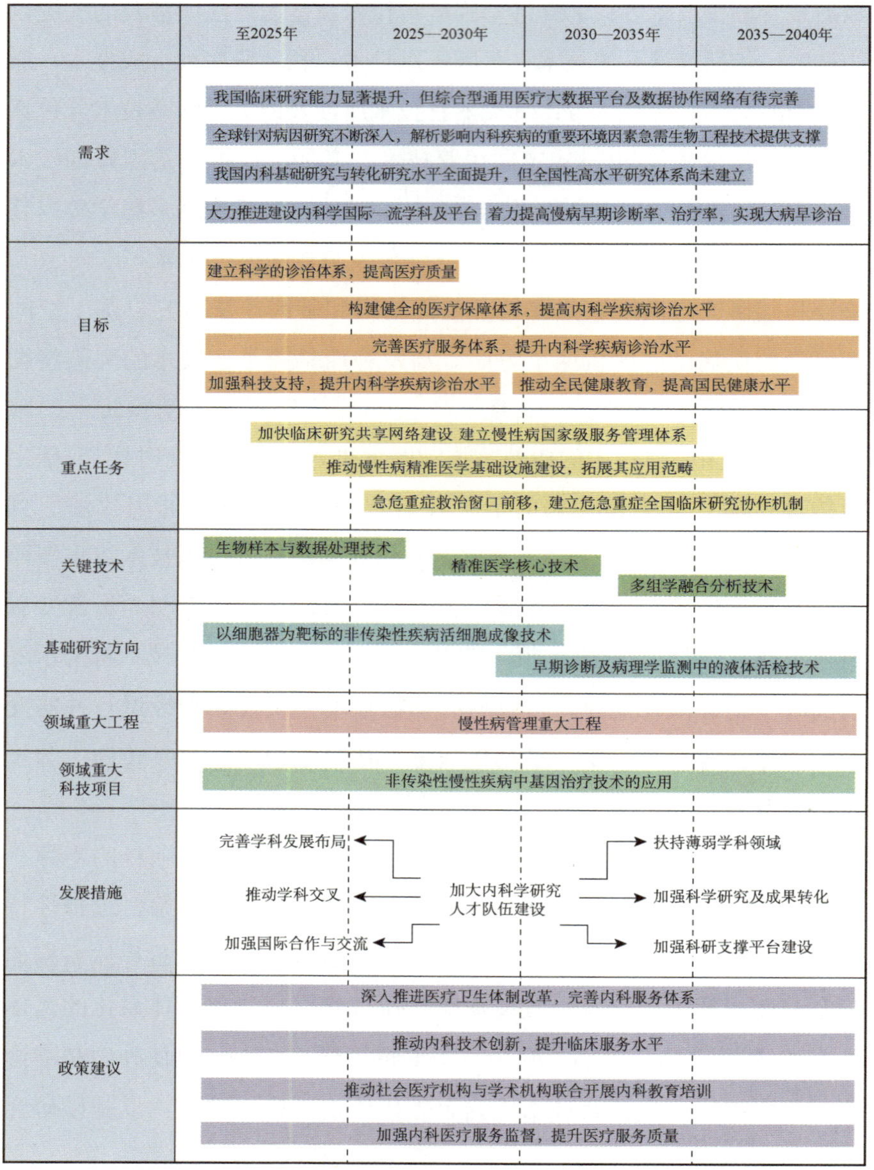

图 5.3　面向 2040 年的中国内科防治领域工程科技发展路线图

面向 2040 年，内科防治领域发展的需求主要集中在五个方面：①完善综合型通用医疗大数据平台及数据协作网络平台建设；②解析影响内科疾病的重要环境因素急需生物工程技术提供支撑；③全国性高水平研究体系尚未建立；④大力推进内科国际一流学科及平台建设；⑤着力提高慢性病早期诊断率、治疗率，实现大病早诊治。具体目标包括：①建立科学的诊治体系，提高医疗质量；②构建健全的医疗保障体系，提高内科学疾病诊治水平；③完善医疗服务体系，提升内科学疾病诊治水平；④加强科技支持，提升内科学疾病诊治水平；⑤推动全民健康教育，提高国民健康水平。这些目标的实现将为内科防治领域发展提供动力和保障。

为了实现上述目标，应重点落实以下三项重点任务。

（1）加快临床研究共享网络建设，建立慢性病国家级服务管理体系。临床研究共享网络，能够整合分散的临床研究资源，实现数据的高效流通与共享；不同地区、不同机构的研究成果得以汇聚，避免重复研究，提升研究效率，为慢性病的深入研究奠定坚实基础。建立慢性病国家级服务管理体系，则是从宏观层面为慢性病防治提供保障。该管理体系能够统筹各方资源，规范服务标准，从疾病的预防、诊断到治疗、康复形成一体化的服务链条，为慢性病患者提供更系统、更全面的管理与服务。

（2）推动慢性病精准医学基础设施建设并拓展其应用范畴。精准医学基础设施的完善，有助于借助先进技术手段，如基因检测、大数据分析等，实现对慢性病的精准诊断与个体化治疗；拓展其应用范畴，能让更多慢性病患者受益于精准医学，提高治疗效果，改善生活质量，为慢性病防治开启全新局面。

（3）危重症救治窗口前移，建立全国临床研究协作机制。整合各地医疗资源，实时共享救治数据与经验，在面对急性重大创伤、心肌梗死等危急状况时，基层医院可在上级医院的指导下第一时间展开有效救治，缩短患者等待时间，提高抢救成功率。汇聚全国慢性病数据，助力科研人员分析疾病规律，加速新药研发，为患者提供更科学的诊疗方案。

重点任务的落实需要关键技术的突破和基础研究的深化。内科防治领域亟须突破以下关键技术。

（1）生物样本与数据处理技术。为提升原创成果及转化，需在生物样本库与数据库建设技术上取得突破。要实现高效、精准地存储、管理和分析海量生物样本及临床数据，确保数据的长期稳定性、安全性与可追溯性，便于从中挖掘有价值的信息，为科研成果转化及慢性病诊疗优化提供支撑。

（2）精准医学核心技术。推进慢性病精准医学发展，要突破基因组学检测技术，实现快速、低成本、高精准的基因检测；同时，提升计算机模拟技术在疾病预测与治疗方案制定中的准确性与可靠性，为精准医学提供强大的技术支撑。

（3）多组学融合分析技术。综合运用基因组学、细胞生物学、动物建模及计算机模拟等技术研究疾病机制，需解决不同技术数据的融合分析难题。开发能够整合多源异构数据的算法与软件平台，实现对疾病从基因到细胞、从动物模型到计算机模拟全方位数据的深度挖掘与分析，为药物靶点发现及药物研发提供有力支持。

基础研究方面需重点发展：①以细胞器为靶标的非传染性疾病活细胞成像技术，在细胞存活状态下，动态、精准观察细胞器变化，捕捉疾病早期细微异常，为非传染性疾病早期诊断提供直观依据；②早期诊断及病理学监测中的液体活检技术，通过分析血液等体液中的生物标志物，无创或微创地获取疾病信息，助力疾病进程监测与疗效评估。基础研究的进步将为非传染性疾病诊疗带来新突破，不仅可为疾病的早期诊断提供依据，还能助力开发更具针对性的治疗药物，为攻克非传染性疾病带来新希望。

推进内科防治领域发展离不开重大工程和重大工程科技项目的支撑。内科防治领域的重大工程建议为慢性病管理重大工程；重大工程科技项目建议聚焦整合医疗资源，搭建专业平台，借助大数据、人工智能等技术，实现对高血压、糖尿病等常见慢性病的全程精准监控。从患者的日常健康管理、疾病风险预警，到个体化治疗方案制定与调整，全方位提升慢性病管理水平，有效改善患者生活质量。

为了确保内科防治领域目标的实现，从政策建议方面，在医疗卫生领域，深入推进医疗卫生体制改革刻不容缓。应着重完善内科服务体系，从优化医院科室布局、合理配置医疗资源入手，确保患者能够便捷、高效地获取内科诊疗服务。积极推动内科技术创新，鼓励医疗机构与科研单位合作，加大对新型诊断技术、治疗手段的研发投入，如精准医疗技术、微创治疗技术等，以此提升临床服务水平，为患者带来更优质、更有效的治疗方案。大力推动社会医疗机构与学术机构联合，开展丰富多样的内科教育培训活动。一方面，为在职医务人员提供持续进修的机会，更新知识体系；另一方面，培养高素质的后备人才。同时，加强内科医疗服务监督至关重要，建立健全严格的监督机制，从医疗质量、服务态度等多维度进行考核评估，切实提升医疗服务质量，让患者在就医过程中感受到全方位的关怀与保障。最终实现改革医疗卫生体制，完善内科服务体系，推动技术创新与人才培养协同发展，提升医疗服务质量，为患者带来更多福祉。

2. 口腔及眼耳鼻喉领域

图 5.4 为口腔及眼耳鼻喉领域工程科技发展路线图。

面向 2040 年，口腔及眼耳鼻喉领域发展的主要需求为深入探究口腔及眼耳鼻喉疾病的发病机制，构建基于发病机制的精准诊疗体系，具体目标包括口腔及眼耳鼻喉疾病防控体系进一步完善、口腔及眼耳鼻喉疾病精准治疗进一步实现。

为了实现上述目标，应重点落实两项重点任务。①建立口腔及眼耳鼻喉医疗数据大平台，实现个体化精准治疗，具体为建立多中心、多维度的口腔及眼耳鼻喉疾病临床数据库，整合基因组数据、影像学资料、电子病历等医疗信息，推动人工智能在临床治疗的应用，以实现疾病的早期诊断、精准治疗，提升疾病的治愈率与患者生活质量。②建立我国口腔及眼耳鼻喉疾病防控体系。这些任务的实施将提高口腔及眼耳鼻喉疾病的整体诊疗水平。

重点任务的落实需要关键技术的突破和基础研究的深化。亟须突破的关键技术为内耳特异性基因治疗载体设计和内耳靶向基因治疗技

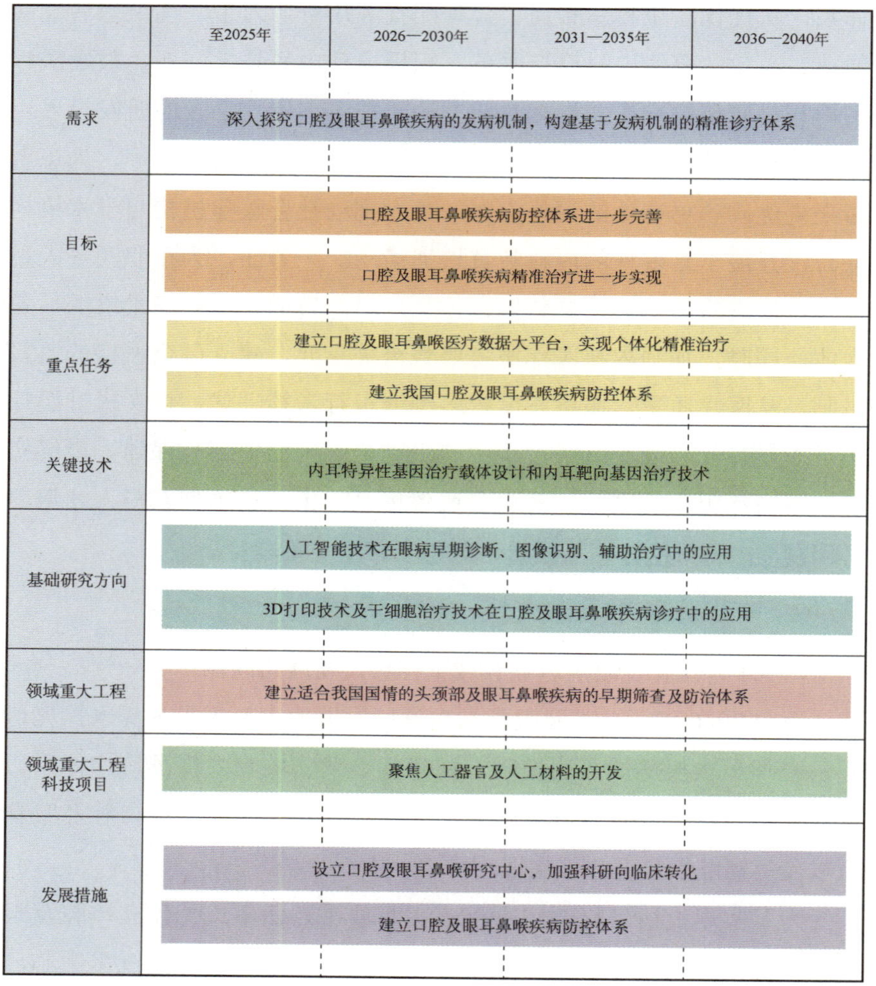

图 5.4　面向 2040 年的中国口腔及眼耳鼻喉领域工程科技发展路线图

术。具体包括：①从遗传学、分子生物学等方面，系统揭示听觉与平衡觉及其相关疾病重要发病机制；②利用已获得的跨内耳血-迷路屏障新靶点及其特异性短肽，开发针对内耳疾病的新型诊断和治疗药物，并进行临床转化试验；③利用内耳靶点特异性短肽修饰基因递送载体，实现内耳靶向基因治疗，并推向临床试验技术。通过关键技术的研发，大力推动口腔及眼耳鼻喉疾病发病机制研究的深入及精准治疗体系的构建。

基础研究方向则聚焦人工智能技术在眼病早期诊断、图像识别、辅助治疗中的应用，以及 3D 打印技术及干细胞治疗技术在口腔及眼耳鼻喉疾病诊疗中的应用。在这些研究的基础上，提高口腔及眼耳鼻喉疾病的基础科学研究向临床应用转化的能力。

推进口腔及眼耳鼻喉领域发展离不开重大工程和重大工程科技项目的支撑。口腔及眼耳鼻喉领域的重大工程建议为建立适合我国国情的头颈部及眼耳鼻喉疾病的早期筛查及防治体系；重大工程科技项目建议聚焦人工器官及人工材料的开发。

为推动我国口腔及眼耳鼻喉领域发展，建议采取以下发展措施：①设立口腔及眼耳鼻喉研究中心，整合优势学科资源，建设共享实验平台，加强科研向临床转化；②建立口腔及眼耳鼻喉疾病防控体系，为口腔及眼耳鼻喉疾病发病机制及精准治疗提供支撑，切实提升我国口腔及眼耳鼻喉疾病的防治水平。

3. 法医学

图 5.5 为法医学领域工程科技发展路线图。

面向 2040 年，法医学领域发展的需求主要集中在三个方面：①建立统一的技术和证据评价体系；②解决技术手段不多、科技含量不高、认定能力不强等突出问题；③实现鉴定意见的科学性、客观性、公正性，以满足司法要求。具体目标包括：①初步建立统一的技术体系和标准体系；②建立统一的证据评价体系；③建立国际先进的法医学精准鉴识技术。这些目标的实现将为满足安全、高效、合规的法医学未来行业发展要求及解决与我国司法实践相关的法医学问题提供强有力的科技支撑。

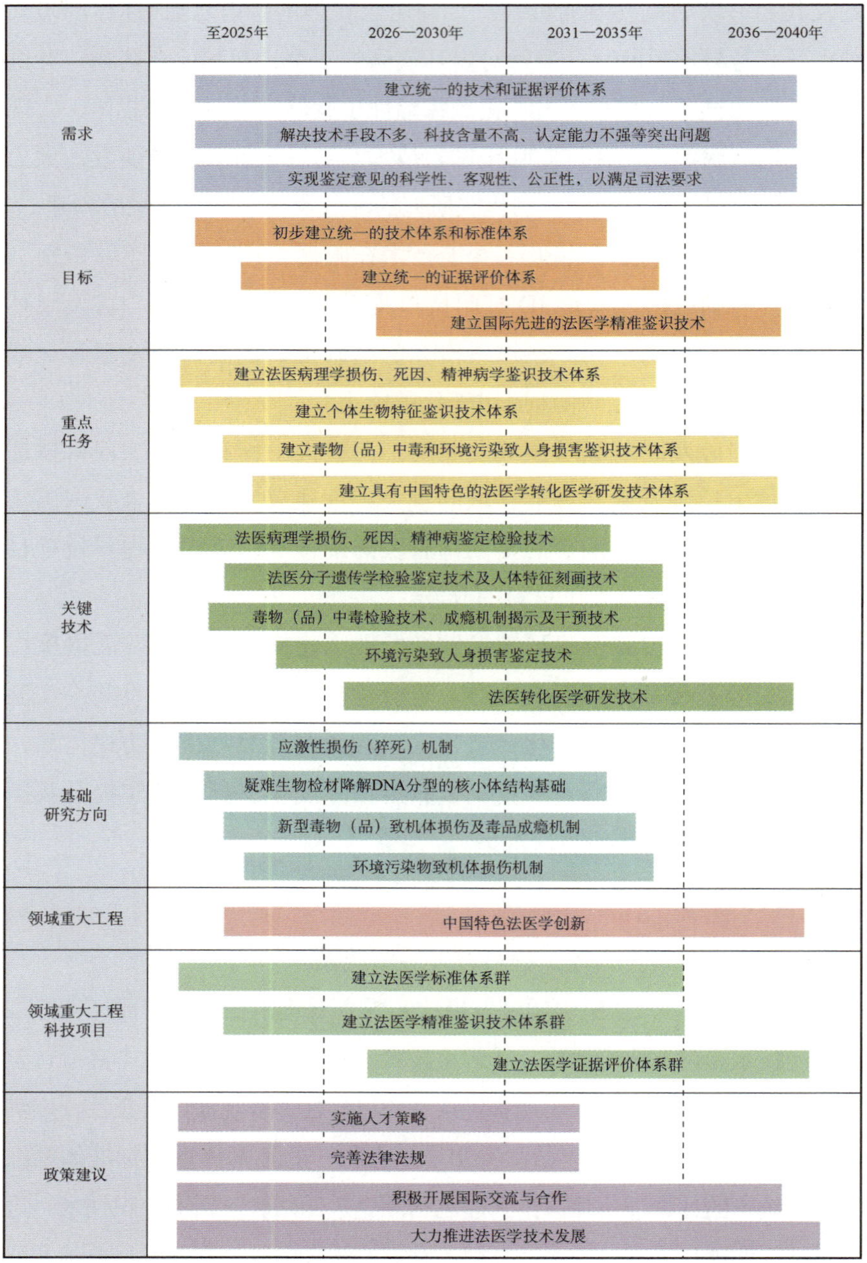

图 5.5　面向 2040 年的中国法医学领域工程科技发展路线图

为了实现上述目标，应重点落实四项重点任务：①建立法医病理学损伤、死因、精神病学鉴识技术体系，通过多维度法医病理学鉴识技术体系的构建，提升法医学在案件侦查和司法审判中的科学性和准确性；②建立个体生物特征鉴识技术体系，为重大案件侦破和身份溯源提供强有力的技术支撑；③建立毒物（品）中毒和环境污染致人身损害鉴识技术体系，推动毒物分析体系现代化转型，提高对环境污染治理的科技支撑能力；④建立具有中国特色的法医学转化医学研发技术体系。这些任务的实施将为法医学鉴识技术的标准化奠定基础，提升我国法医学的专业水平和社会影响力。随着法医学技术体系和标准体系的完善，在多学科融合、大数据与人工智能的支撑下，中国法医学多元化发展需求将得到满足。

重点任务的落实需要关键技术的突破和基础研究的深化，法医学领域亟待突破以下五项关键技术。

（1）法医病理学损伤、死因、精神病鉴定检验技术。当前司法鉴定领域普遍存在技术手段单一、客观指标匮乏、主观判断依赖性强等问题。传统方法缺乏可量化的诊断依据，尤其在复杂死因判定和精神障碍司法鉴定中表现得尤为突出。为突破该瓶颈，应引入多模态影像融合技术（如 CT/MRI 与病理切片结合），开发可量化的组织损伤分析方法；同时，建立以特异性分子标志物为基础的死因诊断技术。在精神病鉴定方面，可整合脑电/结构影像等多维数据，构建客观的精神障碍生物特征评估体系，辅以人工智能分析技术，提升司法鉴定的科学性与标准化水平。

（2）法医分子遗传学检验鉴定技术及人体特征刻画技术。现有的个体识别方法主要依赖 DNA 的短串联重复序列（short tandem repeat，STR）位点分析，对高度降解或混合样本的解释能力有限，且在个体特征刻画方面仍处于初级阶段。需推广高通量测序在法医学中的应用，实现对 SNP、插入/缺失（insertion-deletion，InDel）、线粒体脱氧核糖核酸（mitochondrial DNA，mtDNA）等多类遗传标记的高效分析，以提高个体特征刻画的水平。需开发外貌预测模型，结合表观遗传学手段进一步揭示个体的年龄、吸烟史及生活习惯等动态特征。此外，需建立高分辨识别算法，实现混合样本分析中多贡献者成分的精准分离，提升复杂案件的解析效率。

（3）毒物（品）中毒检验技术、成瘾机制揭示及干预技术。当前新型毒品种类繁多、结构复杂，传统检测方法难以应对；成瘾机制的研究仍缺乏系统性，干预手段有限。为实现突破，应构建超高灵敏度、多维识别的毒物检测平台，结合代谢组学手段，绘制新型毒品体内代谢路径及作用网络；基于转基因动物模型与类器官，深入探索毒品成瘾的多系统协同作用机制，并开发以神经调控[如电针、重复经颅磁刺激（repeated transcranial magnetic stimulation，rTMS）]、免疫干预为核心的非成瘾性替代治疗策略。

（4）环境污染致人身损害鉴定技术。目前尚缺乏污染物暴露与健康损害之间的明确因果关系判定体系，且损害效应评价方法不够精准，难以满足司法诉讼中的证据标准。可通过构建暴露—累积—损伤的“毒理证据链”体系实现技术突破，揭示污染物对人体的慢性损伤机制；开发特异性损害生物标志物，利用地理空间信息系统重建污染暴露路径，形成暴露量化证据，并与司法逻辑对接，构建环境损害司法评价标准体系，推动污染致人身损害鉴定的科学化、标准化进程。

（5）法医转化医学研发技术。当前，由于缺乏高效的成果转化路径及产品化落地机制，基础研究成果难以转化为实际司法工具。应强化以实战需求为导向的技术攻关；开发标准化、模块化法医专用检测试剂与仪器；建设法医大数据平台，集成真实案例数据、样本信息等，服务于科研模型训练与验证；探索人工智能辅助司法判定模型，用于死亡时间推断、致伤工具分析等高难度领域，为法医学研究成果转化提供新动能。

基础研究方向则需要聚焦：①应激性损伤（猝死）机制研究；

②疑难生物检材降解 DNA 分型的核小体结构基础研究；③新型毒物（品）致机体损伤及毒品成瘾机制研究；④环境污染物致机体损伤机制研究。这些关键技术的突破和基础研究的深化，将推动我国法医学鉴定的科学公信力进一步提升，为司法审判提供更具国际认可度的技术标准体系。这不仅有助于提升法医学研究在司法实践中的应用效果，也为社会的安全与公正提供了有力保障。

推进法医学领域发展离不开重大工程和重大工程科技项目的支撑。法医学领域的重大工程建议为中国特色法医学创新；重大工程科技项目建议聚焦法医学标准体系群、法医学精准鉴识技术体系群，以及法医学证据评价体系群的建立。这些重大工程和科技项目的实施，将大幅提升我国法医学鉴定的科学性、准确性和可靠性，推动具有中国特色的法医学技术的广泛应用，提升我国在国际法医学领域的影响力和竞争力，为维护社会公平正义及打击犯罪提供强有力的支持。

为了确保中国特色法医学创新目标的实现，在政策建议方面，建议实施人才策略，建立多层次、多领域的人才培养体系；加强完善法律法规，为法医学的创新发展提供良好的法治环境；积极开展国际交流与合作，促进国内法医学研究的多元化和国际化；大力推进法医学技术发展，提升社会治理的现代化发展水平。这些政策将加速中国特色法医学创新目标的实现，为法医学在司法公正、社会安全等领域发挥更大的作用创造条件。

4. 再生医学

图 5.6 为再生医学领域工程科技发展路线图。

面向 2040 年，再生医学领域发展的需求为：满足我国创伤早期组织修复与再生，后期组织器官修复与移植的临床需求，建立安全有效、稳定可靠的再生技术。具体目标包括：①提高我国组织修复与再生的救治水平；②满足患病人群对组织及器官修复或移植的需求。

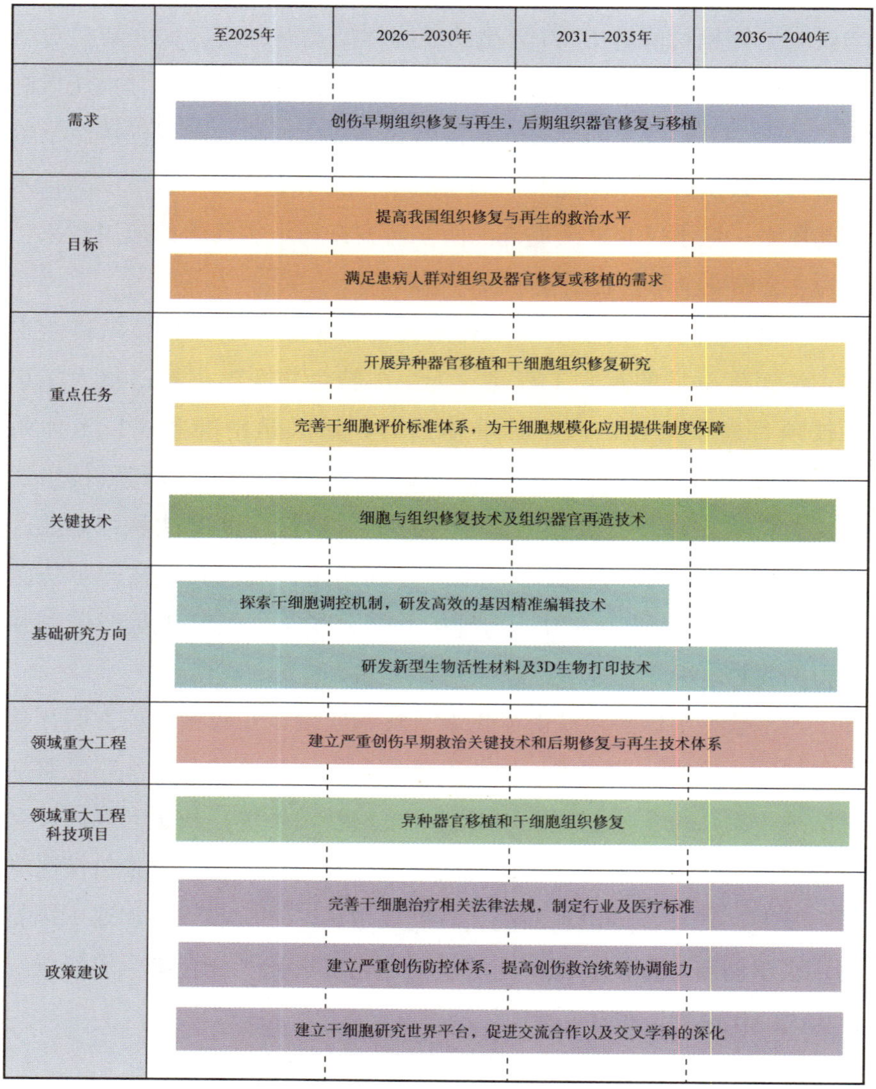

图 5.6　面向 2040 年的中国再生医学领域工程科技发展路线图

再生医学领域需聚焦核心技术攻关，强化创新体系和能力，重点落实两项重点任务。①开展异种器官移植和干细胞组织修复研究，深入开展干细胞因子药物与干细胞治疗的临床前及临床应用研究；建立覆盖多地区干细胞资源库，推动基础医学研究成果向临床应用的转化。②完善干细胞评价标准体系，为干细胞规模化应用提供制度保障。这些任务的实施将为提高我国组织修复与再生的救治水平、满足患病人群对组织器官修复及移植的需求提供技术支撑和制度保障。

重点任务的落实需要关键技术的突破和基础研究的深化。再生医学领域亟须突破的关键技术为细胞与组织修复技术及组织器官再生技术。具体包括：①深入研究干细胞的增殖调控机制，优化细胞培养体系，实现干细胞在体外的大规模、高活性扩增，为细胞治疗及组织工程提供充足的细胞来源；②从分子设计层面出发，运用新型生物材料与先进合成工艺，研发高度仿生的细胞外基质人工模拟物，提升细胞外基质人工模拟物的性能；③综合运用 3D 打印、生物材料支架构建等前沿技术，依据目标组织器官的解剖结构与生理功能，精确构建具有复杂三维结构的组织工程支架，优化组织器官的构建及其生长环境；④以再生医学的基础科学研究成果高效转化为临床应用作为核心任务，发展创新的器官移植技术，着力解决器官与组织移植领域的供需矛盾，构建细胞与组织修复技术的再生医学体系。通过关键技术的突破，大力推动再生医学基础科学研究成果向临床应用转化，开发用于临床治疗的细胞与组织修复技术，以及组织器官再造技术，尤其是人源化异种器官再生的基因编辑技术，为满足人源化动物器官移植的临床需求提供技术保障，最终解决器官与组织移植供需矛盾。

基础研究方向则聚焦：①探索干细胞调控机制，研发高效的基因精准编辑技术；②研发新型生物活性材料及 3D 生物打印技术。通过这些研究，提高再生医学的基础科学研究向临床应用转化的能力，为细胞与组织修复及器官再生在临床上的应用奠定基础。

推进再生医学领域发展离不开重大工程和重大工程科技项目的支撑。再生医学领域重大工程建议为建立严重创伤早期救治关键技术和后期修复与再生技术体系，重点在于探究创伤早期的发生机制与并发症的防治，建立创伤救治网络，以提高对严重创伤和其他原因造成组织损伤的救治水平。重大工程科技项目建议为异种器官移植和干细胞组织修复。

为了促进再生医学的发展，在政策建议方面，建议：①完善干细胞治疗相关法律法规，制定行业及医疗标准；②建立严重创伤防控体系，即早期精准救命、中期快速治愈和后期完美修复与再生，提高创伤救治统筹协调能力，降低早期死亡率和后期伤残率，促进创伤患者生活与工作能力的快速恢复；③建立干细胞研究世界平台，促进交流合作以及交叉学科的深化。这些措施的实施，将为实现组织完美修复与再生打下基础。

三、药学领域

图 5.7 为药学领域工程科技发展路线图。

面向 2040 年，药学领域发展的需求主要集中在三个方面：①满足我国药物创新迈入由仿创结合、跟随式创新逐步转型为以原始创新为主的研发需求；②应对全球贸易保护主义升温，补齐部分产业关键技术短板，降低供应链风险，保障产业升级；③满足突发公共卫生事件下，对未知病原体快速研发诊断试剂、疫苗及治疗药物的需求。药学领域发展的具体目标包括：①组建一批生物医药国家实验室；②攻关新发突发传染病和生物安全风险防控关键核心技术；③培育先进制造业集群；④建立完善的药品供应保障体系；⑤开发临床价值高的原始创新药品；⑥实现生物医药产业高质量发展。

为了实现上述目标，应重点落实以下五项重点任务：①针对突发公共卫生事件建立长期药物保障技术开发体系；②提高基础科学发展及转化应用水平；③开展国产替代，解决药学领域“卡脖子”技术；④建设医药先进制造体系，提高生产过程智能化水平；⑤深入解析疾病发生机制，发掘创新药物靶点和新一代疗法，开展高质量创新药开发。重点任务的落实将有力推动关键核心技术的突破，科技创新与产业创新将深度融合，加速科技成果的转化和产业化，推动药学领域新质生产力的发展。

重点任务的落实需要关键技术的突破和基础研究的深化，为药学领域的创新发展提供强大的动力，推动药学学科的进步，实现高水平科技自立自强。基础研究方面应聚焦下一代基因编辑技术、蛋白质层面新药研发技术、药物靶点发现技术。药学领域亟须突破以下关键技术。

（1）新一代抗体药物研发技术。新一代抗体药物研发技术是在传统单抗的基础上，通过化学链或酶的作用将小分子药物与抗体联合

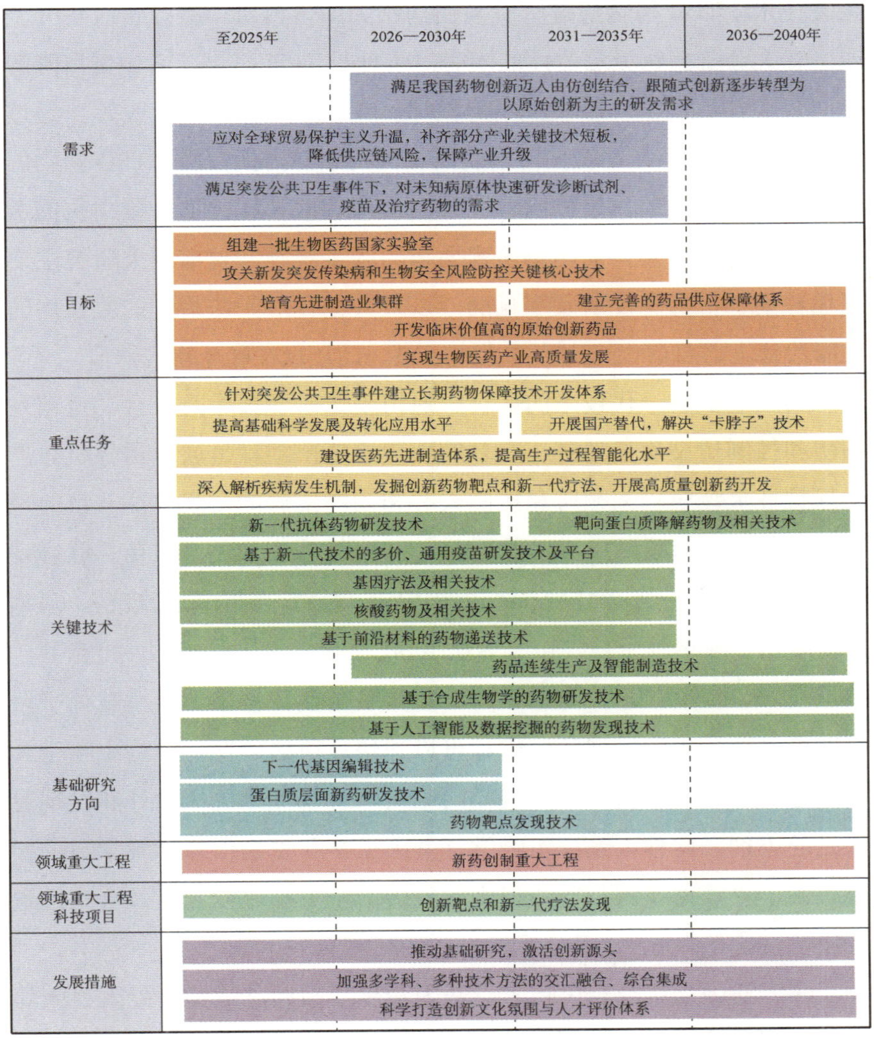

图 5.7　面向 2040 年的中国药学领域工程科技发展路线图

（抗体药物偶联物），或是开发具有两条抗原结合臂的双抗。这种技术能够精准靶向病变细胞或相关靶点，大幅提高免疫及化学治疗的效果。新一代抗体药物研发技术应主要聚焦重大慢性病及新兴传染病的预防与治疗需求。

（2）靶向蛋白质降解（targeted protein degradation，TPD）药物及相关技术。TPD药物通过降解与疾病相关的蛋白质，治疗传统小分子或生物大分子药物无法治疗的疾病。小分子TPD药物，诸如蛋白降解靶向嵌合体、CRBN-E3连接酶调节剂（CELMoD）、分子胶等，通过泛素-蛋白酶体系统，靶向降解疾病相关的细胞内蛋白质。TPD药物的优势在于其独特的作用机制、高细胞内渗透性和靶向多种蛋白质的潜力，其有助于突破当前药物研究面临的诸多难题。目前相关研究主要聚焦肿瘤、自身免疫病及罕见病，以及其他目前无法治愈的慢性病的临床治疗上。目前尚未有产品上市，最快的还仅在临床研究阶段。

（3）基于新一代技术的多价、通用疫苗研发技术及平台。疫苗是预防和控制传染病最经济、有效的手段，疫苗接种是通过诱导机体产生保护性免疫应答来预防和控制人类和动物疾病的常规方法。目前现有的疫苗技术有减毒疫苗、灭活疫苗、多糖-蛋白质结合疫苗、联合疫苗、病毒样颗粒（virus like particle，VLP）疫苗、纳米颗粒疫苗、病毒载体疫苗、亚单位蛋白疫苗、多肽疫苗、DNA疫苗、mRNA疫苗等。抗原技术、佐剂技术、递送系统、新型疫苗设计技术、新型载体平台等新型疫苗技术的发展和应用，可以加快疫苗的研发；结构生物学、反向遗传学、材料科学和免疫学的应用，可以优化抗原设计和发现更优良的佐剂。此外，系统生物学、基因组学和生物信息学等学科的发展有助于更好地理解疫苗如何刺激机体产生免疫反应，以及合理地进行疫苗设计。

（4）基因疗法及相关技术。基因治疗是指通过运输、导入、敲除等基因编辑方式，改变患者体细胞内基因功能从而实现改变细胞功能、治疗疾病的一类治疗方式。美国FDA将基因治疗产品分为五类，包括质粒 DNA、病毒载体治疗药物、细菌载体基因治疗药物、基因编辑治疗药物、患者来源的细胞基因治疗产品。基因治疗技术主要分为以病毒为载体的基因递送技术和基因编辑技术两大类。基因递送技术可以采用导入正常基因以缓解自身有缺陷的相关基因，或导入致病基因的抑制性序列［如小分子核糖核酸（micro ribonucleic acid，miRNA）、短发夹 RNA（short hairpin RNA shRNA）等］来降低致病基因的翻译或转录水平。基因治疗药物目前主要聚焦肿瘤、自身免疫病及罕见病，以及目前无法治愈的慢性病的治疗。

（5）核酸药物及相关技术。核酸药物直接作用于靶基点或靶基因，调控基因表达或重新排列核酸碱基序列，通过干扰异常代谢、恢复正常代谢而发挥治疗作用。根据药理作用不同，核酸药物可分为干扰素诱导剂、功能剂、免疫增强剂、抗肿瘤剂以及抗病毒剂等。与传统治疗药物相比，核酸药物能够精准调节基因及蛋白质，有望治愈部分至今未能攻克的疾病。目前，核酸药物获批上市的速度呈加速趋势，多款有潜力成为重磅药物的核酸药物公布了临床数据，覆盖了心血管疾病、代谢性疾病、肝脏疾病以及多种罕见病等领域。随着临床适应证范围越来越广泛，核酸药物将有望成为继小分子化药和抗体药物后的第三大类型药物。

（6）基于前沿材料的药物递送技术。药物递送系统是通过空间-时间-剂量三维调控机制，精准控制药物在生物体内的组织分布、药代动力学行为及生物利用度的技术体系。其核心作用是在适合的时机将适量的药物递送到正确的位置，从而实现药物靶向、药物控释、促进药物吸收、增强药物治疗指数等目的。继微针、胶囊、贴片等体外药物递送技术的发展，胞外囊泡（extracellular vesicle）等载体技术可能成为未来新一代药物递送技术。胞外囊泡作为天然的生物大分子载体，具有免疫原性低、毒副作用小、可携带成分丰富（包括蛋白质、脂质、核酸、糖等）、全身循环、靶向递送等优势，已经被业内公认为最具潜力的递送载体，目前尚在探索性临床研究阶段。

（7）药品连续生产及智能制造技术。智能制造技术将计算机模拟制造业领域专家的分析、判断、推理、构思和决策等智能活动，与智能机器融合起来，实现整个制造企业经营运作的高度柔性化和高度集成化。药品连续生产及智能制造技术，在改进装备本身基本性能的基础上，提升制药设备的集成化、连续化、自动化、数字化、网络化和智能化水平，提升制药装备的合规性与开放性，增强制药装备信息的上传下控和网通互联功能，形成真正的智能化制药装备，实现药品生产全过程的自动化与柔性化批控制与批管理。连续制造技术联合智能化的控制技术，可实现可追溯基础上的药物连续生产，最大限度地提高效率。

（8）基于合成生物学的药物研发技术。合成生物技术是对天然或人工生物元器件进行设计组合，获得重构或非天然的新生命系统的技术，即有目的地设计、改造乃至重新合成生命体，包括设计构建新型人工生物元器件、人工基因组、人工细胞等，是典型的生物学与工程学、信息学、材料学等多学科交叉融合的新兴技术。合成生物学的三大主要技术为基因编辑技术、DNA组装技术、定向进化技术，可应用于药物开发的各个阶段，即从阐明疾病机制，到确定药物靶点，再到规模化生产药物。目前，我国合成生物技术已取得了良好的成绩，应当持续发力，占领前沿技术研究制高点。

（9）基于人工智能及数据挖掘的药物发现技术。在临床科研大数据（医学影像、病理、临床、基因分子等）、药物研发数据和药物行业监管数据的基础上，运用人工智能大模型和大数据处理技术；利用深度神经网络和机器学习等信息技术，建立全链条、全周期和全口径的创新药物研发技术体系，并将其应用于临床前研究阶段的候选新药筛选、发现与优化改造。该技术的开发与应用有利于缩短新药研发周期，降低成本，并且提高新药的研发成功率，具有巨大的应用前景。

建议部署新药创制重大工程，以及创新靶点和新一代疗法发现相关的重大工程科技项目，进一步推动药学领域的创新与发展。从发展措施方面，应推动基础研究，激活创新源头；加强多学科、多种技术方法的交汇融合、综合集成；科学打造创新文化氛围与人才评价体系。通过政策保障，为药学领域发展提供良好的环境以及全方位的支持。

四、公共卫生与预防医学领域

图 5.8 为公共卫生与预防医学领域工程科技发展路线图。

面向 2040 年，公共卫生与预防医学领域发展的需求主要集中在两个方面：①建立高效防控新发传染病网络，提高新发传染病的防控能力；②构建预防为主的强大公共卫生体系，维护人民健康。具体目标包括：①搭建“万物互联”、多点触发的智能化传染病监测和预警平台，深化疾控体系改革全局；②构建预防为主的强大公共卫生体系；③构建全方位、全周期的慢性病防控体系。这些目标的实现将有助于从顶层设计上构建从中央到基层领导有力、权威高效的疾控体系，加快弥补公共卫生体系中的短板，有效提高应对传染病疫情的能力，顺应人民健康发展新趋势和新需求，推动疾控职能从单纯预防控制疾病向全面维护和促进全人群健康转变，为维护人民健康和国家安全提供保障。

为了实现上述目标，应重点落实三项重点任务：①慢性病防控和治疗，个体化健康管理技术；②基于组学大数据的疾病预警和风险评估研究；③发展智能化传染病监测技术，实现传染病快速预警与处理。这些任务的实施旨在建成智能化传染病监测预警技术平台，建立健全“万物互联”的智能化传染病监测预警网络，实现传染病被动防控转为主动防御；通过深化疾控体系改革，开展多学科交叉研究，创新慢性疾控防控手段，医防融合，实现以降低危险因素水平、生活方式干预为主要措施的社区防治，为全面实施健康中国战略提高支撑。

重点任务的落实需要关键技术的突破和基础研究的深化。公共卫生与预防医学领域亟须突破以下关键技术。

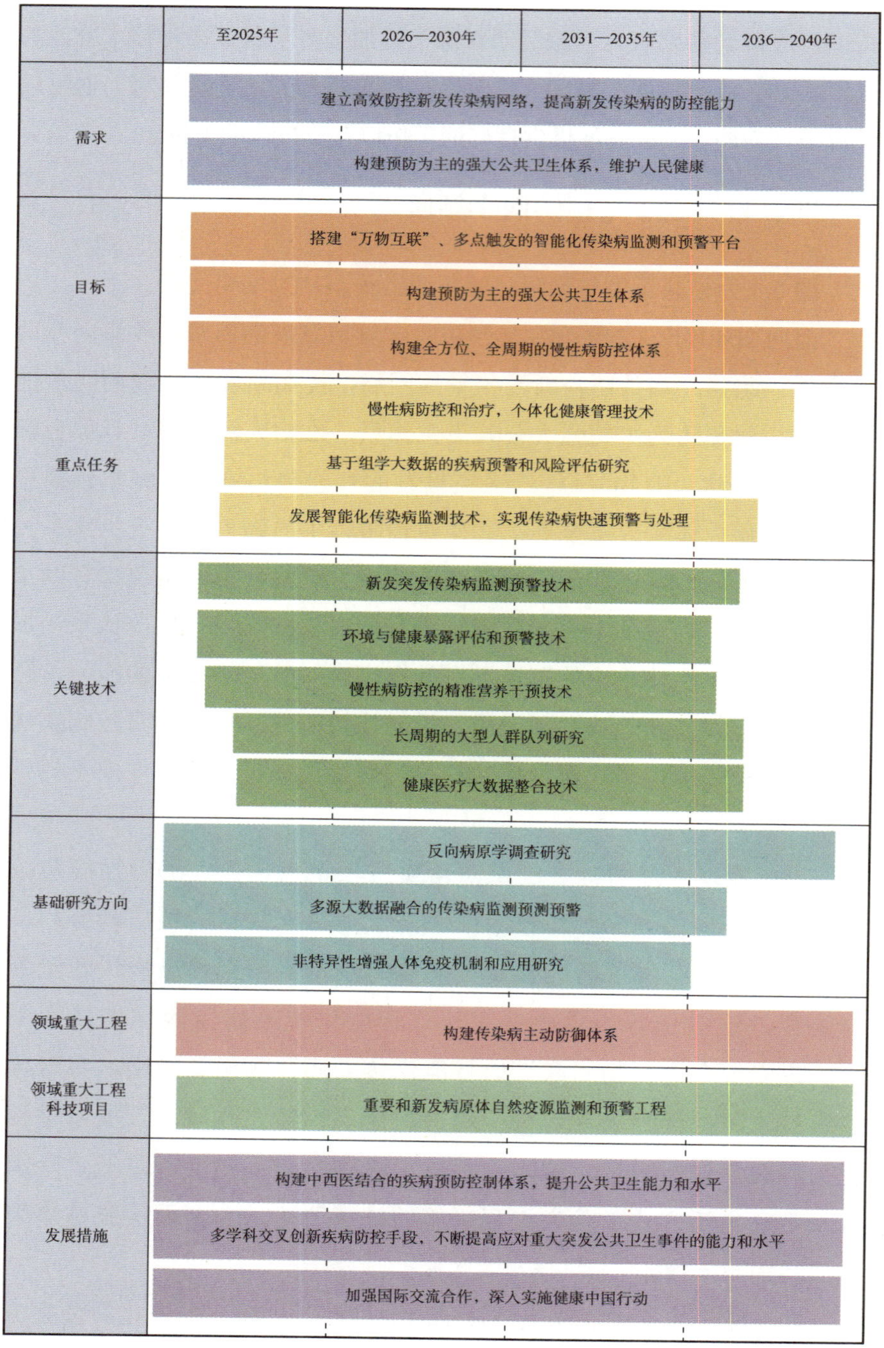

图 5.8　面向 2040 年的中国公共卫生与预防医学领域工程科技发展路线图

（1）新发突发传染病监测预警技术。研发流行病学动态数据采集与分析的工具，加强新发突发传染病防控技术储备（如疫苗、抗体药物等），布局具有创新性的传染病防控关键设备（如拥有自主知识产权的智能化病原体检测设备、第二代和第三代基因测序仪器等）以及病原体鉴定参比数据库，建设用于新发病原微生物研究的高等级生物安全实验室。

（2）环境与健康暴露评估和预警技术。基于我国环境特点，全面评估多地区大气污染、气候变化对健康的风险；研究不同环境新型污染物，以及不同暴露途径和特殊人群（孕妇、青少年等）的健康暴露评估技术。

（3）慢性病防控的精准营养干预技术。针对我国居民遗传背景的食物和营养素的内暴露生物标志物筛选，研究基于膳食结构、烹调方式和膳食时序的多维度膳食干预策略，建立不同基因型、代谢表型和肠道菌群结构对不同膳食整体性的响应机制。

（4）长周期的大型人群队列研究。建设高质量、具有代表性和长周期的中国人群队列和生物样本库，整合电子病历、医疗保险数据和生命统计数据，针对重大慢性病开展系统流行病研究，阐明重大慢性病发生中的环境因素和遗传因素的交互机制。

（5）健康医疗大数据整合技术。整合收集不同来源（跨机构、跨学科）的健康医疗数据，开发医疗数据的存储、整合和分析关键技术，构建健康医疗大数据使用的法律和伦理规范，加强数据安全和隐私保护。

基础研究至关重要，应聚焦以下方面。

（1）在野生动物、媒介生物、极端环境和特殊生境等领域开展反向病原学调查研究，调查病原谱构成和开展生态学研究，对新发现的病原体开展致病性评估和主动快速感知识别。

（2）建立多源大数据融合的传染病监测预测预警体系，主要包括：关注传染病病原体变异、溯源及可能演化方向；病原体变异造成致病性、疫苗有效性改变、免疫逃逸模拟预测；不同自然条件或防控策略下的传染病病原体压力突变及易感性改变模拟预测；传染病病原体基因组智能化识别变异、深度学习重要结合位点亲和力变化预测；基因编辑、人造新病原体智能识别；患者就诊信息自动抓取和智能判断；传染病相关多元数据智能采集、智慧化监测和传输共享、交换；多元大数据高效融合、深度分析、传染病早期信息智能感知和模糊决策、辅助决策等。

（3）通过微生物组技术和方法，开展非特异性增强人体免疫机制和应用研究，主要包括：建设具有增强人体免疫机能的候选菌株资源库，建立体外筛选评价体系；建立抗感染、抗炎、抗过敏以及具有增强疫苗免疫效果的多种动物模型，开展免疫调节功能的体内效果评价和作用机制研究；建立具有增强人体免疫机能的候选菌株应用潜能评价体系，包括临床前的安全性、生物学特性、与机体的作用机制等研究；具有增强人体免疫机能的细菌在人群中的应用效果评价研究。

推进公共卫生与预防医学领域发展离不开重大工程和重大工程科技项目的支撑。公共卫生与预防医学领域重大工程建议为构建传染病主动防御体系；重大工程科技项目建议聚焦重要和新发病原体自然疫源监测和预警工程。针对当前重大和新发传染病疫情预警和主动发现的防控需求，加强面向自然环境、动物、病媒生物、市场等潜在疫源和传播因素与环节的携带病原体系统化检测工作，监测关口前移，评估人群所处环境的传染病风险，实施重大和新发病原的预警式监测，预判和发现新病原。

为了确保传染病智能监测和预警，以及构建强大公共卫生体系目标的实现，从发展措施方面，不断提高应对重大突发公共卫生事件的能力和水平，把保障人民健康放在优先发展的战略位置，坚持预防为主的方针，深入实施健康中国行动，完善国民健康促进政策，织牢国家公共卫生防护网，为人民提供全方位全生命周期健康服务；改革完善疾病预防控制体系，强化监测预警、风险评估、流行病学调查、检验检测、应急处置等职能，多学科交叉创新疾病防控手段，创新医防协同机制，构建中西医结合的疾病预防控制体系。

五、生物医学工程领域

图5.9为生物医学工程领域工程科技发展路线图。

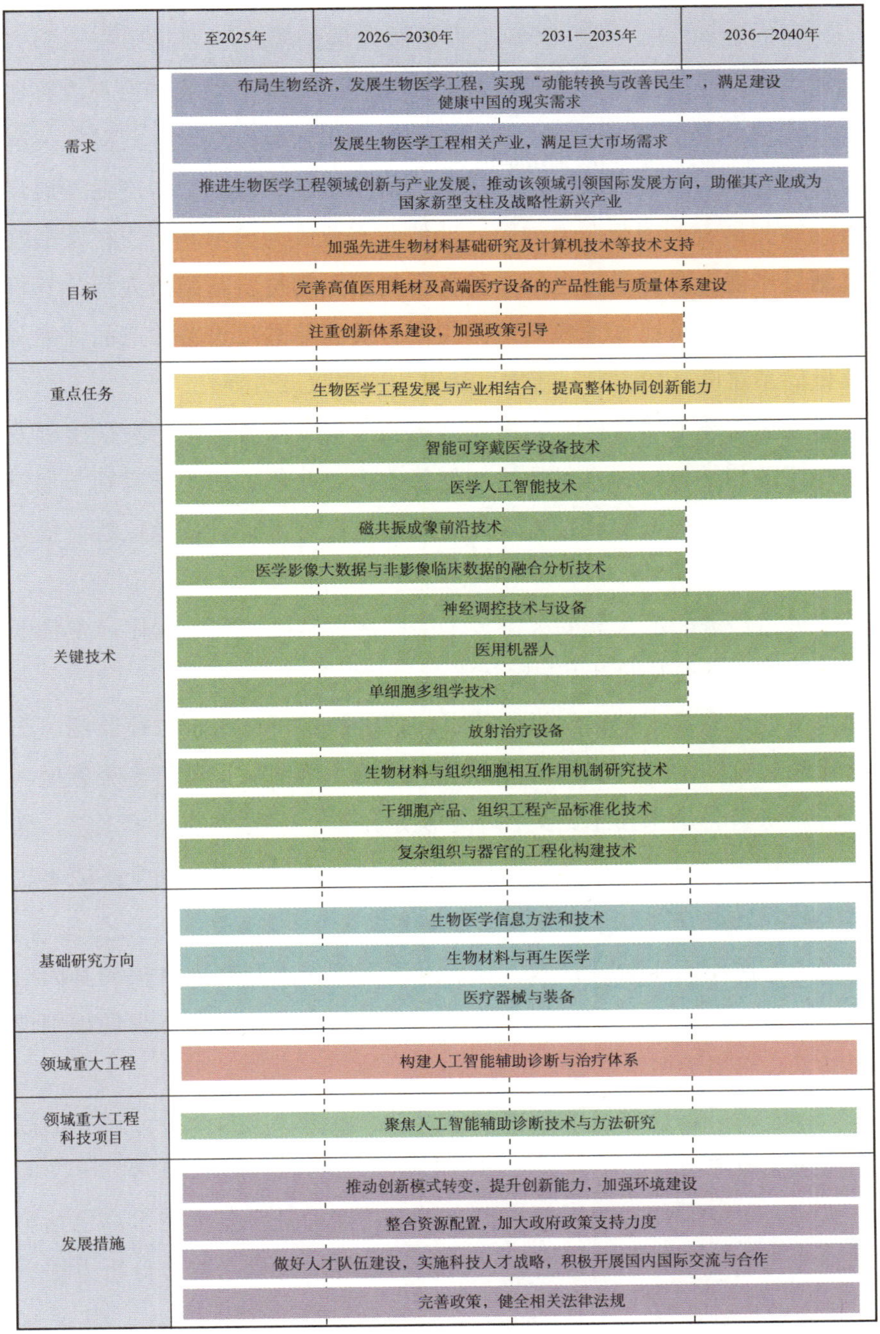

图 5.9　面向 2040 年的中国生物医学工程领域工程科技发展路线图

面向2040年，生物医学工程领域发展的需求主要集中在三个方面：①布局生物经济，发展生物医学工程，实现“动能转换与改善民生”，满足建设健康中国的现实需求；②发展生物医学工程相关产业，满足巨大市场需求；③推进生物医学工程领域创新与产业发展，推动该领域引领国际发展方向，助催其产业成为国家新型支柱及战略性新兴产业。具体目标包括：①加强先进生物材料基础研究及计算机技术等技术支持；②完善高值医用耗材及高端医疗设备的产品性能与质量体系建设；③注重创新体系建设，加强政策引导。

为了实现上述目标，应重点落实相关重点任务：生物医学工程发展与产业相结合，提高整体协同创新能力。此任务的实施有利于加速技术转化与应用，提高技术迭代速度，也有利于整合资源优势，提升国际竞争力。

重点任务的落实需要关键技术的突破和基础研究的深化。生物医学工程领域亟须发展以下关键技术。

（1）智能可穿戴医学设备技术。该类技术可应用于医疗监测、医学诊断、施药治疗、临床研究、药物研发、慢性病管理等多个领域。结合新材料、纳米技术、柔性电子制造工艺、半导体等技术工艺，新型医疗传感器将在灵敏度、微型化、便捷性等方面得到提升，成本也将大幅降低。

（2）医学人工智能技术。基于人工智能技术开展大规模的基因组识别、蛋白质组学、代谢组学等研究和新药研发；多模态影像识别诊断技术，将用于多学科综合辅助诊断。

（3）磁共振成像前沿技术。重点发展微米尺度及毫秒分辨率的高精度快速成像技术、同步术中MRI技术、三维高分辨MRI等。

（4）医学影像大数据与非影像临床数据的融合分析技术。包括影像特征与病理切片、临床数据（认识功能等）跨模态融合分析方法、多模态数据融合等，有助于提高诊断和预后判断的精准度。

（5）神经调控技术与设备。研发用于新适应证临床治疗的创新神经调控设备，重点发展微型化、自适应与闭环控制、远程程控、磁共振兼容等植入式神经调控技术。

（6）医用机器人。攻关智能手术机器人技术，实现腔镜手术机器人的国产化突破，提升骨科手术机器人、神经手术机器人的性能品质，研发一系列专科机器人。

（7）单细胞多组学技术。与人工智能、生物信息学深度融合，开发自动化的多组学数据解析平台，加速基础研究向临床应用的转化。

（8）放射治疗设备。重点研发质子放疗设备、重离子放疗设备及其小型化技术，研发磁共振引导加速器等设备。

（9）生物材料与组织细胞相互作用机制研究技术。重点探索可诱导特定组织细胞再生的三维微环境的形成与表征，阐明材料诱导组织形成的机制和理论基础。

（10）干细胞产品、组织工程产品标准化技术。重点开展基于细胞的模型研究，用于疾病机制、新药研发及毒性测试。

（11）复杂组织与器官的工程化构建技术。建立新型生物反应器、3D打印、组织培养与保存、生物材料与组织细胞相互作用机制、体内评价动物模型等。

基础研究方向则聚焦生物医学信息方法和技术、生物材料与再生医学、医疗器械与装备。

推进生物医学工程领域发展离不开重大工程和重大工程科技项目的支撑。生物医学工程领重大工程建议为构建人工智能辅助诊断与治疗体系；重大工程科技项目建议聚焦人工智能辅助诊断技术与方法研究，以提升医疗诊断效率与准确性，实现医疗资源优化配置，并促进疾病早期筛查与预防。这些工程和项目的实施，能够促进学科间的交叉融合与知识共享，为生物医学工程领域注入新的活力，开拓创新研究思路，推动行业可持续发展。通过重大工程科技项目的引领，我国在该领域有望形成完整的产业链，提升我国生物医学工程产业在国际市场上的竞争力，促进产业结构优化升级。

为了确保目标的顺利达成，在发展措施层面需多管齐下，全方位推进。

（1）推动创新模式转变，提升创新能力，加强环境建设。要积极引入产学研深度融合的新型创新模式。鼓励高校、科研机构与企业构建长期稳定的合作关系，共同开展关键技术攻关项目。高校与科研机构凭借其前沿的学术理论和先进的实验设备，为创新提供理论支撑和技术原型；企业则依据市场需求和丰富的实践经验，助力技术的产业化落地。通过这种强强联合，促使创新成果能够高效地从实验室走向市场。政府及相关部门应加大对科研基础设施的投入，打造一批具有国际先进水平的科研平台，如生物医学大数据分析中心、人工智能医学影像研究实验室等，为科研人员提供良好的硬件环境。同时，完善科研项目管理机制，简化项目申报流程，推行"揭榜挂帅"等制度，让有能力、有想法的科研团队和个人能够脱颖而出，充分激发创新活力。

（2）整合资源配置，加大政府政策支持力度。一方面，对现有的医疗科研资源、产业资源进行全面梳理与整合，打破部门、地区之间的资源壁垒，构建全国性的生物医学工程资源共享平台。另一方面，政府应出台一系列针对性强的政策，在产业规划方面，明确重点发展区域和产业集群，引导资源向优势地区和企业集聚；在金融支持方面，鼓励金融机构开发针对生物医学工程企业的创新金融产品，如知识产权质押贷款等，拓宽企业融资渠道。

（3）做好人才队伍建设，实施科技人才战略，积极开展国内国际交流与合作。在人才培养方面，高校要优化生物医学工程专业设置，增加人工智能、大数据分析等相关课程，培养跨学科复合型人才。企业要与高校联合开展实习实训项目，让学生在实践中提升专业技能。在国际交流合作方面，支持科研团队和企业参与国际学术会议、国际合作项目，引进国外先进技术和经验，提升我国在该领域的国际影响力。

（4）完善政策，健全相关法律法规。政府应尽快制定和完善人工智能医疗应用的相关政策，明确技术准入标准、数据使用规范、产品审批流程等。例如，出台严格的数据安全保护政策，确保患者医疗数据在采集、存储、传输、使用等环节的安全性和隐私性。在法律法规建设方面，针对人工智能辅助诊断可能引发的医疗责任界定、算法歧视等问题，加快立法进程，为人工智能辅助诊断技术的健康发展提供坚实的法律保障，营造规范有序的市场环境。

六、中医药领域

1. 中医领域

图 5.10 为中医领域工程科技发展路线图。

面向 2040 年，中医领域发展的需求主要集中在两个方面：①服务健康中国战略；②推动中医药现代化。具体目标包括：①中医药应对突发传染病的能力进一步加强；②中医药慢性病防治体系进一步完善；③中医药疗效评价方法体系进一步完善；④中医理论科学内涵进一步阐释；⑤中医药数字化、智能化、标准化进一步实现。这些目标的实现将为中医药在全球范围内的推广提供坚实的基础。

为了实现上述目标，应重点落实三项重点任务：①利用信息化技术建立“互联网+中医”慢性病防治体系，通过数字化手段提升中医药在慢性病管理中的效率和精准度；②强化中医药关键核心技术装备攻关，推动中医药智能化转型，强化国家中医药科技创新体系化能力；③建立适合中医药特点的临床疗效评价方法和完善中医药标准体系。这些任务的实施将为中医药现代化提供技术支撑和理论依据，助力中医药进一步巩固在现代医学体系中的地位。随着人工智能和大数据技术的快速发展，中医药的数字化转型不仅是技术升级，更是对传统医学理论的现代化表达，为中医药走向世界奠定了技术基础。

重点任务的落实需要关键技术的突破和基础研究的深化。中医领域亟须发展以下关键技术。

（1）以中医学领域工程科技为内核的“互联网+中医药”和中医药可度量技术。适应“互联网+”新形态时代发展需要，以中医药大数据平台建设为基础，推动中医药网络化发展，实现中医健康管理咨询信息化、智能化。

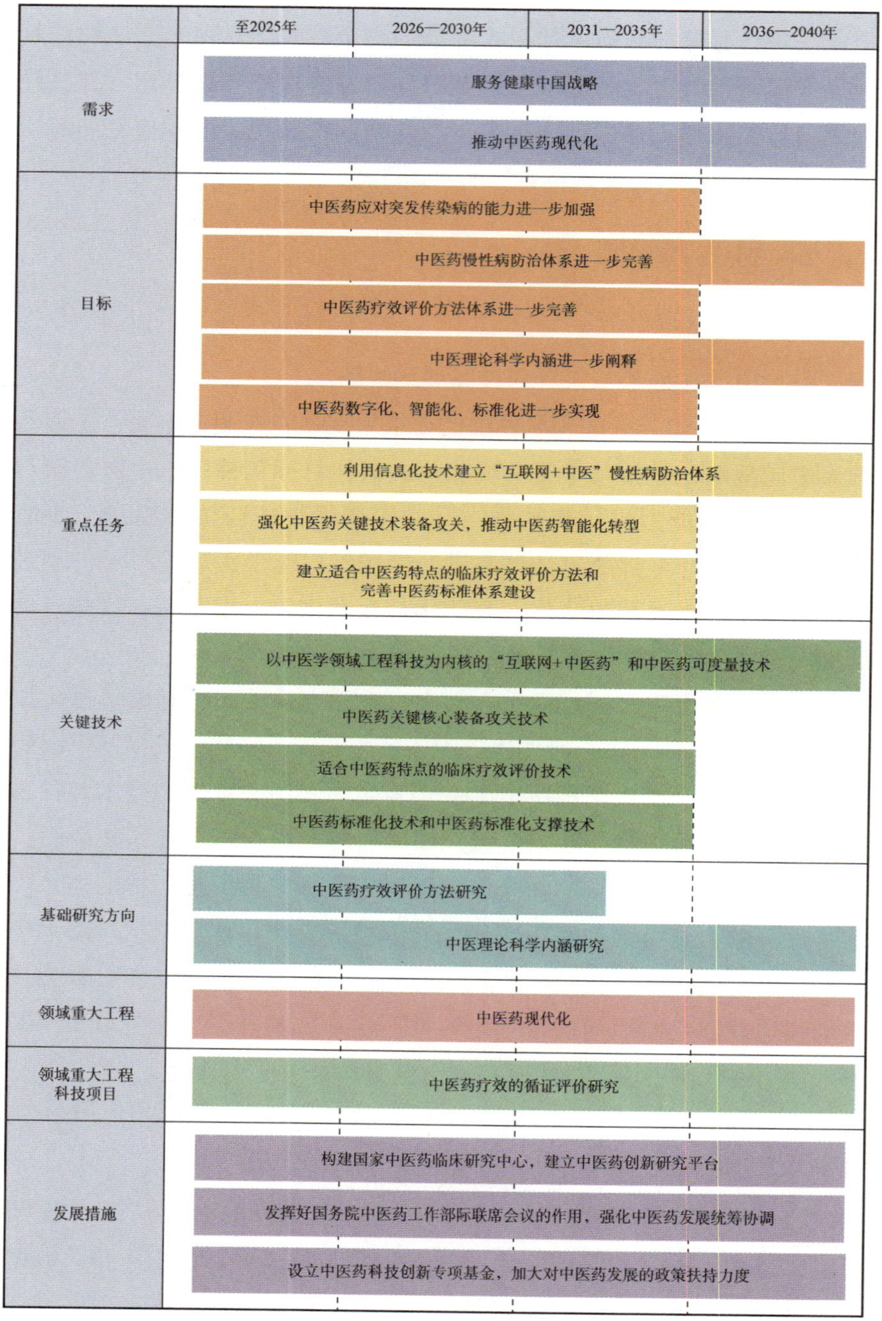

图 5.10 面向 2040 年的中国中医领域工程科技发展路线图

（2）中医药关键核心装备技术。形成多元主体协同创新的高效组织模式，打造多维度、多循环的关键技术供给体系和对内对外开放合作格局；建立中医药关键技术装备设计制造的理论方法与关键技术，形成系列中国原创并引领国际的标准和专利框架；通过跨界融合，突破新技术，研制新装备，加快科技创新步伐，推动中医学领域的高质量发展，培育新业态，重塑产业新格局。多领域、多技术的融合是实现中医学领域工程科技高质量发展的必然路径和技术保障。

（3）适合中医药特点的临床疗效评价技术。加强中医药标准体系和标准化建设，开展中医药循证医学研究，构建我国主导、国际认可的中医药循证医学方法学体系。运用工程科技理念思路和系统科学、复杂科学的理论方法，探索建立系统和综合的医学方法体系解释中医药原理。针对传统证据生产转化模式存在的长时间、片段化、低质量、低效率，以及人力和资源的浪费问题，构建中医药临床证据的系统化生产和高效率转化技术平台，并进行数据库的建设。围绕多中心临床研究、安全性研究的质控问题，建立中药临床试验全程质控技术和安全性评价真实世界研究系列关键技术；利用真实世界研究的数据支持，建立及推行规范化的信息采集体系，在此基础上，制定及实施与疗效评价相关的统计算法设计和评价原则。针对中药适应证宽泛、临床定位不清和临床试验结果指标问题，建立中药临床特点循证定位技术，并构建了中医药核心指标集及中医特色指标体系。

（4）中医药标准化技术和中医药标准化支撑技术。提升理论研究对中医药标准化发展的支持力度，强化中医药科研成果向标准转化的基本条件和技术方法研究。在基础、技术、管理等领域制定中医药标准，进一步提升中医药标准的质量，为中医药事业发展提供技术支撑。基础研究方向则聚焦中医药疗效评价方法研究和中医理论科学内涵研究。通过这些研究，中医药的科学性和可信度将进一步提升，为中医药向国际范围推广奠定基础。尤其是在中医药疗效评价方面，结合现代医学的循证研究方法与中医辨证论治的特色，能够为中医药的现代化提供更为坚实的理论支撑。

基础研究方向则聚焦中医药疗效评价方法研究、中医理论科学内涵研究。

推进中医领域发展离不开重大工程和重大工程科技项目的支撑。中医领域重大工程建议为中医药现代化，通过建立中医药疗效数据库和人工智能辅助诊断系统，实现中医药诊疗的标准化和规范化，为中医药的现代化应用提供技术保障。重大工程科技项目建议聚焦中医药疗效的循证评价研究，通过循证医学方法验证中医药疗效，同时推动中医药技术装备的现代化和智能化。通过这些工程项目的实施，中医药的科学性和技术含量将显著提升，为维护人民健康及临床诊疗过程中提供强有力的支持。

为了确保中医药现代化目标的实现，从发展措施方面，建议：①构建国家中医药临床研究中心，建立中医药创新研究平台，为中医药科研提供硬件支持；②发挥好国务院中医药工作部际联席会议的作用，强化中医药发展统筹协调，确保政策的连贯性和执行力；③设立中医药科技创新专项基金，加大对中医药发展的政策扶持力度，为中医药现代化提供资金保障。通过这些措施的实施，加速推进中医药的现代化进程，为其在医药卫生领域的影响力提升创造条件。同时，加强中医药国际标准的制定和推广，推动中医药在共建“一带一路”合作国家的应用，能够进一步提升中医药在全球医学体系中的地位。

2. 中药领域

图 5.11 为中药领域工程科技发展路线图。

中药领域的中长期发展愿景是提供高价值、高品质、有竞争力的中药产品，为保障人类健康提供中国特色药品方案，实现中药产业高质量发展。面向 2024 年，中药领域工程科技发展需求集中在四个方面：①中药创新及改良产品研发；②中药资源保障和综合利用；③中药生产效率提升和质量保障；④支撑中药产品走向国际。

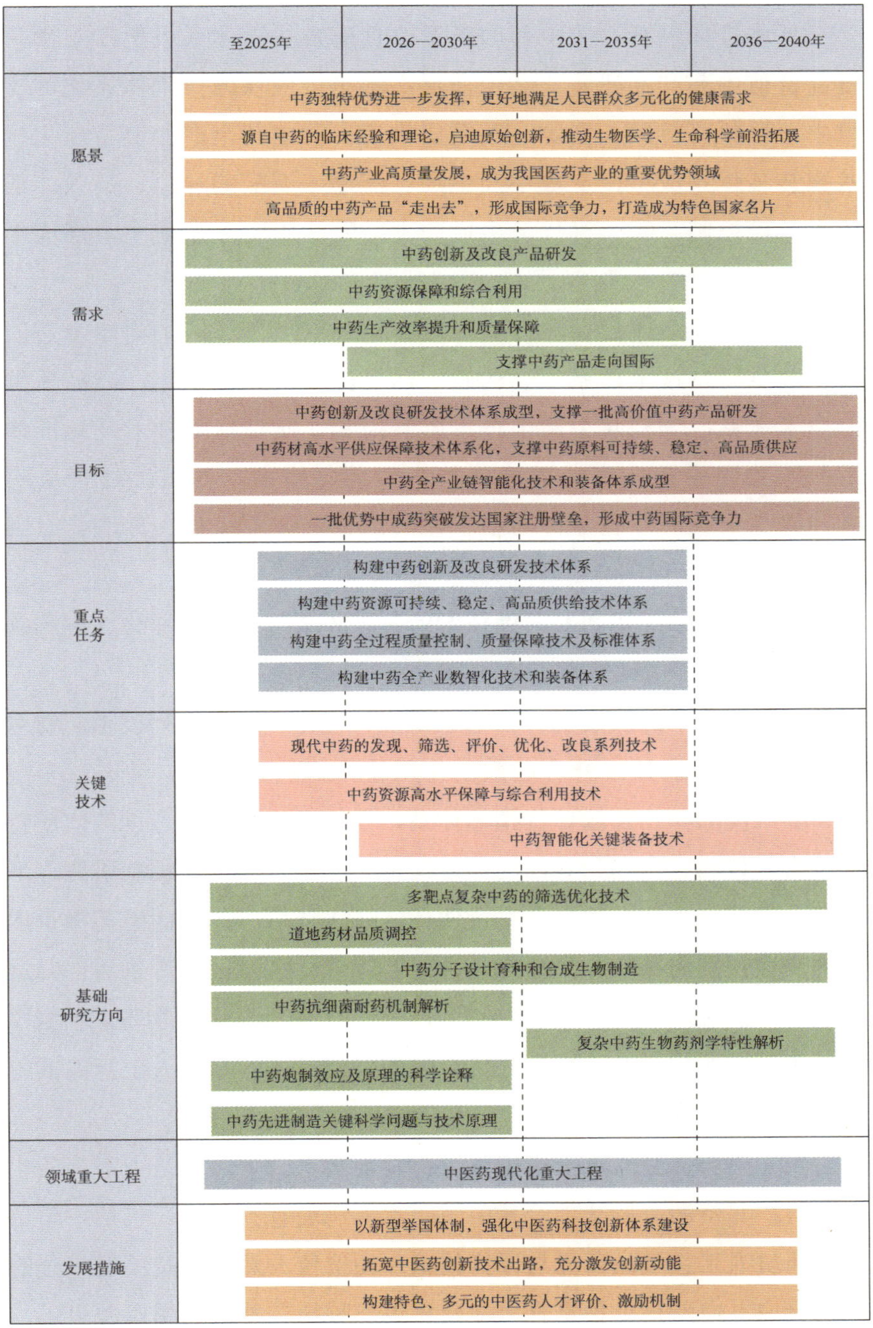

图 5.11　面向 2040 年的中国中药领域工程科技发展路线图

具体目标包括：①中药创新及改良研发技术体系成型，支撑一批高价值中药产品研发；②中药材高水平供应保障技术体系化，支撑中药原料可持续、稳定、高品质供应；③中药全产业链智能化技术和装备体系成型，支撑中药生产、流通、调配的绿色、高效、低成本、可控制；④一批优势中成药突破发达国家注册壁垒，形成中药国际竞争力。

为了实现上述目标，应重点落实相关重点任务：①构建中药创新及改良研发技术体系；②构建中药资源可持续、稳定、高品质供给技术体系；③构建中药全过程质量控制、质量保障技术及标准体系；④构建中药全产业数智化技术和装备体系。通过上述任务实施，提高中药产业整体协同创新能力，整合资源优势，打造具有国际竞争力的中药产业。

重点任务的落实需要关键技术的突破和基础研究的深化。中药领域亟须发展以下关键技术。

（1）现代中药的发现、筛选、评价、优化、改良系列技术。针对中药多活性、弱效应整合起效的作用特点，构建连续、动态、多层次、多维度的药物筛选评价指标体系，系统评价中药及方剂的效应特点，实现以临床用药为导向的药效评价、安全性评价、机制研究，形成符合中药特点的有效性及安全性评价技术体系。包括：中药微量成分的快速识别与高效分离技术、高效的智能化微量天然产物活性筛选技术、化学指纹-生物效价-器官芯片结合AI辅助复杂药物靶点预测、构效关系库的构建及活性先导化合物的发现技术、基于人工智能的中药新药发现与设计技术。

（2）中药资源高水平保障与综合利用技术。中药材是中医药的主要原料，其资源可持续供给是中医防治疾病的有力保障。包括：珍稀濒危药材人工替代品研究与评价技术、高价值天然药物及关键成分的生物合成、中药材良种繁育、中药材生态种植、外来药用资源引进、药用资源综合开发利用等方面系列技术。保障中药资源保护及可持续稳定供给，实现中药产业源头的稳定可控。

（3）中药智能化关键装备技术。中药品种多、组成及成分复杂、形态不规则，传统种植、采收、加工、炮制、生产、研发、检验、调配各个环节都高度依赖人工经验，这使得中药全产业效率较低、质量波动大、竞争力不足等问题较为突出。智能化时代，中药智能制造技术及装备突破，将为传统产业的破局突破插上腾飞的翅膀。构建“中药工业大脑”，通过大数据与 AI 优化工艺参数，实现从经验向“数据+算法”驱动的认知智能跨越，研制中药材种植、采收、加工，中药饮片炮制，中药生产、研发、检验、调配等各个环节的智能化设备。由于中药的特色突出，中药智能化关键装备及技术的突破，也带动产生一系列特色装备和科学仪器研发生产，为我国相关产业发展提供破局的关键契机。

基础研究方向则应聚焦下列领域：①多靶点复杂中药的筛选优化技术；②道地药材品质调控；③中药分子设计育种和合成生物制造；④中药抗细菌耐药机制解析；⑤复杂中药生物药剂学特性解析；⑥中药炮制效应及原理的科学诠释；⑦中药先进制造关键科学问题与技术原理。

为保证任务整体性，建议在中医药现代化重大工程中设置系列中药项目工程，包括：中药资源稳定、可持续供给及综合利用工程；中药产品创新技术攻关工程；中药质量全过程保障工程；中药新型制剂技术工程；中药绿色智能制造工程；中药安全风险管控工程。

为了确保各项目标的实现，建议如下措施：①以新型举国体制，强化中医药科技创新体系建设；②拓宽中医药创新技术出路，充分激发创新动能；③构建特色、多元的中医药人才评价、激励机制。

第六章　医药卫生领域工程科技需求牵引的基础研究方向建议

基础研究是推动工程科技创新的动力和源泉，尤其在医药卫生领域，基础研究的突破决定了领域的发展能力和水平。本章将围绕医药卫生领域的工程科技需求，提出基础研究方向建议。通过深入分析医药卫生领域的核心需求和未来挑战，确定亟须加强的基础研究领域，并探讨基因编辑、再生医学、精准医疗等前沿领域的研究趋势和发展潜力。结合国内外研究现状和发展趋势，提出具有前瞻性和可行性的基础研究方向，以引导科研布局和资金支持方向，推动医药卫生领域的基础研究不断取得突破。

第一节　基础医学领域

1. 精准基因编辑和基因疗法研究

目前，精准基因编辑技术向着编辑效率更高、脱靶概率更低、编辑范围更精确的方向发展。由于该技术广泛涉及基因疗法、合成生物学等新兴生物医学领域，发展该技术是国家全面发展和提升医学技术水平的重要前提。从应用推进的角度来看，基因疗法作为一种从“治本”干预疾病进展过程的本质性和革命性医学疗法，直接惠及人民群众，是确保健康生活的一项重要技术。从广义来说，基因疗法包括针对人体进行基因编辑或基因增补的修饰疗法（外源及内源性）、溶瘤病毒、核酸类药物[siRNA、mRNA、环状RNA（circular RNA，circRNA）等]。基因疗法与精准基因编辑工具相关性较强，如何精确地将基因编辑系统工具投递到理想位置，将成为该领域发展的主要限制因素。基因编辑技术修饰功能的精准性提升，取决于可承载相应分子量的递送系统的研究进展，目前围绕该需求的递送系统研发已迅速开展，从病毒性载体向非病毒性合成载体和生物载体不断进步。现除了已较为成熟的 CRISPR-Cas9 系统，还出现了基于 Cas13 酶的基因编辑系统，以及基于其他新型基因序列识别编辑工具（主要为酶）的系统。到 2040 年，基因疗法将成为医学工作人员手中极为重要的“内源性”干预策略，它将改变现代医学的干预逻辑与方式。

重点研究方向：①高效、精准的基因编辑或基因调控原理与技术；②多基因、多位点基因编辑原理与方法；③基因编辑的时间及空间调控；④基因疗法新载体设计及研制；⑤靶向性基因疗法的组织、器官选择性；⑥改善和优化锌指核酸酶（zinc finger nuclease，ZFN）、转录激活因子样效应物核酸酶（transcription activator-like effector nuclease，TALEN）、CRISPR-Cas9、碱基编辑（base editing）及引导编辑（prime editing）等基因编辑技术；⑦开发更小型的 CRISPR-Cas 系统，如 CRISPR-AsCas12f1、CasMINI，以突破 Cas 蛋白（如 Cas9 和 Cas12a）因体积较大（超过 1000 个氨基酸）在基因治疗应用中的限制；⑧发展 SLEEK（selection by essential-gene exon knock-in）等新型基因编辑技术；⑨探索新型表观遗传基因组编辑工具 CRISPRoff 等的可继承、可逆、高特异性的基因编辑技术；⑩改善基因编辑工具递送系统。

2. 基于空间多组学的疾病动态解析

预计到 2040 年，空间多组学技术将在计算生物学的赋能下，为研究人员了解人类的生理性及病理性进展提供重要的技术支撑。空间多组学技术的关键短板在于基于空间组学分析技术的多组学间数据处理及整合问题，需要基础研究的持续投入。根据节点关联的系统整合数据体系，可否反映并解答在不同水平上关注的研究问题，其相应构建的系统体系验证，将是制约空间多组学技术进一步体现应用价值的关键短板之一。

重点研究方向：①高精度空间多组学原理与技术；②单细胞水平空间多组学数据的获取与叠加；③细胞特异基因、蛋白质、代谢等空间变化的追踪原理与方法；④细胞、组织空间生物标志物鉴定的原理和方法；⑤基于高精度空间多组学技术的细胞功能检测原理和方法；⑥基于高精度空间多组学技术的组织微环境细胞互作分析方法；⑦组织、细胞空间多组学的动态监测技术。

3. 多模态成像技术和活体标记

多模态成像技术是指整合或融合两种以上生物识别技术，利用其多重生物识别技术的独特优势，结合数据融合技术，实现更精确和安全的认证与识别过程。探索生物的结构及其行使功能的时相性变化规律是难度最大的研究方向，也是精准医学发展的最终目标。借助高精度活体成像或活体造模技术，解析人类各层级微观结构随疾病动态发展的规律；利用可视化技术、人工智能等手段，模拟生物学过程及疾病发生进展过程；通过多模态成像技术和活体标记技术，揭示与生命现象及疾病相关的复杂系统多层次作用机制；利用信息科学技术、生命科学、数学、应用物理学等多学科技术，实现生物学过程的可模拟、可定量、可计算、可预测，构建更接近人类疾病真实情况的数字化人体发育/疾病模型。这些将是未来 20 年基础医学研究的重要前沿方向。

重点研究方向：①高特异性分子探针的设计及制造方法；②高精密度、高时空分辨率成像和图像处理技术；③活体细胞标记及监测的原理与方法；④多细胞谱系的活体标记和成像；⑤活体细胞精确定位和监测原理与方法；⑥多模态成像技术和分析方法；⑦基于多模态成像的特异靶标、细胞和器官的标记、示踪及检测技术。

4. 生育障碍发生机制与诊治研究

人口问题是我国实现全面协调可持续发展的重要影响因素。一直以来，党中央、国务院都高度重视人口和生育问题，并将其作为国家发展战略的重要内容。“优化生育政策，增强生育政策包容性，提高优生优育服务水平……促进人口长期均衡发展，提高人口素质”被列入《中共中央关于制定国民经济和社会发展第十四个五年规划和二〇三五年远景目标的建议》。然而，目前我国正面临严峻的人口形势和生育危机。一是我国出生人口数量持续下降，根据《中国人口和就业统计年鉴 2024》的数据，2023 年中国总和生育率为 1.01，远低于人口世代更替基本要求水平（2.1），自 2022 年起，我国总人口开始出现负增长。二是我国育龄人群的生育能力下降形势严峻，不孕不育率逐年升高。中国人口协会和国家卫生健康委员会联合发布的《中国不孕不育现状调研报告》显示，2023 年我国不孕不育率约为 18.2%，患者总数超过 5000 万人，这进一步加重了我国人口的严峻形势。三是我国在健康生育科技领域的创新存在明显短板，尤其是对于疑难生殖障碍疾病缺少靶向精准诊疗新策略及技术，辅助生殖产品高度依赖进口，面临巨大的“卡脖子”风险。因此，亟须拓展认识人类生育能力边界，突破疑难生殖障碍疾病诊治瓶颈，支撑关键核心技术产品研发，以维护人民生育全周期健康水平，解决国家人口重大战略需求。

重点研究方向：①人类生育力建立和维持的调控原理；②全周期生育力监测与预警体系；③疑难生殖障碍性疾病发病机制及精细化诊治策略；④生育力保护保存相关的新材料研发与辅助生殖技术自主可控化研究。

5. 胚胎着床前和产前遗传学检测

当前出生缺陷已成为严重影响我国人口质量、社会发展和民生改善的重大问题。2012 年，我国出生缺陷监测系统显示出生缺陷总发生率约为 5.6%，每年新增约 90 万例，出生缺陷存活儿童中约 40%终身残疾，因出生缺陷所造成的各类经济负担高达 300 亿元/年（中华人民共和国卫生部，2012）。经过长期努力，我国在出生缺陷防治工作中已取得了一定成效，但在新生育形势下，出生缺陷风险增加，科技攻关仍然面临新的挑战：一是出生缺陷防控的科学认知仍然有限，多数出生缺陷发生机制和致病基因尚不明确，为早筛早诊带来困难；二是精准、高效的出生缺陷筛查、诊断创新技术仍然不足，临床转化不够。因此，加强出生缺陷防控科技攻关，预防和减少出生缺陷，把好人生健康第一关，对于提高我国人口素质和生命质量、支撑健康中国建设具有重大战略意义。

重点研究方向：①胚胎发育异常与重大出生缺陷发生机制及致病基因诊断；②复杂遗传变异的胚胎着床前精准检测；③人类生殖细胞及胚胎发育潜能的多维度评估；④胚胎着床前/产前无创筛查诊断方法。

6. 组织器官再生与人源化异种器官移植

针对我国因创伤、疾病、遗传等因素造成的组织、器官缺损或功能障碍的疾病数量位居世界各国之首的情况，迫切需要加强对损伤组织的修复与再生技术研究。这对于提高组织损伤的救治水平，特别是降低致残率，进而更好地推动社会、经济发展具有深远的意义。我国每年器官移植的需求量为 50 万—100 万例，而每年实际仅能完成 1 万例左右，人体器官移植远不能满足临床的巨大需求。观察近年的全球数据，全球人口老龄化造成组织器官衰老的发病率显著上升，我国的出生缺陷与人口老龄化将成为影响我国经济、社会可持续发展的重大问题。在疾病领域，疾病谱正在发生改变，慢性病、代谢性疾病已成为威胁中国人健康的主要因素。这类重大慢性病往往是多基因相关的复杂疾病，目前的医学技术还不能根治，只能通过药物来维持患者的生命。若不能及时地进行器官移植，患者最终可能面临器官衰竭直至死亡。鉴于人体器官移植远不能满足临床上的巨大需求，人源化异种器官移植产品和技术的发展，将为缓解器官与组织移植供需矛盾提供重要的支撑。

重点研究方向：①组织器官再生的细胞来源和定向分化技术；②微环境精准调控组织再生的机制；③复杂器官的脱细胞化技术及细胞重新种植技术体系；④免疫排异相关基因精准编辑技术；⑤移植微环境对于人源化异种器官功能的作用及其调控干预；⑥4D 生物打印、高分子材料等交叉学科技术在组织器官再生和异种器官移植中的应用。

7. 干细胞调控基础研究

干细胞是一类具有自我复制能力的多潜能细胞，在一定条件下可分化为多种细胞，其在生命体从胚胎发育到成熟个体的过程中起到了核心作用。研究干细胞如何维持其干性及其命运的决定机制一直是生命科学领域的重点问题，阐明其相关机制将对生命科学相关领域产生根本性的推动作用。对干细胞干性的维持及其命运机制的研究可为了解如发育异常、遗传疾病及肿瘤等多种疾病的病因带来新的思路。想要满足我国严重创伤后组织修复与再生的相关研究和临床需求，建立有效可靠的再生技术，需要加强干细胞调控基础研究。这将有利于提高我国细胞与组织修复及器官再生的新技术与应用，推进干细胞重编程技术、干细胞定向分化技术的发展，深入开展干细胞因子药物与干细胞治疗的临床前及临床研究，以及建立基于精准基因编辑和体细胞核移植技术的适宜人类器官移植的人源化大动物模型。通过关键技术的研发，以大力推动再生医学基础研究向临床应用转化为重点任务，研制出用于临床治疗的细胞与组织修复技术，以及组织器官再造技术，缓解器官与组织移植的供需矛盾，减轻重大疾病给人民健康带来的危害。

重点研究方向：①基因编辑技术及干细胞组织修复技术改进；②干细胞移植后体内功能建立；③干细胞多能性维持机制；④干细胞命运决定的调控机制；⑤细胞重编程的相关机制；⑥干细胞微环境的解析及调控机制；⑦干细胞应用于复合活性生物新材料研发。

第二节 临床医学领域

1. 慢性病关键分子网络构建、干细胞调控及精准预测与干预研究

慢性病对全球公共健康构成了巨大挑战。该研究可揭示慢性病发生和发展的关键机制，提供科学依据用于制定个体化治疗策略。了解干细胞在慢性病中的作用，将有助于发展干细胞治疗和再生医学。构建慢性病的复杂分子网络、研究干细胞的调控机制，并开展风险预测与干预研究，可以深入揭示慢性病的发生与发展规律，实现疾病的精准分子分型。这不仅有助于识别关键致病因素，还能为个体化诊疗方案的制定提供科学依据，从而提高早期诊断的准确性，优化精准干预策略，有效改善患者的预后和生活质量。

重点研究方向：①慢性病复杂分子网络构建与关键调控机制；②干细胞在慢性病中的作用及调控机制；③慢性病精准分子分型与个体化治疗策略；④慢性病风险预测与精准干预策略。

2. 肿瘤的细胞、分子网络及预测和干预研究

肿瘤是全球范围内造成严重疾病负担的主要原因之一，对人类健康和经济、社会发展产生巨大影响。深化对肿瘤的认识，可为肿瘤的预测、早期诊断和治疗提供科学依据，对于改善肿瘤患者的生活质量，降低肿瘤的发病率和死亡率，具有重要的理论意义和实践价值，同时可为肿瘤的精准医疗和公共健康提供重要的科学支持。

重点研究方向：①构建基因转录调控网络、细胞代谢与信号转导网络、蛋白质相互作用网络、代谢网络等肿瘤相关的系统调控网络，揭示网络交互调控在肿瘤发生、进展中的作用；②干细胞在肿瘤发生、发展、转移、复发和药物抵抗中的分子机制；③肿瘤的分子分型和早期诊断标志物，以及肿瘤风险预测、早期诊断、早期治疗及精准干预。

3. 重要器官疾病的免疫联动机制及干预策略研究

重要器官的损伤、炎症、纤维化等病理过程对人类健康和生活质量造成了巨大威胁。在再生医学与免疫学快速发展的背景下，深入研究重要器官损伤、修复、炎症、纤维化过程中的免疫联动机制及干预策略，具有重要的理论意义和实践价值。首先，通过深化对免疫调控机制的研究，揭示重要内脏器官损伤、炎症、纤维化等疾病的共性和特异性，可为深入理解疾病的发生、发展提供理论基础；通过解读免疫细胞对不同脏器的联动调控机制和免疫细胞与器官功能细胞的联动机制，可以揭示疾病发生、发展的关键环节和免疫调控的重要作用。其次，明确器官功能细胞修复的关键节点及关键事件，有助于揭示重要器官损伤修复的机制和途径；研究器官功能细胞修复的免疫调控机制，可以为开发创新的治疗策略和干预手段提供依据。基于靶向治疗、免疫细胞治疗等技术，建立有序调控炎症、修复、纤维化的综合治疗策略，对于促进器官功能的恢复和疾病的治疗具有重要意义。

重点研究方向：①重要器官损伤、修复、炎症、纤维化过程中的免疫调控机制；②免疫细胞与器官功能细胞的联动机制解析；③器官功能细胞修复的关键节点和关键事件；④靶向治疗、免疫细胞治疗等干预策略的开发与应用；⑤炎症、修复、纤维化的综合治疗策略。

4. 人工智能及细胞治疗在眼科疾病中的应用研究

人工智能辅助技术的基础研究，可促进眼科各类疾病的早期诊断、图像分析、手术技术培训等方面的发展。结合计算机技术和机器学习的人工智能技术在眼科领域的应用，可极大地提高临床工作中眼科疾病的诊断效率，减轻眼科医生的负担，并使眼科常见疾病（如糖尿病视网膜病变、年龄相关性黄斑变性、青光眼、白内障等）的初步筛查、辅助诊断及治疗手段更为精准。发展多能干细胞（pleuripotent stem cell，PSC）与数据时代下人工智能在眼科领域的应用研究，可推动眼科原创性引领性技术的发展，推进眼科学国产高端仪器设备和生物医用材料的研发和制造，促进眼科学科研论文和科技信息高端交流平台，以及建立和完善眼科慢性病的预防、早期筛查和综合干预体系。

重点研究方向：①多能干细胞向眼组织分化的理论；②基于多能干细胞的眼组织移植技术；③组织移植后免疫微环境调控基础；④常见、多发致盲性眼病进展过程中所涉及的信号通路；⑤3D/4D 生物打印技术；⑥虚拟仿真技术和视觉成像技术；⑦微创手术技术及眼内植入物的发展；⑧工程技术在眼科疾病中的进一步发展和应用；⑨基因治疗技术在眼科先天性及遗传性疾病中的应用；⑩3D 打印及干细胞治疗技术在眼科的广泛应用；⑪人工智能技术在眼病早期诊断、图像识别、辅助治疗、医疗服务等方面的应用；⑫基于信号通路的药物研发；⑬眼部人工智能模型构建的理论；⑭眼前节、后节疾病的人工智能识别；⑮基于人工智能的精准医疗模式探索；⑯人工智能辅助眼科手术系统研发；⑰人工智能辅助诊断系统研发。

5. 内耳靶向给药和听觉与平衡觉中枢研究

进一步开展复杂听觉功能产生、听觉模式识别神经机制、听觉系统与视觉及其他脑区功能相互作用等研究，有利于建立内耳疾病的靶向治疗新策略，如单基因遗传疾病的靶向基因治疗以及内耳疾病的药物靶向性治疗。开展听觉与平衡觉相关疾病的新型医疗器械研究，有望推动新一代多通道国产人工耳蜗的研发进程。联合干细胞植入技术，能够对现有人工耳蜗进行迭代升级，提升其性能。加快内耳靶向药物筛选系统的研发，推动新型医疗器械的临床转化。在动物模型上充分验证其安全性和有效性后，有序开展临床试验研究，促进技术的成熟与可靠性，为更多患者带来康复希望。推动中枢神经系统发育机制的研究，为听觉中枢神经系统疾病治疗及预防甚至逆转提供理论基础。此外，内耳靶向给药技术有利于新型内耳靶向药物系统性药效的评估及安全性的提高，同时推动临床试验和应用研究，开发新型内耳给药系统。推动药学与分子生物学、认知与脑科学等交叉科学在内耳靶向给药、听觉与平衡觉中枢的研究，探索创新疗法，为相关疾病的治疗提供支持与突破。

重点研究方向：①深入研究内耳血-迷路屏障结构和生理特性；②构建高效内耳靶向性药物递送体系；③研发内耳靶向性药物建立内耳疾病诊疗新策略；④建立评估听觉与平衡觉中枢功能与形态技术手段；⑤开发可观察脑区听觉与平衡觉中枢复杂网络的仪器装备，建立有效干预听觉与平衡觉中枢问题的干预策略；⑥开展内耳靶向药物的深入研究，搭建快速高效的内耳治疗药物筛选平台，凭借该平台，借助跨内耳血-迷路屏障系统，实现内耳给药的创新性策略。

6. 口腔健康与国产设备制造管理创新研究

推进口腔健康促进工作，实现国产口腔设备制造领域的管理创新，同步推动龋病、牙周病的防治工作，促进牙及牙周组织再生，以及口腔颌面组织再生与仿生修复技术的研究进展。国产设备制造管理创新研究可促进国产口腔影像设备和牙种植体自主创新开发，新型口腔生物医学材料研制，口腔复杂设备智能化、小型化、精准化、多功能集成化创新，以及口腔国产设备替代进口设备的质控评价体系管理。促进以干细胞技术和发育学原理为基础的口腔颌面部的再生医学研究、牙周及牙髓发育学调控机制的研究、新型生物活性材料的研发以及生物 3D 打印技术等基础研究，加强口腔干细胞产品的临床转化，并促进相关法律法规的进一步健全。同时，以精准医学为切入点，构建口腔疾病的大数据平台，推进临床早期诊断、治疗和预后评估，提高口腔恶性疾病患者的生存率，实施精准防治，提升整体的医疗卫生服务水平。建立口腔疾病防控体系，部署国家战略性规划，注重口腔疾病与全身疾病的相关性，控制口腔感染性疾病的发病率。

重点研究方向：①龋病与牙周病的生态防治；②牙及牙周组织再生；③口腔颌面组织再生与仿生修复；④国产口腔影像设备和牙种植体自主创新开发；⑤新型口腔生物医学材料开发；⑥口腔复杂设备智

能化、小型化、精准化、多功能集成化创新；⑦口腔国产设备替代进口设备的质控评价体系管理。

7. 应激性损伤（猝死）机制及法医鉴识理论与技术研究

应激是机体对各种应激原作用时所产生的非特异性反应。日常生活中常发生在过劳、突发强烈精神刺激、持续限制体位等应激原作用后发生的猝死事件。法医鉴定对此往往未能发现确切的死因，导致案件久拖不决。随着社会的进步，需要系统、全面地维护公民的健康权，在应激性损伤死亡机制及法医鉴识的定性定量方面进行系统研究，并建立相关的技术指标体系，这将有效促进法医学的发展。

重点研究方向：①应激致中枢损伤的分子机制；②应激对外周组织器官功能和结构的影响及机制；③应激对杏仁核网络结构及投射的影响；④应激性心脏骤停的神经体液机制；⑤心理、躯体应激—细胞应激—细胞损伤的器官区域微循环失调的介导机制；⑥应激的组学变化；⑦应激性损伤（猝死）的体内生物标志物筛选及液体活检鉴识技术。

8. 疑难生物检材降解 DNA 分型核小体结构基础及技术体系研究

疑难生物检材降解 DNA 分型一直是法医遗传学的国际难题。核小体是真核生物染色质最基本的结构单位，由 DNA 和组蛋白构成。在细胞凋亡过程中，核心区 DNA 序列能够逃脱酶促反应的切割，从而对与核小体结合的 DNA 具有保护作用。基于上述特点，在全基因组水平获得受到核小体保护的遗传标记序列，可为高度降解检材的 DNA 检测构建更优质的分型技术。

重点研究方向：①受核小体保护的遗传标记信息；②稳定核小体序列的定位规律、结构特点；③稳定核小体序列与基因转录的关系及分子互作机制；④稳定核小体序列对核小体空间结构稳定性的作用。

9. 新型毒物（品）、环境污染物致机体损伤和毒品成瘾机制及法医鉴识理论与技术研究

随着化学工业的飞速发展，全球化学物质每年以700—1000 种的速度增加，人工合成的新型毒物（品）也不断增多，犯罪分子利用新型毒物投毒及意外中毒的案件数量在全球呈明显上升趋势，国际毒品形势亦处于高危风险期，对各国社会安全和经济发展造成巨大影响。对新型毒（物）品进行高效、精准的管控，阐明新型毒物（品）的毒理机制，建立精准的监测分析方法和金标准，并进行有效的毒性评价和监管，对国家公共安全具有重要的战略意义和研究价值。

重点研究方向：①新型毒物中毒机制、体内代谢及其与体内生物大分子互作规律；②新型毒物中毒表征的生物标志物筛选；③环境污染致人身损害的流行病学调查、毒理学机制及检验鉴定技术；④新型毒品、神经精神类药物毒性损害和成瘾的机制与防控技术、分子结构特征和构效关系解析；⑤复杂生物体系毒品分子鉴定模式与方法；⑥毒品溯源推断；⑦新型毒物（品）、环境污染物标准品制备、数据库构建及快速精准检测技术；⑧酒驾、毒驾逃逸后延迟性认定。

第三节　药学领域

1. 药物靶点发现技术

药物与机体生物大分子的结合部位即药物靶点，涉及受体、酶、离子通道、转运体、免疫系统、基因等。此外，有些药物通过其理化作用或补充机体所缺乏的物质而发挥作用。新的药物作用靶点是一系列新药发现的突破口，寻找药物作用的新靶点，已成为当今创新药研究激烈竞争的焦点（林云飞等，2023）。一些难以治愈的疾病至今仍然疗效不理想或存在严重副作用，是因为目前还没有找到合适的药物作用靶标。我国创新药研发的突破，需从靶点的发现做起。目前，我国

靶点发现存在基础研究薄弱，缺乏首创新机制、新靶点和核心技术等问题，拥有自主知识产权的药物靶标极其缺乏。企业往往在国外已有靶点基础上去重新设计化学结构，以开发新的药物，导致重复性、同质化竞争，也造成研发资源和资金的浪费。近年来，人类和其他生物基因组测序计划，以及后续功能基因组、结构基因组和蛋白质组计划的实施，不仅为生命科学发展奠定了坚实的基础，而且为药物靶标发现与新药开发提供了前所未有的机遇和方法，我国亟须借用这些手段，建立药物靶标发现和验证的研究体系，开发安全、有效且符合临床和商业的要求、“可成药的”靶点，为后续的药物筛选体系的建立和创新药物的研究奠定基础。

重点研究方向：①恶性肿瘤、心血管疾病、呼吸系统疾病治疗药物及抗新冠病毒药物潜在作用靶点；②从基因数据库中搜寻药物靶标、基因芯片技术、基因敲除技术等基因水平的药物靶标发现和验证；③反义寡核苷酸技术、RNA干扰技术等转录水平的药物靶标发现和验证；④亲和色谱技术、噬菌体展示技术、三杂交系统、蛋白质芯片技术等蛋白质水平的药物靶标发现与验证；⑤机器学习、深度学习等基于人工智能的药物新靶点发现。

2. 蛋白质层面新药研发技术

重组蛋白类药物已成为现代生物制药领域最重要的产品之一，占据生物药市场1/3以上的份额。全球重组蛋白药物市场从2015年的70亿美元增长至2020年的108亿美元，复合年均增长率为9.06%，预计2025年市场规模有望突破200亿美元，2020—2025年复合年均增长率为13.12%（凯莱英，2022）。目前，全球重组蛋白类药物Top5企业占据了全球将近60%的医药市场份额。随着我国生物制药行业的蓬勃发展以及新冠疫情的影响，重组蛋白药物在我国医药卫生领域也占有重要地位。国外重组蛋白类药物发展历程较长，逐步由快速成长期步入成熟期。我国重组蛋白类药物起步较晚，但潜力巨大。另外，近年来，TPD

药物技术应运而生。该技术利用细胞内天然存在的降解机制[泛素化蛋白酶体途径（ubiquitin-proteasome system，UPS）和自噬溶酶体途径（autophagy-lysosome pathway，ALP）]，通过调控致病靶蛋白的降解，有望突破传统药物研发的瓶颈，挑战那些难以成为药物靶点的问题，并为分子靶向治疗领域提供全新的化学工具和药物发现策略。

重点研究方向：①蛋白质高级结构解析；②基于蛋白质高级结构解析，设计蛋白质与蛋白质相互作用抑制化合物的技术；③泛素-蛋白酶体系统或溶酶体两大细胞内蛋白质降解机制；④蛋白降解靶向嵌合体、分子胶、溶酶体靶向嵌合体、自噬体绑定化合物、自噬靶向嵌合体（autophagy-targeting chimera，AUTAC/AUTOTAC）、磷酸化通路、核糖核酸酶（RNase）等介导的靶向蛋白降解技术；⑤高效安全新型蛋白质表达系统的研究与应用；⑥抗体偶联蛋白降解剂、光控蛋白降解靶向嵌合体等蛋白质类药物的靶向递送策略。

第四节　公共卫生与预防医学领域

1. 反向病原学调查研究

野生动物的病原体种类繁多，其中一些最有可能溢入人群，感染人类并引起大流行。系统摸清自然界中潜在病原体的种类、宿主、病原流行及演化感染特征，是实现精准布局和主动防控的前提。哺乳动物、鸟类、鼠形动物、迁徙动物和人类密接动物携带大量已知和未知病原，系统开展病媒生物病原组研究，是弄清未来病原体的先手棋。极地、冰川、高原、海洋及洞穴等特殊生境及其中栖息的动物宿主携带复杂多样的未知微生物，随着气候变化和人类活动范围的改变，其溢出风险增加。拓展特定环境和地域病原组研究，是构建人类健康命运共同体的必然需求。切实提升传染病主动防控能力，关键在于加强顶层设计，突破技术瓶颈，建立资源库，打造共享平台，自主开发具有自主知识产权的新病原发现、确认和甄别技术。

重点研究方向：①野生动物源性病原谱前瞻性调查；②媒介生物病原组研究及其传播虫媒病的生物学基础和生态学研究；③高原、极地、深海、冰川等极端环境微生物及其潜在危害；④新病原体的潜在致病性预测评估新技术、新理论；⑤主动快速感知和识别未来传染病的相关基础；⑥X 病原体快速甄别技术；⑦植物虫媒领域反向病原学新研究。

2. 多源大数据融合的传染病监测预警与智能决策

我国传染病监测数据存在分散、孤立、非结构化、时空尺度不一致的问题，预测预警技术薄弱。与发达国家相比，我国传染病监测预警体系数据集成度低，标准化高效融合技术落后，特别是大数据深度挖掘分析和预测预警关键技术薄弱，这导致新发突发传染病预警时效性和准确性低，已成为严重制约我国传染病早发现和早控制的“卡脖子”技术。通过在该领域进行战略布局，突破多元数据高效融合集成、基于深度学习的人工智能预测预警、异常探测多点触发预警等核心技术，可以将传染病监测预警关口前移，从而全面提高我国对新发突发重大传染病的监测预警能力与水平。

重点研究方向：①传染病监测预警及智能化报告平台技术体系；②“传染病-动物-环境变化”监测预警平台技术体系；③多源数据融合的疫情分析模型和平台；④疫情扩散实时预测智能分析平台；⑤传染病流行态势及防控知识平台；⑥传染病信息和智能决策机器人智囊团系统；⑦气候和环境变化对新发传染病的影响；⑧重要传染病及 X 病原体变异和溯源。

3. 微生物组干预非特异性增强人体免疫水平机制和应用研究

随着测序技术的发展，人体微生物组诊断、预防和干预已逐步从科研领域扩展至临床诊断和健康管理实践领域。微生物与人体免疫水平息息相关，人体微生物组诊断预防及相关干预技术与生命医学、计算机科学、微生物学、大数据分析的深度融合，为个体化疾病诊治和健康管理带来新的思路。

重点研究方向：①疾病相关的微生物组特征及标志物发现；②个体化微生物组靶点治疗用药和制剂开发；③人体肠道菌群重构方法和调节人体共生菌群干预技术；④全微生物组与人类基因组关联技术分析；⑤新型益生菌干预增强人体免疫机能；⑥基于肠道免疫干预的呼吸道传染病干预研究；⑦完善抗感染、抗炎、抗过敏以及具有增强疫苗免疫效果的多种动物模型，开展免疫调节功能的体内效果评价和作用机制；⑧具有增强人体免疫机能的候选菌株应用潜能评价体系建立，包括临床前的安全性、生物学特性与机体的作用机制等；⑨具有增强人体免疫机能的细菌在人群中的应用效果评价；⑩人体微生态与常见病发生发展关系与干预策略和产品研发。

第五节　生物医学工程领域

1. 临床非侵入式脑机接口关键技术与应用

脑机接口系统的基本结构包括信号采集系统、信号处理与转换系统以及执行单元，是一个通过检测中枢神经系统活动，并将其转化为人工输出的系统，能够替代、修复、增强、补充或者改善中枢神经系统的正常输出，从而改变中枢神经系统与内外环境之间的交互作用，对脑功能的开发和利用具有重要意义。按照检测信号传感器的安置方式，脑机接口系统可以分为有创植入电极的侵入式脑机接口和无创头皮电极的非侵入式脑机接口。侵入式脑机接口系统，通过记录颅骨以下的神经信号来实现对外部设备的控制，使用埋藏在大脑皮层中的记录电极近距离地监测神经元的活动状况，记录到的信号具有极高的信噪比和良好的时间、空间及频率分辨率。但侵入式脑机接口系统有明显的缺点，不仅会对用户造成损伤，而且还容易造成伤口感染。为避免电极侵袭大脑引起损伤，脑机接口系统非侵入方式从头皮表面直接记录神经活动信号，使用操作更为简便、易于接受，越来越受到相关研究人员的关注。但由于大脑的容积导体效应，神经电活动信号从大脑皮层传播至头皮表面时会被大大削弱，会损失大量关于信号源时空分布的信息，不利于脑机接口信号的特征提取和模式识别，增加了无创脑机接口的信息采集与分析技术难度。

重点研究方向：①大规模神经元活动神经机制与解码原理；②高时空分辨率无创脑信号传感技术；③高性能头皮脑电极材料与结构设计；④高精度脑机接口芯片正向设计原理与制造；⑤超微无创脑机接口装置集成技术；⑥高效自然脑机交互范式、算法及评价体系；⑦基于脑机接口的神经生理、心理标志物构造方法；⑧脑机接口增强认知能力的神经反馈训练方法与神经刺激技术；⑨面向疾病检测、功能康复的新型临床脑机接口原理技术与应用系统。

2. 人体器官芯片的制造、测量与应用

人体器官芯片的制造、测量与应用具有非常重要的研究意义。首先，它能够提供高度仿真的人体器官模型，模拟器官的生理功能和疾病状态，为疾病的研究和药物筛选提供更准确、可靠的模型。这有助于深入理解疾病的发病机制，加速新药的研发，减少动物实验的需求，提高药物研发的效率和成功率。其次，人体器官芯片的研究为定制医疗和个体化治疗提供了可能，通过使用患者自身的细胞构建器官芯片模型，可以为医生提供针对患者的个体化治疗策略，改善治疗效果，减少不必要的试错，推动医疗向个体化方向发展。此外，人体器官芯片还可用于药物的安全性评估，提供更准确的药物筛选平台，从而减少药物的不良反应和副作用。这也为替代动物实验提供了一种可行的选择，减少对动物的使用，避免相关的伦理和法律问题。总之，人体器官芯片的研究不仅有助于促进生物医药产业的发展，还能够带动相关产业链和价值链的扩展，从而推动经济的持续发展。在人体器

官芯片研究领域取得重大突破并占据领先地位，将为国家实现全球竞争的战略目标做出突出贡献。

重点研究方向：①人源种子细胞获取与多类型细胞共培养；②人体器官芯片设计、仿真与规模化制造；③人体器官芯片智能化在线病理学分析系统；④人体器官芯片模型数据库构建；⑤人体器官芯片与人工智能融合的药物筛选。

3. 修复受损脊髓综合性治疗策略

脊髓是中枢神经的一部分，是周围神经与脑之间的通路，也是许多简单反射活动的低级中枢。当脊髓发生损伤时，损伤节段以下的人体部位会出现弛缓性瘫痪、感觉丧失和肌张力下降，导致不能维持正常体温等生理功能。造成脊髓损伤的原因，包括外伤（如交通事故）、脊髓肿瘤或外来物质的压迫等。脊髓损伤情况严重复杂，多发伤、复合伤较多，并发症多且预后较差，甚至会造成终身残疾或危及生命。采用生物医学工程方法，进行修复受损脊髓综合性治疗策略研究，对脊髓受损患者的康复有重要意义。

重点研究方向：①解析脑脊髓三维结构及控制运动工作机制；②促进脑脊髓神经轴突再生；③脊髓再生微环境重建及功能重塑；④新型仿生材料研制；⑤综合多种方法促进损伤脊髓环路重建与功能修复。

第六节　中医药领域

1. 中医药疗效评价方法研究

“说明白、讲清楚中医药的疗效”是中医药高质量发展的重大需求，也是健康中国战略落地的重要抓手。世界卫生组织曾指出：世界要以开放的头脑接受传统医药，而传统医药要被广泛接受依赖于疗效的肯定，其中的关键环节在于研究方法的科学性。现代化的临床疗效评价方法依托于现代医学而构建，无法完全直接套用中医药的疗效评价。因此，基于中医药疗效特点，借用国际公认的现代化疗效评价方法，结合大数据分析及人工智能等技术，进行充分交叉融合，对现有的循证医学及临床流行病学等方法进行中医化改造，构建具有中医特色的疗效评价方法学体系，进而彰显中医药的疗效优势是十分必要的（张俊华等，2020）。

重点研究方向：①中医药临床数据采集与分析方法；②中医药疗效评价数据库构建方法；③符合中医特色循证评价方法；④中医疗效评价指标体系；⑤基于客观智能化四诊技术的中医指标；⑥中药及针灸作用机制现代研究。

2. 中医理论科学内涵研究

中医药完整的理论体系和丰富的实践经验，蕴含着深厚的人文底蕴和科学内涵。其优势与特色在于辩证思维的整体性，以及生命科学理论的系统性。但是，中医药研究领域现代科学基础相对薄弱，中医理论与现代科学技术的融合存在障碍，不能用现代科学技术进行系统诠释，已成为目前制约中医药发展的主要因素之一。因此，要加强中医药基础理论研究，借助新兴科学技术，通过多组学、多模态、多学科的交叉融合，不断丰富和发展中医理论体系，揭示脏腑作用规律及调控机制，诠释气血津液理论及经络学说的现代科学内涵，探索重点证候的病生理基础，挖掘六经传变、三焦理论及卫气营血体系的疾病发展机制，并指导临床实践，以提高防病治病水平（樊丹，2009）。

重点研究方向：①气血津液理论科学内涵；②脏腑理论科学内涵；③经络学说科学内涵；④中医重点证候生理病理基础；⑤体质学说科学内涵；⑥六经传变体系科学内涵；⑦三焦理论科学内涵；⑧卫气营血理论科学内涵。

3. 现代中药发现关键科学问题研究

中药新药的研发大多依据中药理论结合临床经验进行组方优化，但尚未建立临床经验与科学验证等相融合的现代化中药新药设计方法。需要建立"制备-表征-评价"一体化的组分技术，构建功效组分实体库、新药发现知识库等创新平台，制订中药功效组分标准及规范，实现功效组分规模化储备和高效利用。中药功效和药效关联评价方法匮乏、基于中药功效的新药设计技术短缺等已成为现代中药新药研发的瓶颈，亟须建立基于中药功效组分的创新中药优化设计及成药性评价技术体系。

重点研究方向：①功效组分制备与表征关键技术；②多组学药效物质及作用靶点筛选技术；③多模态药效实验验证技术；④经验知识与智能计算结合的配伍优化方法；⑤成药性快速评价关键技术体系；⑥经典方药及大品种二次开发。

4. 中药先进制造关键科学问题与技术原理研究

"用不稳定的药材生产出质量稳定的中药产品"是中药制药领域面临的重大挑战和亟待解决的核心问题。由于历史的原因，中药制药产业存在基础研究薄弱、工程核心技术问题研究力度不足的问题，亟须借助现代绿色智能制造核心技术实现跨越式发展，建立具有中国特色的药品质量优化控制体系，实现高品质中药产品的稳定供给。

重点研究方向：①中药制药复杂体系质控科学基础；②中药制药关键工艺过程分析技术；③中药制药数字孪生关键技术；④基于强化学习等人工智能技术的工艺自动优化技术；⑤中药制药连续制造技术；⑥中药绿色制药关键技术；⑦中药制药知识图谱构建。

5. 道地药材品质调控的关键科学问题研究

中药材是中医药事业和产业的源头与主要物质基础，"药材好，药才好"，中药材质量问题日益成为制约中医药事业和中药产业高质量发展的关键环节之一。不同产地的中药材受其地理环境、生长条件等影响，有效成分含量及疗效的巨大差异，形成了地域性很强的特色道地药材。道地药材具有很强的宗属性或者同种变异性，是优质药材的代名词和我国传统优质药材的代表。开展道地药材智能化生产的基础理论与创新研究，阐释品质调控关键环节，是保障中药资源可持续利用、提升中药材质量、促进中药产业科技水平提升和转型升级的关键。

重点研究方向：①药材品质的微生物组装调控机制；②中药活性成分的类激素作用机制；③基因型与环境互作对道地药材品质的影响机制；④高品质道地药材生产的精准调控模式。

6. 中药分子育种和生物制造前沿技术研究

中药资源是我国的战略性资源，利用分子育种、合成生物学等前沿技术对其进行深入研究及合理挖掘利用，包括中药活性成分的形成机制、遗传背景复杂的药用植物的遗传转化、珍稀濒危药用植物的种子及繁育生物学等。深入探索中药和药用植物特有的生物学特征，是保护和高效利用中药资源的重要手段。

重点研究方向：①中药活性成分合成调控机制；②中药活性成分植物细胞工厂创建；③中药遗传转化瓶颈的分子机制；④中药分子设计育种、基因编辑遗传改良；⑤珍稀濒危中药的濒危机制、驯化、繁育。

7. 中药饮片炮制原理的科学诠释

中药饮片是中医临床的主要物质基础，而炮制是中药最具特色的传统加工技术，直接关乎中医临床疗效和中药产品的质量。中药炮制理论内涵解读不深、炮制原理不清晰，已成为制约中药饮片产业发展的主要障碍。系统揭示代表性中药炮制理论的现代科学内涵，科学表述炮制作用原理及内在生物学机制，促进炮制方法传承和饮片生产技术提升，将为中药饮片自动化和智能化生产、饮片质量提升等方面提供科技支撑。

重点研究方向：①中药饮片多维全息药性变化表征及质量辨识信息构建；②中药炮制过程中成分转化类型、途径及影响因素的规律；③炮制药效变化及临床功用变化机制；④中药炮制“生熟异质”的科学诠释；⑤中药炮制“减毒增效”内涵解析；⑥炮制“火候的本质”数字化表征与控制；⑦传统“药汁制法”的方法与理论的挖掘和解构；⑧传统作豉、作曲方法与理论的挖掘和解构。

第七章　医药卫生领域重大工程

重大工程是引领医药卫生领域技术突破和产业升级的关键举措，承载着推动国家科技进步和提高全民健康水平的重要使命。本章将聚焦面向2040年的中国医药卫生领域的重大工程项目，通过系统梳理和深入分析，明确这些工程的战略意义、核心任务和预期成果。将探讨慢性病管理重大工程、人体类器官及类器官芯片体系构建及应用重大工程、新药创制及产业应用重大工程等内容，分析其在推动科技创新、提升医疗服务水平和促进产业发展的作用。同时，还将提出实施重大工程的保障措施和推进策略，确保各项工程顺利实施并取得预期效果。通过对重大工程的全面规划与统筹布局，力求为中国医药卫生领域的长远发展注入强大动力。

第一节　慢性病管理重大工程

1. 需求与必要性

随着我国经济社会发展和卫生健康服务水平的不断提高，居民人均预期寿命的不断增长，慢性病患者生存期的不断延长，加之人口老龄化、城镇化、工业化进程加快和行为危险因素流行对慢性病发病的影响，我国慢性病患者基数仍将不断扩大。同时，因慢性病死亡的比例也会持续增加。2019年，我国因慢性病导致的死亡占总死亡的88.5%，其中心脑血管病、癌症、慢性呼吸系统疾病死亡比例为80.7%（国家卫生健康委员会，2020），慢性病防控工作面临着巨大的挑战。

慢性病管理工程的需求与必要性，主要源于慢性病的普遍性、严重性和复杂性。慢性病的普遍性，使得管理工作变得尤为重要，它不仅要求医疗机构建立完善的慢性病管理体系，而且要求在全民健康服务体系中建立完善的慢性病管理体系，以确保慢性病患者的有效管理和治疗；慢性病的严重性，使得管理工作变得尤为迫切，面对大量不同阶段的慢性病及危重患者，及时掌握准确的疾病相关信息，对治疗和药物选用具有重要价值；慢性病的复杂性，使得管理工作更具实用性，可为临床医生提供更多、更细、更全面的诊断和治疗依据。

2. 工程目标

（1）提高慢性病患者的诊疗水平，提升慢性病患者的生活质量，加强慢性病管理的效率和质量，增强慢性病预防、控制和治疗能力。

（2）围绕我国慢性病防治的重大需求，建立超大型人群慢性病研究队列，突出国家导向，整合优势力量，突破重大科技问题，发展关键共性技术。

3. 工程任务

（1）建立和完善慢性病管理体系；建立和完善慢性病防控网络和综合防治工作机制；建立和完善护理系统与机制；建立和完善慢性病管理流程；建立和完善慢性病预防、控制与治疗体系。

（2）研究、筛选并推出我国慢性病预防、筛查、诊治、康复的普惠适宜技术，包括慢性病治疗关键技术、衰老及其相关疾病防治关键技术、预防及干预药物与疫苗研发关键技术，以及超大型人群队列研究和数据集挖掘与分析技术。

（3）实施针对健康危险因素的环境与健康行动计划、全民健康生活方式行动计划、减少烟草危害行动计划。

（4）建立我国超大型人群慢性病研发队列，动态观察影响我国居民身体健康的主要危险因素变化，以及对健康的作用和影响，研制健康工具包，提出与时俱进的防治策略，发展健康产业行动计划。

4. 实施效果

（1）改善慢性病患者的诊疗服务，降低慢性病患者的病情恶化率，提高慢性病患者的健康水平，确保慢性病患者能够长期获得有效的治疗、护理和管理。

（2）减少慢性病患者的住院时间，逐步降低慢性病的患病率和病死率，减少慢性病患者的医疗费用，降低由慢性病造成的社会经济负担。

第二节　人体类器官及类器官芯片体系构建及应用重大工程

1. 需求与必要性

类器官技术在研究与应用方面潜力巨大，涵盖了发育生物学、疾病病理学、细胞生物学、再生医学、精准医疗，以及药物毒性和药效试验等多个领域，尤其是在发育与疾病建模、干细胞类器官工程以及精准医学领域，该技术已经得到了一定的应用。尽管如此，该技术的广泛应用目前尚处于起步阶段，是目前国内外研究的前沿和热点。

2. 工程目标

建立涵盖人体所有器官的正常组织及疾病组织类器官库；基本实现使用复合类器官体系有效模拟人体微环境中器官状态；形成规模化、体系化、模块化、产业化的人体复合类器官及类器官芯片体系。

3. 工程任务

（1）构建模拟人体微环境的复杂类器官体系，包括整合人体免疫系统、血管、细胞外基质与组织类器官的多维培养体系。

（2）构建多器官共培养的复合类器官培养体系，如肝、胆、胰腺联合培养的复合体系，实现多种类器官元件化、模块化的培养组合。

（3）构建多组织类器官芯片技术体系，创建集脑、血管、肝、肾、肺、肠、睾丸等多种类器官的微流控芯片，即开发未来新型“芯片上的人”，实现将特定类器官组合集成在一块芯片上，高度模拟人体试验环境，以用于药物的安全性和有效性评价等多个领域。

4. 实施效果

基本实现领域研究与应用处于国际领先水平；在实验室研究中较大程度地使用复合类器官或类器官芯片模拟人体试验环境；完善类器官技术体系，实现规模化及产业化，并逐步推广拓展其应用。

第三节　新药创制及产业应用重大工程

1. 需求与必要性

到2040年，我国人均预期寿命将达到80岁，65岁及以上人口占比将达到26.6%，届时将全面进入超老龄化社会。未来很长一段时间内，我国的老龄化趋势将不可逆转。随之而来的是，心脑血管疾病、癌症、糖尿病、慢性呼吸系统疾病等老年慢性病的诊治管理需求及相关药物需求将不断增加。

新药的创制与人民健康的紧迫需求密切相关。随着居民生活质量的提升，健康管理受到了更多的重视，相应的医疗和保健需求逐渐上升，医疗保健类消费也有所增加。人们对医疗用药、医疗技术突破的期待更高，对治愈重大疾病和罕见病的期望也进一步提升。随着人口受教育年限增加、综合素质提升，居民对医疗服务的需求呈现多样化、个体化、品质化的趋势。然而，当前的卫生医疗水平却难以满足人民的需求，如癌症、心脑血管疾病、阿尔茨海默病等高发疾病仍缺乏有效的治疗药物。

2022年9月12日，美国总统拜登签署了一项鼓励美国生物技术生产和研究的行政命令。美国国家安全和情报机构特别关注目前“对中国先进生物制造基础设施的依赖”和“供应链的安全性”，尤其是在医疗和制药行业（The White House，2022）。随着国内企业更多地参与中高端技术领域竞争，来自发达国家的政策限制将有所增加。缺乏原创新药和创制原创新药的关键技术，这一核心问题严重制约着我国新药创制行业的发展。

新发传染病可以迅速席卷全球，将卫生系统推向崩溃的边缘并颠覆人们的日常生活。然而，在阻止局部疫情跨境蔓延并发展为全球大流行方面，国际社会仍然没有做好准备。当前，气候变化和全球化都为病毒传播创造了更有利的条件。未来，新发病毒的暴发可能更为频繁。新发重大传染病疫情具有突发性、非预期性、原因多样性、危害直接性、发生隐蔽性、紧迫性、全球流动性和社会危害严重性等特点，其对人类健康的损害和影响达到一定的阈值会造成社会性恐慌和混乱，直接影响社会的发展和稳定。快速响应并提供解决方案，开展动物感染模型研究及人体临床试验，在短期内完成疫苗和药物开发，是快速应对新发、突发传染病的关键。

2. 工程目标

供应充分、质量可靠、价格合理、规范有序的药品供应保障体系建立，制药行业产业升级，药品生产流通规范，人民群众基本用药需求得以满足、安全用药得以保障。新药创制体现生命科学和生物技术领域前沿的新成就与新突破，抢占国际竞争的战略制高点，加速推进我国由医药大国向医药强国转变。筛选出一批有成药潜力的新靶点及临床候选药物，转化一批研究基础较好的药物和治疗方法。

3. 工程任务

（1）提高基础科学发展及转化应用水平，完善科研关键支撑条件，加强临床试验软硬件条件与监管水平。针对突发公共卫生事件，建立长期药物保障技术开发体系。成长起一批具有国际竞争力的创新型企业和产业集群。解决一系列制约领域发展和国家安全的关键问题，初步扭转关键核心技术长期受制于人的被动局面。

（2）不断创造新技术、新产品、新模式、新业态和新需求。从总体上扭转领域科技创新以跟踪为主的局面，产出对世界科技发展和人类文明进步有重要影响力的原创成果。推动高质量创新药的开发，发现创新靶点和新一代疗法，以突破治疗选择的限制。开展国产替代，解决药学领域“卡脖子”技术。

（3）进一步推进高校-企业药物研制联盟的建设，搭建以需求为导向的新药研制平台。推进生物医药产业进入全球价值链中高端，建成发展质量高、能源资源消耗低、核心竞争力强的创新药产业。拥有一批世界一流的药学领域科研机构、研究型大学和创新型企业，涌现出一批重大原创性科学成果和国际顶尖水平的科研人员，将我国建设成为全球高端人才创新创业的重要聚集地。

4. 实施效果

（1）成功构建立足国内重大疾病未满足临床治疗需求的、密切跟踪国际前沿热点的、充分融合合成生物学及人工智能等跨学科技术研究成果的、可持续发展的创新研发生态体系。

（2）聚焦临床救治和药物、疫苗研发、检测技术和产品、病毒病原学和流行病学、动物模型等主攻方向，建成药物、疫苗、大数据等研发平台，集中全国优势科研力量，部署完成应急攻关项目，全力推进突发公共卫生事件防控科研攻关。

（3）从产业协调发展的角度，建成国内自主的辅料及生产设备相关企业，在制药产业链的关键点上，形成国内闭环，以应对未来可能因贸易或经济摩擦导致的产业链上下游断裂风险。

（4）通过基础理论和技术研究，夯实创新药物的底层核心技术。发展基于大数据和人工智能的精准药物设计技术，建立临床前和临床精准衔接的成药性评价技术，突破新药创制“卡脖子”的关键核心技术。

第四节　传染病主动防御体系建设重大工程

1. 需求与必要性

世界卫生组织的50多个成员国共同研究发现，对各种疾病最好的治疗是预防。预防胜于治疗，健康在于预防。近年来，传染病对人类的威胁，并没有像科学家一度期望的那样，随着经济社会的发展而减少，而是在经济全球化、规模化的发展过程中，新发传染病形势呈现频率增加、规模扩大的趋势。新冠疫情充分说明，交通越便利、人口越密集、气候越多变，疫情暴发的可能性越大。应对重大新发传染病是长期任务，现有的防控技术，难以满足新冠防控和新冠类等新发传染病防控的需要。

新冠疫情防控和其他新发传染病的挑战，使我们更加清晰地认识到新理论、新技术、新方法、新产品的重要性和迫切性。疫情防控带来的巨大科技需求，使得新发传染病领域已经成为全球前沿性、突破性、颠覆性科技的集聚地和主战场。新发传染病的应对理论策略和技术产品的开发等，将对全球经济发展乃至国际政治格局产生重大影响。

2. 工程目标

（1）建成创新、协同、高效的集“检测—监测—预警—预测—控制”于一体的综合化、智能化传染病防控技术体系，形成一整套传染病主动防疫核心理论、关键技术和适宜产品。

（2）对标欧美国家/地区，在X病原体甄别领域完成新型技术和防控策略的前瞻储备，未知病原体发现、新发突发传染病预警、预测和控制能力达到国际先进水平，为我国新发突发传染病疫情主动防御提供关键技术支撑。

（3）推动国家法定传染病和新发传染病疫情信息网络、国家致病菌识别网、媒介生物网等网络的分析预警报告智能化，以助力智能决策。

3. 工程任务

（1）新发病原的变异和溯源研究。针对冠状病毒科、新发突发传染病和重要病原体，进行溯源技术的储备研究，开展新冠病毒在冷链食品中的传播链溯源研究，整体提升新发突发传染病疫情早期发现和分离溯源的能力，为新冠疫情和新发突发传染病的应对提供技术支撑。

（2）未知病原体发现和 X 病原体预测预警研究。对野生动物和病媒生物等重要野生宿主动物，开展种群、分布调研监测，结合生态学调查、高通量测序和培养组学等方法开展动物和环境（含极端生境）等来源的未知病原体鉴定和病原谱调查研究；基于分子流行病学、基因组流行病学、细胞和动物模型等方法，评估未知病原体致病性；对未来可能引起大流行的 X 病原体，结合地理信息学、大数据分析绘制病原风险图谱，前瞻性储备其检测、监测等诊断方法和防控措施，提升预测预警和防控能力。

（3）传染病疫情监测预警和智能决策技术研究。开展疫情智能预警速报技术研究，建成高效的新发突发传染病监测、预警和预测体系，为传染病疫情研判和处置、智能决策提供技术支撑和依据，包括网络多元数据搜集和智能化报告平台、场景化疫情研判、防控和传播研究、现场流行病学调查和关联因素研究等。

4. 实施效果

（1）针对新冠疫情应对中在病原学鉴定、疫情预警、形势研判、趋势预测、防控效果评价、传播规律研究、现场流行病学调查、实验室检测等方面暴露出来的关键科学与技术问题，需针对病原体变异、溯源和监测技术体系及智能预测预警和主动防疫等技术短板进行重点布局。重点聚焦病原体变异和溯源、X 病原体甄别、监测预警与智能决策三个重点任务，增强对未知病原体的发现能力，前瞻性地储备新型新发突发传染病的预警、预测、发现、诊治和控制能力，形成主动防疫的核心理论、关键技术和适宜产品。同时，培育一支专业的传染病疫情处置、现场调查、分离溯源和形势研判的人才队伍，以长期应对公共卫生和生物安全的挑战。

（2）对标国家重大需求，补齐在新发突发传染病应对上的科研短板，在传染病理论、方法、技术、策略等发生重要变革的时代，抓住机遇，实现超越，为国家疾控系统建设提供科技支撑。

第五节　医疗装备研制及产业发展重大工程

1. 需求与必要性

该领域的主要需求在于研发更加先进的诊断检验装备、治疗装备、监护与生命支持装备、中医诊疗装备、妇幼健康装备、保健康复装备、有源植介入器械，以全面提高医疗服务能力与康复水平。

医疗装备的发展事关健康中国战略和制造强国战略的实施、突发公共卫生事件的装备保障，以及人民生活品质和福祉水平的提升。我国是人口大国，也是各类遗传性疾病高发的国家，患病人群庞大。新型医疗装备研制关键技术和产业化有利于实现更精准、高效的医疗健康服务，对我国人民身体健康水平提高和经济社会发展具有重要作用。

2. 工程目标

（1）医疗装备产业基础高级化、产业链现代化水平明显提升，主流医疗装备基本实现有效供给，自主研发高端医疗设备与仪器，生物物理与医学工程技术整体水平达到国际先进水平，部分领域达到国际领先水平，高端医疗装备产品性能和质量水平明显提升，初步形成对公共卫生和医疗健康需求的全面支撑能力。

（2）建立健全生物物理与医学工程创新体系，获得一批原创的突破性成果，形成特色鲜明、国际领先的研究基地和转化医学基地，使我国的生物物理与医学工程领域研究水平跻身国际前列，从整体上提升我国医学的诊断及治疗水平，建立我国生物物理与医学工程的全链条研发体系。

3. 工程任务

（1）全产业链优化升级。医疗装备亟须基本补齐基础零部件及元器件、基础软件、基础材料、基础工艺和产业技术基础等短板，初步建成创新力强、附加值高、安全可靠的产业链和供应链。

（2）技术水平不断提升。医疗装备在预防、诊断、治疗、康复、健康促进、公共卫生等领域实现规模化应用。体外膜氧合器（extracorporeal membrane oxygenerator，ECMO）、腔镜手术机器人、7T人体全身MRI系统、质子重离子一体治疗系统等一批高端产品实现应用。建立健全生物物理与医学工程创新体系，重点研发新型移动医疗、介入治疗、人工器官和可穿戴智能设备；基于新型声、光、电、磁成像技术，开发新型诊断治疗设备；完善数字医学与人机接口技术、3D生物打印技术、新型医用机器人及外科导航技术、自组装和智能制造技术、分子成像技术。

（3）企业活力显著增强。医疗装备龙头企业的生态主导力和核心竞争力大幅提升，涌现一批细分领域全球领先的单项冠军企业，以及一批掌握核心技术和独特工艺的专精特新“小巨人”企业，大中小微企业融通发展。

（4）产业生态逐步完善。“医学+工业”“医院+工厂”“医生+工程师”等多维度医工协同创新模式初步建立，健康医学服务快速发展，远程医疗、移动医疗、智慧医疗、精准医疗、中医特色医疗等新业态全面创新发展。

（5）品牌影响力明显提升。医疗装备产品认可度、品牌美誉度及国际影响力快速提升，在全球产业分工和价值链中的地位大幅提高，6—8家企业跻身全球医疗器械行业50强。

4. 实施效果

（1）在新型移动医疗、介入治疗和可穿戴智能设备、新型诊断治疗技术、新型生物材料与纳米生物技术等方面取得重大突破。

（2）我国进入医疗装备创新型国家前列，为保障人民全方位、全生命周期的健康服务提供有力支撑。

第六节　中医药现代化重大工程

1. 需求与必要性

（1）促进中医药传承创新与发展。秉承“传承精华，守正创新”的理念，进一步推进中医药现代化，这对于贯彻健康中国战略，实现“全民健康”目标具有重要的意义。深入挖掘和发扬中医在慢性病、传染病等重大疾病方面的优势，与西医形成互补，形成“中西医结合、中西药并用”的疾病诊疗新模式，是满足人民健康需求的主要路径。

（2）中医药作为我国独特的卫生资源，不仅具有巨大的经济价值，更是一种具有原创优势的科技资源、优秀的文化资源和重要的生态资源，在经济社会发展全局中具有重要意义。随着我国新型工业化、信息化、城镇化、农业现代化的深入发展，人口老龄化进程加快，健康服务业蓬勃发展，人民群众对中医药服务的需求越来越旺盛，迫切需要我们继承、发展、利用好中医药，以满足国家战略需求。

（3）发挥中医药的原创科技优势，是科技自立自强、破解世界医学健康难题的重要突破方向，也是推动我国生命科学实现创新突破的关键领域。开发中医药独特的原创理论和技术方法，不仅能促进中医药学自身的学科发展，也能为人类医学进步作出贡献。贯彻落实中央有关精神和新时期国家战略，迫切需要加强科技创新，支撑中医药事业和中药产业的高质量发展。

（4）中医药产业是我国拥有资源优势和知识优势的传统产业，是实现我国医药产业结构调整的重要增长点。随着我国人民群众多层次、多样化的健康需求持续快速增长，对健康产品、健康服务等总需求急剧提高，中医药产业在服务民生、促进产业结构调整、培育战略性新兴产业等方面发挥了不可替代的作用。然而，中医药产业依然面临一些亟须突破的关键技术瓶颈，如符合中医特点的疗效评价方法尚未形成、难以产生体现中医优势的高质量证据，这些因素在一定程度上影响了中医药走向世界。同时，中医智能化诊疗先进技术装备还需进一步发展。在我国人民医药卫生需求急速上升的情况下，中医药现代化战略仍需要加速推进。

2. 工程目标

（1）通过系统梳理当前中医发展现状及面临的困难与挑战，明确发展目标及具体思路，针对重点难点，形成对策方案，推动中医高质量发展。拟从六个方面设置工程目标：①立足“新时代”“高质量”对现存的行业短板及弱项进行剖析，从战略层面提出针对性措施，促进中医高质量发展；②围绕中医理论传承与创新核心问题或标准范式，形成理论发展策略与创新模式；③分析中医药服务的优势，明确应用场景，通过创新诊疗范式、推进名老中医经验数字化传承等，挖掘中医药服务提升空间；④围绕中药资源可持续、高品质、低成本稳定供给问题，突破珍稀濒危中药资源保护和替代、中药材良种繁育、中药材生态种植、中药资源综合开发与全面利用等瓶颈技术；⑤立足于中医药走向世界，探索具有时代特色的国际合作新范式，推动相关政策、路径和措施的完善；⑥深度融合绿色精益制造理念，探索中药工业装备科技前沿，从核心软件、核心部件、核心工艺装备、过程感知设备、制药质量分析系统、工业标准与规范方面推动中药制造业高质量发展。

（2）建成国际一流的国家中医药创新体系，力争实现中医药服务领域全覆盖，中医药科技水平显著提高，公民中医健康文化素养大幅度提升，中医药工业智能化水平迈上新台阶，对经济社会发展的贡献率进一步增强，我国在世界传统医药发展中的引领地位更加巩固，实现中医药继承创新发展、统筹协调发展、生态绿色发展。

3. 工程任务

（1）立足“新时代”“高质量”的要求，对现有的行业短板及弱项进行剖析，从战略层面提出具有针对性的措施，促进中医药实现高质量发展。针对工程目标，制定涵盖中医理论、中医药服务、中医药国际化、中医药先进技术装备、中药材品质保障的工程科技战略规划。

（2）开展有助于突破瓶颈的核心问题研究，包括：①中医药理论科学内涵的诠释，构建中医药理论传承与创新核心问题或标准范式；②重大疾病防治及临床疗效的评价，分析中医药服务的优势，构建适宜中医特色的疗效评价体系；③中医药标准和国际化，探索具有时代特色的中医药国际合作新范式；④建立中药材优良种质、规范化栽培新范式和高品质中药材核心功效评价体系；⑤突破符合中药特点的有效性及安全性评价技术，构建创新及改良型中药新药发现、筛选、优化技术体系，助力临床优势中药新药研发和大品种培育；⑥升级中医药装备关键技术，构建中医智能诊疗、康复、教育演示和中药智能化生产、炮制、调配等技术装备体系。

4. 实施效果

（1）构建包含中医理论、中医药服务、中医药国际化、中医药先进技术装备、中药材品质保障、创新中药研发等中医药各方面高质量发展的技术体系。实现中医理论传承创新路径的明确化，慢性病防治与健康服务技术的基本成熟，“治未病”及体质辨识标准的基本完善，中医证候标准化的基本完成，临床辅助诊疗系统的基本完善，应对疫病的机制及方法的基本形成，适宜中医药临床疗效评价的方法学体系逐渐完备，中医临床诊断的关键技术与装备逐渐成熟，中医适宜技术在较高程度上得到推广和应用。

（2）系统解决或完成突破瓶颈的核心问题，包括：中医药基础理论传承创新关键技术、中医药防治慢性病和健康服务理论发展与应用技术、“治未病”与中医体质辨识标准及技术体系、中医证候标准化技术及精准诊疗新范式、中医临床辨证论治辅助决策关键技术、中医疫病应急防治关键技术、中医药临床疗效评价关键技术、中医诊断关键技术及装备研制、中医适宜技术研究与推广应用、中药资源可持续供给及利用关键技术、中药饮片智能化炮制加工及品质保障技术、创新中药研发关键技术、中药智能制造关键技术等技术体系。

第七节　全国医疗信息一体化重大工程

1. 需求与必要性

随着全国医疗信息化的推进，大量医疗数据已形成。全面、系统地利用这些数据，建立有效的国家级医疗信息连接、数据处理与综合分析平台，实现全国医疗信息一体化和共享共用，将显著提升国家的整体医疗服务能力和水平。这对我国整体医疗事业的发展和保障人民健康具有重要的意义。

利用医疗信息与大数据分析技术，从临床数据、基础数据、个人健康数据、公共健康大数据中挖掘潜在的关系，将有效解决全国医疗卫生与健康服务的全面统筹协调、资源配置和合理性问题，促进优质医疗资源下沉，推进基本医疗卫生与健康服务的均等化，遏制由于浪费造成的全国医疗卫生总支出增长。届时，医院管理和运营将更高效，居民就医将更方便，面向大规模人群提供连续性的健康管理服务将成为可能。

2. 工程目标

（1）建成全国医疗管理和服务大数据应用体系，推动覆盖全生命周期的预防、治疗、康复和健康管理的一体化服务。不断增强“自主健康”服务体验，让健康数据“多跑路”，让人民群众“少跑腿”，在互联网实现健康咨询、预约就诊、预约挂号、诊间结算、医保联网异地结算、移动支付等，给百姓带来更加便捷的医疗服务。

（2）建成以大数据为核心驱动的全国智能医疗体系，通过医疗数据的全面采集、整合、分析、利用，可以发现疾病的规律、预测疾病风险、优化治疗方案、评估治疗效果等，为医疗服务提供精准、个体化的支持，形成“大数据+人工智能”与医疗健康产业紧密结合的生态价值链，推进大健康领域的创新发展，大大提高医疗服务的效率和质量，为患者提供更加优质、便捷的医疗和保健服务。

3. 工程任务

（1）建立疾病模式分析与个体化医疗模块系统，促进医学与健康大数据多层面整合分析。

（2）建立统一、协调的医疗信息系统，有效支撑面向社区的医疗健康大数据收集、分类、存储、传输和共享的平台。

（3）建立全国统一的远程医疗服务体系和区域化医疗信息管理网络，使疾病的网络诊断与治疗成为现实。

（4）建立面向人群健康需求的集预防、保健、康复、护理等服务于一体的整合型医疗卫生社会服务体系。

4. 实施效果

（1）通过全国医疗信息一体化平台及大数据分析技术与管理方式建设，实现全国医疗信息全面数字化和能够覆盖城乡的全国医疗信息管理网络系统。

（2）构成覆盖全国的公共卫生、医疗服务、医疗保障、药品供应、计划生育和综合管理业务的医疗健康管理与服务应用体系。

（3）全面实现医疗服务的个体化和精准化，使绝大多数国民具备基本的医学素养，能够在医生的指导下进行医疗诊治与自我健康的系统管理。

第八章　医药卫生领域重大工程科技项目

重大工程科技项目是医药卫生领域实现突破性进展和创新发展的核心载体，直接关系到国家科技实力和公共健康水平的提升。本章将深入探讨面向2040年的中国医药卫生领域的重大工程科技项目，重点分析其应用需求和发展目标。将聚焦于早期预警、大数据医疗、人工智能辅助诊疗等前沿领域，梳理各项目的实施路径和关键技术环节，评估其对行业发展的深远影响；同时还将提出具体的任务内容和针对性措施，确保科技资源的高效配置与协同创新。本章旨在通过科学规划和有力推进重大工程科技项目，推动中国医药卫生领域的持续进步和全球竞争力的提升，为建设健康中国提供强有力的科技支撑。

第一节　高发肿瘤早期预警与防控研究

1. 应用需求

我国癌症发病谱相对于全球具有显著的特点，其中肺癌、结直肠癌、胃癌、肝癌、乳腺癌、食管癌等的发病率较高，且这些癌症的预后普遍较差，严重影响了国民的健康水平，给患者造成了巨大的精神和经济负担。

针对高发肿瘤的早期预警与防控，研发高发肿瘤的早期预警技术与防控体系，将有效地提高对癌症的预防和治疗水平，减轻患者的痛苦，提高患者的生活质量，这对于落实健康中国的整体愿景具有重要意义。

2. 任务内容

（1）开展针对高发恶性肿瘤高危人群早期预警、筛查和防控新技术、新方法和新策略的研究，建立真实世界大规模人群队列、肿瘤高发现场以及高危人群疾病队列。

（2）对高发恶性肿瘤高危人群定期收集临床资料及生物学标本，借助多组学技术等方法，动态监测肿瘤的发生和进展情况，开发液体活检、分子可视化以及类器官等相关技术，寻找新的肿瘤预警及诊治标志物，为肿瘤的预防、诊治提供有效手段。

（3）着眼解决分子诊断 POCT 开放式平台的重大问题，建立可整合多项指标检测、便携、快速、准确度高的技术方案。

（4）建立“组学”发现到临床应用的研究转化体系，形成“组学发现—临床验证—产业转化”的产学研体系链。

3. 发展目标

建立我国高发癌种早期预警和防控技术体系，发展针对大规模人群队列快速筛查监测的新方法和新技术，整合形成便于推广应用的肿瘤筛查平台，最终实现高危人群分层精准筛查。

4. 针对性措施

（1）整合多组学液体活检技术、分子可视化等技术，针对不同高发癌种筛选新的标志物组合方案，在社区和高发现场等大型队列人群中进行验证。

（2）开展针对疾病动态监测新技术体系的研发，以及体外诊断新技术、新方法的验证，从而实现大规模高危人群的筛查和肿瘤患者的动态监测，推动相关早筛技术的应用转化及产业化。

第二节　人工智能诊断技术与方法研究

1. 应用需求

人工智能的快速发展，对人类社会的各个层面都将产生深远的影响，尤其是在医学领域，人工智能的应用日益受到关注，显示出巨大的应用前景和潜力。它不仅为医学技术提供了颠覆性的支撑，还有可能从根本上改变医学的现有模式，为现代医学发展提供全新的发展方向和领域，具有重要的社会和经济意义。

人工智能所具有的强大数据运算与处理能力，以及超强的仿真与模拟能力，将全面提升医生临床诊断的精准性，提高医疗效率和质量，甚至部分替代医护人员的工作，全面促进医疗健康服务的普及和发展。

在推进全国医院信息化的建设中，各医院积累了大量的医疗诊断数据，其中隐含着极其重要的疾病诊断信息，迫切需要进行系统的分析与整理，以得出不同疾病的诊断信息并指导临床应用。

2. 任务内容

（1）通过学习大量的医学数据，分析患者的症状和病史，快速判断病情和诊断结果，帮助医生更好地识别罕见疾病和不典型病例，提高医生诊断的准确度，降低误诊率。

（2）通过人工智能算法和基因测序，推荐最佳药物组合，减少药物治疗可能产生的不良反应，帮助医生选择更加适宜的治疗流程和用药方案，以提高疾病治疗效果和质量。

（3）通过分析患者的遗传信息、基因表达、生物标志物等数据，得出疾病的发展趋势和可能发生的意外情况，从而提供更好的预防和诊治方案，预测患者的疾病风险和预后结果。

（4）通过分析就诊者的症状和检测数据，帮助医生对就诊者进行实时监测和诊断，及时快速分析和判断是否存在发病风险，及时发现异常情况，并提供处理意见和相应措施。

3. 发展目标

（1）以医疗大数据为基础，依托人工智能技术，实现医学诊断的智能化，全方位提升医生的精确诊断能力和治疗水平。

（2）全面改进和提高医疗服务效率与质量，降低医疗成本，减少医疗费用，全方位提高患者满意度和医疗服务普及率。

（3）围绕医学领域人工智能创新与应用，聚集起一批高水平的人才队伍和创新团队，充分开拓人工智能在医学领域的应用。

（4）实现医学人工智能理论与实践的重大突破，部分技术与应用达到世界领先水平，成为带动我国医学产业升级的主要动力。

4. 针对性措施

（1）建立国家级人工智能诊断数据库和诊断知识库，进行医学诊断信息的规范采集与系统分析。

（2）利用大数据处理技术，对患者的症状、病史、治疗方案、治疗效果等信息进行深入分析，挖掘不同疾病的主要特征信息，进行全面研究，并完成不同疾病特征数据集的分类和综合分析研究。

（3）构建人工智能诊断模型，根据不同疾病的特点完善模型诊断策略，利用已有的大数据信息，预测不同生理和病理参数下的数据处理结果，从而提升人工智能的诊断能力和准确性。

（4）建立人工智能学习方法，发展人工智能自我学习能力，在庞大数据的支持下，自动提取新的疾病特征和数据，进行人工智能诊断系统的自动升级和自我完善研究。

第三节　生殖技术创新体系构建研究

1. 应用需求

我国是世界人口大国，预计在 2030 年前后人口总量将达到 14.5 亿左右，人口老龄化、生育力下降和结构性矛盾将成为重要的社会问题，会严重影响我国社会和经济的快速发展。

构建生殖技术创新体系，有利于保持我国适度生育水平，改善生育结局，降低出生缺陷儿分娩率，提高出生人口素质。科技的支持是实现这些目标的迫切需要，而发育与生殖研究是这一体系中最核心的内容。

2. 任务内容

（1）制定胚胎植入前单细胞遗传学诊断技术体系的临床应用规范，探索人类配子、胚胎、生殖器官/组织超低温保存新技术。

（2）发现生殖障碍性疾病治疗的新途径，针对线粒体遗传疾病开发以原核移植和纺锤体核移植为主、有针对性的辅助生殖新技术。

3. 发展目标

（1）建立以利用原核移植和纺锤体核移植为主的辅助生殖技术体系，探索新的人类生育力储备技术。

（2）实现胚胎植入前单细胞/微量细胞的遗传学诊断技术体系的临床应用，研发人类生育力储备新技术体系。

4. 针对性措施

（1）在单细胞水平的高通量精准检测、新的人类生育能力储备和生育力保护保存的规范与网络平台构建，以及预防线粒体遗传疾病等关键技术上有所突破。

（2）设立我国出生缺陷防治研究转化、新产品研发与三级防控应用示范重大系列科研项目，建立国家级生育力保护保存规范和网络平台，优化不孕不育治疗体系。

第四节　类器官可视化及组织器官修复研究

1. 应用需求

由于技术发展程度及认知程度的限制，研究样本的数据采集途径、质量标准、参照标准、分析标准、沟通标准尚存在差异，对各类型组织器官结构/功能受损程度的进展本质的理解尚有待进一步深入，基于其修复的精准需求尚不能明晰，因此需求引导下的精准修复尚不能完全实现。

2. 任务内容

（1）实现组织器官结构受损侦测及可视化建模，组织器官不同刻度功能受损状态检测。

（2）基于对各类型组织器官结构/功能受损情况的基础研究积累，结合结构/功能受损检测信息进行相对最佳修复策略生成，产生对应策略所需的数据集格式。

（3）根据现有修复策略的所需形态/功能特征信息，基于高通量体外定向诱导培养制备流程进行类器官修复方案定制，并应用于患者。

（4）根据患者的实际应用情况，采集患者主观需求及尚不理想的亚健康/病理信息，迭代反馈优化策略生成系统，并反馈给专业人员，以供新型基础研究/技术开发/干预策略等各方向的改进。

3. 发展目标

（1）基于机器学习/深度学习等超出人类信息处理能力上限技术的赋能推广，加强发展组织器官修复体系所涉及的多学科交叉融合。

（2）增加人才协同交流的机制执行的可行性，推动类器官及可视化技术用于组织器官修复体系的成功实现。

4. 针对性措施

（1）借助组织器官结构受损侦测与可视化建模技术、组织器官功能受损检测技术、组织器官受损评价与修复策略生成技术、自体/同种异体源性细胞类器官培养排异反应的工程化攻克策略设计技术、类器官及干细胞分化前精准诱导条件发现技术、体外定向诱导培养环境/设备设计及高通量制备流程模块化技术等，进行高效能组织器官修复体系的构建。

（2）建立患者临床使用的反馈机制，并在机器学习/深度学习系统赋能下形成在总体框架层面上基础研究、策略开发至临床应用的迭代优化回路，在各层面、各分支领域、各研究探索环节上形成迭代优化回路，不断推动高效能组织器官修复体系的完善。

第五节 法医学精准鉴识基础理论与技术研究

1. 应用需求

法医学是为立法、司法、其他社会管理事项提供科学技术支撑的鉴识性学科，其发展关乎国计民生和社会稳定，是我国法治化进程和平安中国建设的重要环节。针对传统刑事技术手段不多、科技含量不高、认定能力不强等局限性问题，需建立基于法医学鉴识理论和法医科学，符合法律需求的生物识别、物理识别、化学识别和关联分析（因果关系）的鉴识技术体系。

2. 任务内容

（1）获得系列用以鉴识物理、化学、生物和应激性损伤的多源、多水平鉴识性分子标志物，解读其时相性变化规律。

（2）发现用以刻画个体生物学特征及确定个体间亲缘关系的遗传标记、微生态群落结构及算法。

（3）基于人工智能和大数据构建多种鉴识性生物标记间的逻辑关系，整合数据库搭建法医学数据共享平台，建立案件现场重建智能信息处理专家辅助系统，实现智能化法医学分子精准鉴识范式。

3. 发展目标

（1）大力推动新一代高通量测序、多组学、人工智能、大数据及新型材料等新兴技术方法在法医学领域的交叉应用，构建智能化法医精准鉴识技术体系。

（2）加快法医转化医学的研究与应用，以提高科学证据体系的准确性和公正性，为建设平安中国提供新的技术支撑。

4. 针对性措施

（1）构建用于鉴识物理、化学、生物和应激性损伤的多源、多水平的鉴识性分子标志物。

（2）构建刻画个体生物学特征及确定个体间亲缘关系的遗传标记、微生态群落结构及算法，明确多种鉴识性生物标记间的逻辑关系。

（3）构建智能化法医精准鉴识技术体系，并加快法医转化医学的研究与应用。

第六节　临床医学标准术语体系构建研究

1. 应用需求

医疗大数据在医疗基础与应用研究中正发挥越来越重要的作用。然而，目前国内缺乏临床医学术语的标准，导致在开发人工智能医疗产品时没有标准参考。因此，每家企业都会结合自己的情况构建自己的标准，这不仅造成了重复工作，也导致了资源的巨大浪费。标准之间不能相互兼容，导致基于医学文本数据的人工智能医疗器械在产品安全有效评价方面缺乏规范的方法和指导。现能够参考的医学术语体系是英文版本，由美国及其他英语国家制定。由于版权和语言障碍，这一体系无法直接应用于中文环境，因此，我国急需构建一套适合中国临床实践的术语体系。

2. 任务内容

（1）以国外成熟的临床技术体系[如统一医学语言系统（Unified Medical Language System，UMLS）、系统化医学命名法临床术语集（Systematized Nomenclature of Medicine-Clinical Terms，SNOMED-

CT）等]为基础，补充、更新符合医学逻辑、可支撑实际使用需求的术语词汇。

（2）构建涵盖诊断、化验、检查、症状、体征、药品、手术等临床范畴的完整的中文临床术语体系。

3. 发展目标

制定标准实现医疗数据互联互通，打破“数据孤岛”，发挥大数据的优势，充分利用人工智能技术挖掘有用的信息。

4. 针对性措施

建立一套独立于系统之外的、开源的、能被广泛理解的标准化术语体系，以及统一的临床医学术语标准及术语集，以推动医学信息在更大范围和更深层次上传播、共享和使用。

第七节　创伤早期救治和后期修复研究

1. 应用需求

世界卫生组织的资料显示，有20%的道路交通事故受害者因没有得到及时的现场救治而死亡，约2/3的死亡发生于事故后的前25分钟内。我国的研究提示，60%的道路交通伤者在到达医院前死亡，因此，对于创伤、烧伤和意外伤害的救治都特别强调时效性和现场性，即“白金十分钟”“黄金一小时”的急救原则。

我国因创伤、疾病、遗传等因素造成的组织、器官缺损或功能障碍等疾病数量位居世界各国之首，因此，需要加强创伤等损伤组织的修复与再生研究，并建立创伤救治网络，这对提高严重创伤和其他原因造成组织损伤的救治水平，特别是对于减少后期致残率，快速恢复伤员的战斗力与生产力，更好地促进社会和经济发展具有重要意义。

2. 任务内容

（1）加强严重创伤防治和损伤组织的修复与再生研究，完善基础研究支撑，做好应用准备工作。

（2）建立严重创伤防控体系，创建早期精准救命（“救得下”）、中期快速治愈（“治得好”）和后期完美修复与再生（“康复快”）等一系列关键技术。

3. 发展目标

（1）解决创伤和其他原因造成的组织损伤，特别是降低后期致残率以及快速恢复伤员的战斗力与生产力的重大问题。

（2）实现创建早期精准救命（“救得下”）、中期快速治愈（“治得好”）和后期完美修复与再生（“康复快”）的严重创伤防控体系，提高严重创伤和其他原因造成组织损伤的救治水平，降低早期死亡率和后期伤残率，快速恢复创伤患者生活与工作能力。

4. 针对性措施

（1）建立严重创伤早期救治关键技术和后期修复与再生技术体系，即前期集中在创伤早期发生机制与并发症防治研究，后期聚焦在组织修复与再生的康复领域。

（2）解决和突破一批实现严重创伤后重要组织器官（包括皮肤、骨骼、软骨、周围神经）修复与再生的关键技术，为实现完美修复与再生打下基础。

第八节　创新靶点成药和新一代疗法发现研究

1. 应用需求

目前，已知可成药、市场空间广阔的好靶点往往都面临着异常激烈的竞争。Insight 数据库显示，截至 2022 年国内已有超 1000 个靶点有相关药物在开发中，其中 EGFR、HER2、PD-1 等热门靶点在研成分更是达到百个左右的规模（Insight 数据库，2022），因此，布局创新、潜力型靶点，对科研单位、药企而言都至关重要，也有充足的动力进行研发投入。

随着生命科学和生物信息学的发展，越来越多的靶点结构得到解析，这使得药物靶点数据库的构建具有必要性及可能性。功能基因组学、蛋白质组学、系统生物学、多向药理学、网络药理学等理论的提出，以及计算机辅助药物设计、计算机虚拟筛选等计算机技术的应用，对药物靶点数据库提出了更高的要求，推动了药物靶点数据库的进一步发展。

近年来全球上市的抗肿瘤药物，不管是在靶点发现还是临床阶段都有人工智能参与。传统的高通量筛选库通常含有上百万种化合物，初始筛选过程可能花费数百万美元，并需要几个月时间，随后的先导化合物优化可能需要数年才能确定临床前候选药物。但在人工智能的帮助下，虚拟化合物几天内便可以筛选数十亿个分子的文库，通过人工智能计算预测识别临床前候选化合物可能只需要几个月到一年的时间。目前几乎所有蛋白质的结构都可以通过人工智能平台来进行预测（Callaway，2022），根据所需结构让人工智能推算分子序列的逆向研究也获得实质性进展，而绝大多数疾病的病因又都与蛋白质的功能异常密切相关。

2. 任务内容

解决靶点研究同质化严重问题，开发出针对我国疾病谱特点、创新靶点的、较现有临床治疗方案有更好疗效或者更高安全性的创新药。缩短靶点筛选时间，提高创新靶点药物研发成功率。

3. 发展目标

（1）积极发展功能基因组学、蛋白质组学、系统生物学、多向药理学、网络药理学，以及计算机辅助药物设计，计算机虚拟筛选等药物靶点发现的共性技术。

（2）构建药物靶点数据库，利用蛋白降解靶向嵌合体等新技术靶向传统的不可成药靶点。

4. 针对性措施

（1）构建以基于大数据和人工智能的精准药物设计为核心的原始候选新药发现关键技术体系。利用人工智能结合大数据的精准药物设计，显著提升新药研发成功率。

（2）开发基因编辑、DNA编码化合物库、蛋白质降解技术等提高药物成药性的核心共性技术，阐明疾病发生和药物作用机制，建立疾病动物模型，遴选药物作用靶点，以促进新药的研发。

第九节　疾病免疫学基础研究

1. 应用需求

机体的免疫应答功能主要包括免疫防御、免疫监视和免疫自稳。免疫应答是把“双刃剑”，多种重大疾病的发生发展与异常免疫应答密切相关，因此揭示重大疾病免疫学基础将为人类疾病的诊断、预防和治疗作出重大的贡献。

2. 任务内容

（1）阐明与感染免疫、肿瘤免疫、神经免疫、血液免疫及生殖免疫相关的多种重大疾病的免疫学基础，并深入探讨自身免疫病的发生机制。

（2）从天然免疫、细胞免疫和体液免疫等多个免疫应答环节，揭示由多种免疫分子（抗原、抗体、补体、细胞因子以及膜表面分子等）、多种免疫细胞（T细胞、B细胞、NK细胞、DC细胞和巨噬细胞等）和多个系统（神经、内分泌和免疫系统等）共同参与的免疫调节过程。

3. 发展目标

明确重大疾病发生发展过程中的免疫功能异常及其发生机制，为这些疾病的诊断、预防和治疗提供理论基础和技术方法。

4. 针对性措施

（1）整合免疫学与细胞生物学、分子生物学和遗传学等多学科，通过交叉研究，针对免疫应答关键节点，发展包含中医药在内的多种治疗手段。

（2）将免疫学理论和技术与医学实践相结合，为重大疾病的诊断与防治提供理论指导和技术方法。

第十节　中医药疗效的循证评价研究

1. 应用需求

中医药作为我国独特的卫生资源，潜力巨大。然而，由于中医药独特的理论体系，存在疗效定量困难、缺乏高质量循证证据以及经验传承局限性等问题，这使得中医诊疗过程存在着主观性、模糊性等问题，制约了我国中医药走向世界的进程（张俊华等，2019）。临床疗效缺乏高质量研究证据已经成为限制中医药发展的“卡脖子”问题，中医药治疗疗效的循证评价研究是促进我国中医药事业发展的需要（张俊华等，2018）。

2. 任务内容

（1）创建适合中医药特点的临床疗效评价技术，科学评价中医药疗效，彰显中医药的临床价值。

（2）开展中医药循证研究，充分发挥中医药防病、治病的独特优势和作用，科学有效地评价中医药的临床疗效，形成高质量、国际公认的临床证据。

（3）通过方法学创新和平台建设，促进高质量临床证据生产和转化。

3. 发展目标

形成中医药治疗优势病种的证据链，为中成药说明书修订、临床指南制/修订和基本药物医保目录修订提供数据支撑。

4. 针对性措施

（1）针对传统证据生产转化模式存在的长时间、片段化、低质量、低效率以及人力和资源的浪费问题，构建中医药临床证据系统化生产和高效率转化技术平台。

（2）针对中药适应证宽泛、临床定位不清的问题，建立中药临床特点循证定位技术。

（3）针对多中心临床研究、安全性研究的质控问题，建立中药临床试验全程质控技术和安全性评价真实世界研究系列关键技术。

（4）针对临床试验结果指标问题，建立中医药核心指标集及中医特色指标体系。

第十一节　中药研发、改良关键技术体系集成研究

1. 应用需求

中药新药的研发与现代化学药物和生物药品不同，后者通常基于新靶点和新通路的理论创新。中药研发基于中医药理论和临床经验，有其独特的路径。中医药原创理论（如“标本兼治”和“异病同治”）为新药研发提供了重要启示。结合现代科学技术，充分发挥中医药理论和经验优势，突破中药研发、改良关键技术，系统集成建构技术体系，可为探索复杂多靶点药物的研发路径提供重要启示，也有助于开发具有临床优势的中药创新药和改良型新药。

2. 任务内容

主要技术包括：①基于临床经验的中药新药发现与设计关键技术；②针对已经上市的中成药，朝向临床精准定位、顺应性改进的中药改良型创新关键技术体系；③完善反映中药临床疗效特点的评价技术；④基于中药多靶点整合效应特点的有效性及安全性评价技术；⑤基于新载体、新材料、新机制的中药缓控释、靶向等先进制剂技术。

支撑技术包括：规模化中药新药筛选体系设计、规模化的中药成分和天然产物库构建设计技术、中药微量成分的快速识别与高效分离技术、高效的智能化微量天然产物活性筛选技术、构效关系库的构建技术、基于构效关系的活性先导化合物的发现设计技术、结合人工智能的化学结构改造技术、结合临床需求的合理的古籍名方和民间经方筛选技术等中药新药发现与设计技术。

3. 发展目标

构建多靶点效应整合的评价技术体系，探索评价中药及其复方的整合效应的评价模式，为研制临床价值明确、作用机制清楚和质量均一可控的创新中药提供支撑。开发一批高价值创新中药，并形成示范；为多靶点整合的药物研发体系提供启示，形成我国原创优势中药新药的创制模式。

4. 针对性措施

（1）针对中药新药源于临床实践与传统知识的优势，围绕中药新药发现路径、已上市中成药二次开发、中药高端制剂研制等关键环节，开展创新中药发现及开发的关键技术研究，构建具有原创性的中药新药研发模式。

（2）针对上市后中成药临床定位不清晰、适应证范围宽泛、临床评价不规范、效应机制不清晰等科学问题，选择具有代表性的中成药，开展“中医理论-临床评价-机制解析”三维整合的中成药临床精准定位关键技术体系构建研究，为中成药的中医理论依据彰显、科学机制解析明晰、临床循证证据获取提供方法与技术支撑，进而促进上市后中成药的临床合理应用。

（3）针对中西医结合模式下中西药联用缺乏安全性、有效性和经济性评价技术体系的问题，开展中成药上市后中西药联用再评价关键技术研究，创新中西药联用评价模式；构建中西药联用的临床评价指标体系；探索中西药联用效应机制研究方法。为优化合理的中西药联用方案、揭示中西药联用有效性与安全性的科学内涵、助力提高中西医结合临床水平奠定基础。

（4）针对中成药改良创新过程中存在的粉体吸潮、矫味、稳定性差等问题，开展中药制药新技术新工艺新剂型研究，评价新剂型、工艺技术及工艺变更对产品品质的影响，实现新剂型、新技术及新工艺导入下的中成药改良创新。

第九章 医药卫生领域发展推进措施与政策建议

实现医药卫生领域的战略目标和技术突破，科学有效地推进措施与政策是重要保障。本章将围绕加快我国医药卫生领域工程科技发展提出具体推进措施与政策建议，以推动医药卫生领域工程科技的持续创新与发展。

第一节 推进措施

1. 实施重大工程和重大工程科技项目，抢占技术制高点

以提高我国医药卫生领域核心竞争力为目标，紧跟国际前沿，结合我国经济社会发展和医药卫生需求的实际需要，充分发挥我国现有技术优势，推动实施一批医药卫生领域的重大工程和重大工程科技项目。以重大工程和重大工程科技项目为依托，充分利用网络化、信息化资源，在新兴医药卫生领域寻找重点疾病、关键问题领域突破口，抢占技术制高点。

2. 构建国家医学科技创新平台，建立国家疾病标本资源库

加快构建中国医学科技创新体系与平台，促进我国医学研究的长足及可持续发展，依托国家级平台，充分发挥全国专科联盟和各地研究所等协同网络机制，加强开展同质化和诊疗规范化研究。加强疾病标本资源库的建设，统一建立和管理全国领域内各种重大疾病的标本资源库，使这些资源得到最大程度的利用。

3. 做好医药发展战略部署，加强对制药关键技术和装备的扶持

从顶层规划明确基础研究及其在医药产业转化的战略价值，引领研究方向，做好以创新药物为中心的生物医药领域创新及核心技术攻关的战略部署与发展规划。加强对制造业关键技术和装备开发的扶持力度和政策导向，突破产业重大技术瓶颈。优化经费投量和投向，提升经费使用及管理效率。

4. 提高应对重大突发公共卫生事件能力，强化早期干预策略

提高应对重大突发公共卫生事件能力和水平，把增强早期监测预警能力作为当务之急，完善传染病和突发公共卫生事件监测系统，改进不明原因疾病和异常健康事件监测机制，提高早期发现和科学预警能力。围绕解决好制约国民健康改善的全局性、根本性和长期性问题，强化早期干预、综合施策。

5. 加强生物医学工程原创性研究，形成国家级研发基地

鼓励生物医学工程新技术、新方法和新装备的原创性研究，加强我国在生物医学工程与技术方面的自主创新能力，积极争取不同渠道资源，进一步提升现有装备水平，注重已有装备的二次开发和升级换代，重视与产业界密切相关的生物医学工程和技术基地建设，形成若干国家级旨在开发具有自主知识产权产品的重要研究基地。

6. 构建国家中医药临床研究中心，建立中医药创新研究平台

以临床需求为导向，建设若干国家中医药临床医学研究中心及其协同创新网络系统，依托中医医疗机构、科研院所，建设国家中医药传承创新中心。建立中医药科技创新研究平台，阐释中医药现代科学内涵，推动中医药走向世界。着力打造国家中医医学中心、区域中医医疗中心。

7. 发挥好国务院中医药工作部际联席会议作用，强化中医药发展的统筹协调

充分发挥国务院中医药工作部际联席会议作用，强化联席会议办

公室统筹协调职责，会同各有关部门及时研究解决中医药科技创新工作中的重大问题，加强中医药科技政策研究与制定政策的计划性和协调性，支持各级中医特色专科医院的发展，推动社区卫生服务中心和乡镇卫生院设置中医室、中医馆建设。

8. 建立国家医药卫生技术标准化机构，促进医药及产业健康发展

完善中国标准化协会组织架构，建立医药卫生前沿领域技术标准化研究专门机构，调研跟踪医药卫生领域前沿发展状况、技术动态及产业化进程，促进基础、应用以及产业研究链条生态健康发展，根据监管和服务需要及时制定相关的标准。

9. 完善医药相关学科发展布局，完善人才资助项目

完善学科发展布局，构建全面均衡的学科结构与体系，协调发展和重点突破并重，注意资助体系的顶层设计与自由探索相结合，合理调配人才资助与项目资助的比例。扶持弱势学科，在国家和省部级创新团队、重大项目、协同创新中心、国家青年科学基金项目（A类、B类）等需要全部学科竞争的项目上适当给予政策倾斜。

10. 做好学科交叉发展研究，建立交叉学科数据共享平台

进行学科交叉潜在价值及可行性研究，建立交叉学科数据共享平台，促进交叉学科数据整合和共享惠益。政府科技部门建立信访办公室，面向重点发展交叉学科的主要研究负责人及相关人员定期开展信访，吸纳其价值信息并完善政策及监管措施。

第二节　政策建议

1. 优化人才培养和学术梯队建设，创新资助机制和评价体系

进一步出台政策优化人才培养和学术梯队建设形式，创新资助机制和评价体系，从政策上对优势学科方向和优秀团队给予长期稳定和足够

的支持。建立适于交叉、融合、创新的人才评价机制和管理办法，鼓励并促进理、工、医的融合。通过设置关键科学问题专项任务规划，引导不同学科团队集成攻关，加强复合型人才和团队的培养力度，造就国际一流跨学科科研创新团队，提升医药卫生领域整体竞争力。

2. 加强医药卫生领域发展战略研究，提供全方位、全生命周期的健康服务

加强医药卫生领域发展战略研究，研究制定国家卫生与健康法，建立重大疾病防治结合工作机制和健康管理长效工作机制，积极应对我国人口老龄化和生育水平的变化，实现生命全周期流程健康管理。不断完善国民健康促进政策，创新更加有效的社会动员方式，加强卫生城镇和健康城市、健康村镇建设。不断完善医药卫生和人口政策与制度建设，织牢国家公共卫生防护网，为人民提供全方位、全生命周期的健康服务。

3. 改革疾病预防控制体系，优化完善预防控制职能设置

改革疾病预防控制体系，强化监测预警、风险评估、流行病学调查、检验检测、应急处置等职能。建立针对新发重大传染病的生殖健康相关公共卫生保障管理办法，加快推进疾控机构的改革和能力建设，优化并完善其职能设置。建立适应现代化疾控体系的人才培养使用评价机制，拓展职业发展空间，吸引更多人才参与公共卫生事业。

4. 加强人口发展战略研究，完善生殖医学伦理监督审核

构建科学规范的生殖伦理监管政策体系，对国家生殖疾病和出生缺陷防控领域中的相关伦理敏感问题提供政策指导和管理。针对生育力保持及逆转生育力衰减相关新技术、辅助生殖相关新产品，完善政策性保障措施，改进临床试验管理规程，加快其上市审评和审批进程。

5. 统一法医司法鉴定标准和技术规范，构建完善的司法管理体系

统一法医司法鉴定标准和技术规范，制定“中华人民共和国司法

鉴定法”“中华人民共和国尸体解剖条例”“中华人民共和国特殊人群生物样本采集条例”等法律法规，构建完善的法医科学相关法律法规和行政管理体系。

6. 做好医用品全生命周期管理，实施医药技术创新和专利战略

加强药品、试剂、医疗器械等医用品全生命周期管理，加强实施医药技术创新和专利战略，制定政策加快科研成果转化，促进新技术和新产品的示范推广应用。积极有效地开展专利战略，加大政策扶持力度，支持高新技术及产业技术的发明，鼓励单位或个人掌握自主知识产权的核心技术和关键技术。同时，完善成果转化全链条，尤其在新技术、新疗法等方面，加强科研成果转化和利用的法律法规建设。

7. 设立中医药科技创新专项基金，加大中医药政策扶持力度

把中医药发展纳入国民经济和社会发展总体规划以及国家卫生事业发展的整体规划中，继续实行计划和财政单列政策。设立中医药领域工程科技创新专项基金，加大对高新技术成果转化和技术改造项目的支持力度。增强对中医药政策的扶持力度，持续加大对基层中医药公共卫生服务技术、设备、人才的投入和倾斜，尤其是在创新医疗器械的申报、注册审批环节，给予中医药领域政策鼓励，以推动中医药领域开展更多的原创性研究。

参 考 文 献

本刊综合. 2021. 日本公布《第 6 期科技创新基本计划》. 中国人才，（12）：68.

本刊综合. 2023. 沈远东：推动中医药标准“走出去”. 质量与标准化，（2）：16-18.

陈先娟，戚国青，葛琴芳，等. 2023. 互联网+传承时代中医药参与患者健康服务管理的可行性与安全性研究. 中医药管理杂志，31（12）：134-136.

程海波，张磊，付勇，等. 2023. 2023 年度中医药重大科学问题、工程技术难题和产业技术问题. 中医杂志，64（14）：1405-1421.

杜军钊. 2021. 智能制造新技术应用的安全风险分析与建议. 中国信息安全，（1）：39-41.

樊丹. 2009-12-16. 王国强：坚持自身规律揭示中医药科学内涵. 中国中医药报，第 1 版.

国家卫生健康委员会. 2020. 中国居民营养与慢性病状况报告（2020 年）. 北京.

国务院办公厅. 2023. 中医药振兴发展重大工程实施方案. 江苏中医药，55（4）：1-8.

侯一平. 2016. “十三五”法医学科学研究发展战略思考. http://forensmed.xjtu.edu.cn/info/1044/1237.htm[2025-02-11].

贾福运，高晟玮，张茜，等. 2023. 中医药临床疗效评价方法研究进展. 时珍国医国药，34（7）：1720-1723.

蒋维晏，章德林. 2023. 中医药产业高质量发展内涵分析及路径选择. 江西中医药大学学报，35（6）：109-112.

凯莱英. 2022. 重组蛋白药物发展概括. https://mp.weixin.qq.com/s?__biz=Mzg3OTE3NjA4Nw==&mid=2247539698&idx=4&sn=4057ceb870d71afe6a982a7c97cf694f&chksm=cf0a6b0af87de21c3c89762946f857069648583c474c6cf03ad615df0d4bc52f7506863eba3b&scene=27[2024-06-27].

林云飞，李梦玮，徐寒梅，等. 2023. 药物蛋白靶点发现技术研究进展. 药物生物技术，30（6）：639-645.

罗朝淑. 2023-12-21. 以多学科交叉手段推动中医药发展. 科技日报，第7版.

沈国苗，陈府芳，张方璐，等. 2024. "互联网+"中医护理服务的应用与研究进展. 中国乡村医药，31（9）：73-75.

沈建忠，张伯礼. 2023. 2022中医药发展报告. 上海：上海科学技术出版社.

孙志波，杨金生，李铁，等. 2022. 2020—2021年度中医药技术装备研究进展. 中国中医基础医学杂志，28（11）：1752-1756.

汪树涛，史青云，龚琰，等. 2024. "互联网+"下中医药产业传承与创新. 合作经济与科技，（3）：45-47.

王宏广. 2022. 生物医药产业迎来发展期. https://mp.weixin.qq.com/s/CWxKpzZBt3MvRNa51HEHmg[2023-08-17].

薛晓娟，刘彩，王益民，等. 2023. 新时代中医药发展现状与思考. 中国工程科学，25（5）：11-20.

杨捷娴，肖仕平. 2023. 人类卫生健康共同体视域下中医药文化国际传播的创新. 厦门理工学院学报，31（2）：15-21.

张伯礼，陈曦. 2023-03-04. 加强中医药关键技术装备研发. 科技日报，第6版.

张俊华，李幼平，张伯礼，等. 2020. 循证中医药研究：北京宣言. 中国循证医学杂志，20（8）：869-870.

张俊华，李幼平，张伯礼. 2018. 循证中医药学：理论与实践. 中国中药杂志，43（1）：1-7.

张俊华，孙鑫，李幼平，等. 2019. 循证中医药学的现在和未来. 中国循证医学杂志，19（5）：515-520.

张青龙，郑晓红，王银泉，等. 2016. 中医基础理论的科学内涵. 医学与哲学（A），37（1）：84-87.

张忠，陈第华. 2023. 中医药事业高质量发展助推中国式现代化建设的价值与路径. 南京中医药大学学报（社会科学版），24（6）：351-358.

章林，任宏丽，段逸山. 2023. 论中国式现代化进程中的中医药高质量发展. 中医药管理杂志，31（23）：1-6.

赵若琳，常运立. 2021. 中医智能诊断的应用优势及其伦理问题. 中国医学伦理学，34（6）：746-752.

郑颖，吴晓燕. 2021. 环球科技参考. https://www.cas.cn/kj/202101/t20210104_4773245.shtml[2021-01-04].

中华人民共和国卫生部. 2012. 中国出生缺陷防治报告（2012）. https://www.gov.cn/gzdt/att/att/site1/20120912/1c6f6506c7f811bacf9301.pdf[2025-02-11].

庄铭，安佳丽，钟梦媛，等. 2023. 中医药临床疗效评价方法研究进展. 中国中药杂志，48（12）：3263-3268.

Insight 数据库. 2022. 靶点验证在药物发现和临床开发的意义. https://mp.weixin.qq.com/s/yj00lC0BsveJCa4uf8oVuQ?search_click_id=15473772455197893762-1715591524736-5106425197[2024-03-17].

Callaway E. 2022. "The entire protein universe": AI predicts shape of nearly every known protein. Nature, 608 (7921): 15-16.

Shi X, Wang Z, Ren W, et al. 2022. LDL receptor-related protein 1 (LRP1), a novel target for opening the blood-labyrinth barrier (BLB). Signal Transduction and Targeted Therapy, 7 (1): 175.

Su X, Wang H, Zhao N, et al. 2022. Trends in innovative drug development in China. Nature Reviews Drug Discovery, 21 (10): 709-710.

The White House. 2022. FACT SHEET: The United States Announces New Investments and Resources to Advance President Biden's National Biotechnology and Biomanufacturing Initiative. https://www.whitehouse.gov/briefing-room/statements-releases/2022/09/14/fact-sheet-the-united-states-announces-new-investments-and-resources-to-advance-president-bidens- national-biotechnology-and-biomanufacturing-initiative/[2023-09-14].

Underwood E. 2016. International brain projects proposed. Science, 352 (6283): 277-278.

Xu C, Ren W, Zhang Y, et al. 2020. KIT gene mutation causes deafness and hypopigmentation in Bama miniature pigs. American Journal of Translational Research, 12 (9): 5095-5107.

关键词索引

其他